国家科学技术学术著作出版基金资助出版

水体异味化学物质：类别、来源、分析方法及控制

刘则华　谭奇峰　党　志　尹　华　著

科学出版社

北　京

内 容 简 介

饮用水异味物质的筛查仅依靠气相色谱-质谱（GC-MS）联用仪等化学仪器存在速度慢和效率低等诸多不足。针对此问题，本书作者建立了涵盖 800 余种异味化学物质数据库，以期为饮用水异味的快速筛查提供便利。本书主要是该数据库成果的进一步扩展，在介绍生活饮用水异味的定义、表征方法，以及国内外饮用水异味事件的基础上，分别就四类不同的异味化学物质，即天然源异味化学物质、工业源异味化学物质、农药源异味化学物质及消毒源异味化学物质逐一进行介绍，内容涵盖异味基本特征、异味来源、分析方法、形成机理和控制等。

本书适用于自来水供水行业、水质分析与监测领域相关同行以及相关环境决策者参考，也可作为环境相关专业教师和学生的参考用书。

图书在版编目（CIP）数据

水体异味化学物质：类别、来源、分析方法及控制 / 刘则华等著. —北京：科学出版社，2019.3

ISBN 978-7-03-060706-5

Ⅰ. ①水… Ⅱ. ①刘… Ⅲ. ①饮用水－给水处理 Ⅳ. ①TU991.2

中国版本图书馆 CIP 数据核字（2019）第 040916 号

责任编辑：朱 丽 李丽娇 杨新改 / 责任校对：杜子昂
责任印制：吴兆东 / 封面设计：耕者设计工作室

科学出版社 出版
北京东黄城根北街 16 号
邮政编码：100717
http://www.sciencep.com
北京中石油彩色印刷有限责任公司印刷
科学出版社发行 各地新华书店经销
*
2019 年 3 月第 一 版 开本：720 × 1000 1/16
2025 年 4 月第四次印刷 印张：12
字数：230 000

定价：88.00 元

序

异味是水体污染的一种常见表现形式，可通过人的嗅觉或味觉感知。文献记载的水体异味最早可追溯到1854年，美国波士顿等地区的饮用水呈现黄瓜异味，但160多年后的今天，人类仍然受饮用水异味的困扰。例如，2014年1月美国西弗吉尼亚州的化学物质泄漏事件，导致饮用水呈现欧亚甘草味，受影响人口30万人，其中有近18%的人出现恶心、头痛和头晕等不良症状。日本近30年来平均每年发生饮用水异味事件100余次，其中有不少异味事件未查明原因。水体异味发生时，大多依靠生产经验和现代化的化学仪器进行筛查。然而，可引起生活饮用水异味原因的物质种类很多，数目成千上万，在缺少相应指引的情况下，仅借助仪器分析手段想从众多的异味化学物质中寻找具体的异味原因目标物质，无异于大海捞针。针对饮用水异味成因确定的难点和我国近年来饮用水异味频发的现状，华南理工大学环境与能源学院的刘则华老师及其研究团队，建立了一个涵盖800余种异味化学物质的数据库。该数据库建立的目的，是为饮用水异味原因的快速筛查提供便利和有益的参考。在此之前，饮用水异味原因物质的筛查重仪器分析而轻异味特征等易致嗅化学物质本身，筛查有相当比例的不真实性。该数据库建立后，根据异味特征等信息，通过数据库相关数据搜索可将异味化学物质锁定在一个较小的范围，在此基础上再借助仪器分析手段甄别，从而大大节省异味物质筛查时间，为饮用水安全保障提供了一个切实可行的有效途径。

《水体异味化学物质：类别、来源、分析方法及控制》是上述数据库的扩展和应用，体现了一定的学术新颖性，对供水行业技术人员具有很强的参考性和实用性。我很高兴作为该书的最早阅读者之一并为其作序。

中国科学院生态环境研究中心研究员

中国工程院院士

2019年1月

前　　言

饮用水（英文表述为 drinking water 或 potable water）是现代人类赖以生存的重要物质基础。饮用水的源水主要分为江河水、湖泊水和地下水等，其中江河水是我国饮用水的最大来源，占 80%以上。随着我国经济的发展，生活水平不断提高，人们对生活质量的要求也越来越高，饮用水的水质成为大家关注的焦点之一。然而，与一些发达国家的直饮水相比，我国的饮用水水质仍有待提高。饮用水问题中，比较突出且亟待解决的是频繁发生的饮用水异味问题，仅在 2014 年的前 5 个月里，媒体报道的饮用水异味事件就多达 15 起。

引起饮用水异味原因的物质多种多样，有天然源异味化学物质，也有工业污染产生的化学物质等。此外，引起饮用水异味的化学物质浓度水平往往极低，多在 μg/L 甚至 ng/L 以下。因此，仅依靠现代化的分析仪器难以快速找出异味来源。饮用水异味化学物质的快速筛查成为解决我国饮用水异味问题的关键一环。针对上述难题，作者认为解决问题的关键是建立一个有效的饮用水异味化学物质数据库，即对每种异味化学物质标上特征信息。当饮用水异味发生时，可根据这些特征信息对疑似异味化学物质进行预先筛查，从而将目标物质圈定在一个较小的范围。在此基础上再结合现代化的仪器分析手段，对疑似异味化学物质做进一步的确认，从而极大地提高筛查效率，为饮用水异味化学物质的快速确定提供一种有效的途径。

作为我国著名的供水企业，广东粤海水务股份有限公司居安思危，对我国的饮用水异味问题特别关注，且一直努力思索和探求解决饮用水异味问题的良策。在解决饮用水异味这一难题上，刘则华课题组的想法和广东粤海水务股份有限公司的思路不谋而合，因而有幸与该公司合作，于 2014 年 8 月正式建立了“水体异味研究”项目。通过双方的共同努力，现已顺利建成了一个涵盖 800 余种水体异味化学物质的数据库。该数据库将所有异味化学物质按来源共分为四类，即天然源异味化学物质、工业源异味化学物质、农药源异味化学物质和消毒源异味化学物质。同时，为更好地介绍此数据库并充分发挥其应用价值，特以水体异味化学物质数据库为中心，撰写本书。

本书共 5 章，按照饮用水异味特征和异味化学物质类别来组织章节。第 1 章对国内及国外如日本、美国和欧洲等国家或地区的生活饮用水异味问题进行概述，进而指出建立水体异味化学物质数据库的重要性和撰写本书的主要目的。第 2 章系统总结了天然源异味化学物质的主要生物来源，并对我国近年来发生的天然源饮用水异味事件进行案例分析。第 3 章总结和分析了工业源异味化学物质影响饮用水异味的类别、机理和处理对策。第 4 章简要介绍了农药源异味化学物质及其在环境中的浓度水平。第 5 章总结和介绍了消毒源异味化学物质的形成机理和控制方法。本书写作分工如下：第 1 章由刘则华、尹华完成；第 2 章由刘则华、党志完成；第 3 章和第 4 章由刘则华、谭奇峰完成；第 5 章由刘则华完成。全书由刘则华统稿，广东粤海水务股份有限公司的王樊、彭鹭、杨创涛、练海贤、路晓锋等参与书稿的校正，研究生罗琼、王浩、张俊、钟姝姝、万一平和汤钊协助校正。

本书的成果主要来自广东粤海水务股份有限公司“水体异味研究”项目（D8144320），同时也得到了国家自然科学基金（21107025；21577040）、广东省科技计划项目（2015A020215003）和广州市科技计划项目（201510010162）的资助。特别感谢曲久辉院士、任南琪院士、杨敏研究员和邢新会教授，以及广东粤海水务股份有限公司的徐叶琴、李冬平、孙国胜、林青的大力支持和指导。曲久辉院士特别为本书作序，在此深表谢意。同时，对广东粤海水务股份有限公司所有参与此项目的工作人员一并表示衷心的感谢。此外，特别感谢科学出版社朱丽编辑的热心指导和认真校核。

为方便水体异味化学物质数据库的使用，以及尽可能地发挥该数据库的实际应用价值，我们还将此数据库建立了一个网络化的共享平台，除了本书列出的 200 余种优先异味化学物质可供检索外，其他未在本书中列出的异味化学物质也可通过网络化共享平台检索（http://odor.guangdongwater.com）。

由于作者水平有限，书中难免存在不妥之处，敬请广大读者批评指正。

刘则华
华南理工大学环境与能源学院
工业聚集区工业污染控制和生态修复教育部重点实验室
谭奇峰
广东粤海水务股份有限公司
2019 年 1 月

目　　录

第 1 章　生活饮用水异味问题概述

1.1　我国生活饮用水异味问题简介

近年来，我国生活饮用水异味事件频发，仅 2014 年前 5 个月就有 15 起被曝光，差不多每周一起（表 1-1）。水体异味已经同大气雾霾污染一样，成为公众关注的热门话题。生活饮用水有异味便说明该水受到了一定的污染，没有达到饮用水卫生标准。异味问题会引起居民对生活饮用水安全的担忧，甚至会造成广大居民的恐慌。据报道，随着我国城镇化的进一步推进，我国的生活饮用水水源水质有进一步恶化的趋势，其主要特征如下所述（张晓健等，2013；张晓健，2014）。

表 1-1　我国 2014 年 1～5 月经媒体报道的生活饮用水异味事件

时间	地区	水源	影响人口（万人）	嗅味特征	原因
5 月	江苏省靖江市	长江水	64	农药味	不详
5 月	湖北省武汉市江夏区	长江水	68	刺鼻气味	工业排污，具体原因不详
4 月	甘肃省兰州市	黄河水	362*	异味	苯超标
4 月	江苏省盐城市	河水	815*	腥臭味	不详
3 月	江苏省连云港市	长江水	69	异味	不详
3 月	甘肃省兰州市	黄河水	362*	消毒水味	氨氮超标
3 月	湖南省长沙县	河水	小于 1	腥臭味	不详
3 月	安徽省宿州市	地下水	160*	发黄，有异味	不详
2 月	上海市	长江水	200	霉味，化学酸味，苦味	咸潮入侵
2 月	上海市崇明区	长江水	70	塑料、橡胶味	挥发酚超标
2 月	湖北省随县澴潭镇	水库	5	臭味	不详
2 月	江苏省盐城市	人工湖		刺鼻腥臭	氯气过量
2 月	广东省广州市	—	0.13	发臭发黑	不详
1 月	山西省天镇县	—	20*	臭味	糠醛厂排污
1 月	浙江省杭州市	钱塘江	大于 120	塑料、油漆味和农药味	邻叔丁基苯酚

*指该地区的总人口，具体影响人数不详

（1）饮用水水源以地表水为主，地下水为辅，水质受到污染。据报道，地表水水源占全国城市供水量总量的 80%以上，水质不能满足水源水质标准的比例约占 1/3。在 2333 个地表水源地中，Ⅰ、Ⅱ类水质水源地 1297 个，Ⅲ类水质水源地 921 个，Ⅳ类水质水源地 79 个，Ⅴ类及劣Ⅴ类的水质水源地 36 个。而在 1669 个地下水水源地中，Ⅰ、Ⅱ和Ⅲ类水质水源地 1409 个，Ⅳ类水质水源地 167 个、Ⅴ类水质水源地 93 个。由于水源水质受到污染，全国约 1.3 亿居民供水的水源水质没有达到标准。全国共有城市供水自来水处理厂 4553 个，其中以地表水为水源的自来水处理厂 2577 个，以地下水为水源的自来水处理厂 1976 个。全国公共供水自来水处理厂中，水源水质不能稳定符合饮用水水源要求的水厂 2556 个，涉及供水总规模达 1.47 亿 t/d，影响用水人口 1.9 亿人。2002～2009 年期间，根据全国 36 个重点城市地表水源水检测结果（1.2 万个地表水源水样）（图 1-1），满足《地表水环境质量标准》（GB 3838—2002）Ⅱ类水体水质要求的样品比例分别为 24.8%、17.2%、21%、18.3%、11.5%、17.0%、5.62%和 8.58%，总体上仍呈下降趋势。

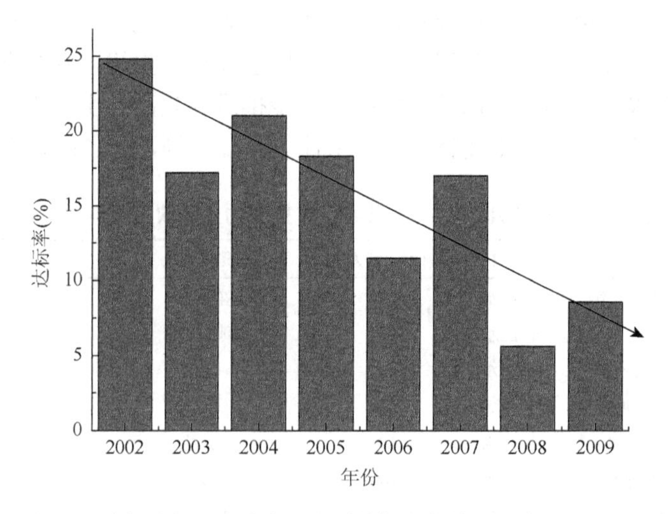

图 1-1　重点城市Ⅱ类地表水水质达标率趋势（张晓健，2014）

（2）自来水处理厂升级改造相对滞后。自来水处理厂的净水工艺仍以常规处理为主，主要去除对象是黏土类颗粒物和病原微生物，对溶解性污染物去除能力有限。据住房和城乡建设部调查，我国采用常规水处理工艺的水厂比例达 94.8%（表 1-2）。在水源污染和新国标实施等因素的驱动下，深度处理工艺得到不断推广，但总比例仍然较低。

表 1-2　城市供水地表水厂水处理工艺统计（张晓健，2014）

项目	个数	总规模（亿 t/d）	规模百分数（%）
地表水厂	2577	1.91	100
常规处理工艺水厂	1981	1.81	94.8
深度处理工艺水厂	43	0.09	4.7
简易处理和未处理水厂	553	0.01	0.5

（3）突发性水源污染事件频发，严重威胁城市供水安全。据中国国家统计年鉴显示，2000～2014 年我国共发生 15747 起突发事件，平均每年发生近 1050 起，其中与水体污染相关的突发事件占近 50%。

（4）监管不力，自来水水质达标率低。我国现行的《生活饮用水卫生标准》（GB 5749—2006）于 2007 年 6 月 1 日正式实施，共包含 106 项水质指标。其中常规指标 42 项，要求立即实施，而非常规指标 64 项，由各省确定实施进度要求，但不晚于 2012 年 7 月 1 日实施。目前存在的主要问题是因缺乏有效监管，企业和地方自报的供水水质合格率很高，但实际的合格率偏低。据 2009 年住房和城乡建设部调查，在调查的 2048 个地表水厂和 1570 个地下水厂中，有 23%的地表水厂和 46%的地下水厂不达标（指 42 项常规指标，但不包含微生物指标）。其中，地表水厂水质不达标的项目主要有消毒剂余量（25%）、浑浊度（17%）、COD_{Mn}、氨氮、肉眼可见度、色度等；而地下水厂水质不达标的指标主要有消毒剂余量（70%）、浑浊度（13%）、氟化物、铁、锰、总硬度、硫酸盐、肉眼可见物、硝酸盐、氯化物、砷、色度和 COD_{Mn} 等。

针对自来水水质安全，有效的行政对策包括：①加大饮用水安全的政府监管力度；②加速推进供水水质信息公开；③加大对现有城市供水设施的更新改造和建设力度；④加大应急供水能力建设；⑤深化供水体制改革；⑥加强饮用水水源的水质保护和风险管理；⑦加大对饮用水安全的科研支持力度。

饮用水异味问题实际上是一个环境微污染问题，即导致异味的原因物质浓度很低（μg/L 甚至 ng/L 以下）。低浓度的异味化学物质很难快速确定，这对快速筛查致嗅原因提出了挑战。例如，2013 年 3 月到 2014 年 1 月连续 5 次发生的杭州饮用水异味事件，从异味的发生到初步判断邻叔丁基苯酚为其主要元凶，花费了八九个月的时间。虽然水体异味事件近年才被人们所广泛关注，但实际上它并不是一个“新问题”，早在 19 世纪 50 年代美国波士顿就暴发了饮用水异味问题（Blake，1948）。我国在 1980 年后，也陆续有不少学术论文涉及饮用水异味问题（车显信等，1982；程海龙，1990；黄显怀，1994；吴添天等，2015；周洋等，2016）。然而，到目前为止，中国仍未出版过相关水体异味的专著。国外对天然源异味化学物质的研究很多，但只有少数研究涉及工业源异味化学物质。鉴于我国的具体国情和水体异味问题的高发性和高难度，很有必要对相关研究做一个系统的整理，以期为我国的水体异味问题的快速解决提供有意义的参考。

1.2　生活饮用水异味及表征

嗅（odour）和味（taste）是生活饮用水的常规指标，在我国的生活饮用水水质卫生标准中，要求饮用水无异嗅和异味。本书中所指的“生活饮用水异味”既包含“异嗅”，也包含“异味”，习惯上都称之为生活饮用水“异味”。这和其他国家的饮用水标准类似，例如，美国环境保护署的饮用水标准中使用“odour”来描述异嗅和异味（U. S. EPA，2009），加拿大和日本等国家的饮用水标准中则同时使用“taste”和“odour”（Health Canada，2014；刘则华等，2016）。嗅觉和味觉共同构成了人类和动物的化学感受系统，这两种感受系统的合作为生存、觅食、繁衍等活动提供了重要的保障，具有长期的生理意义和生存意义。经过长期的生物进化，生物的化学感受系统能够快速、灵敏、特异地检测识别复杂的气体和液体环境中大量不同的物质，是迄今性能最佳的化学检测系统（秦臻等，2014）。生活饮用水异味即饮用水中的单个或混合化学物质可以被人体的嗅觉或味觉所感知。因为人类感知的高灵敏度，这些化学物质的存在浓度水平可以极低。例如，ng/L级的土嗅素和 2-甲基异莰醇（2-MIB）等物质便足以被人类所感知（陆娴婷等，2003）。为有效地应对水体异味问题，在欧洲、美国、日本等发达国家和地区，通常募集一些符合标准的健康人员，通过较长时间的特殊培训使其成为嗅味专业人员，再通过他们的嗅觉和口感，对不同异味化学物质用简单的词语进行描述和评价，目的是把人的感官性状描述和水中存在的化合物建立有效的联系。目前广为熟知的是Suffet等于1987年提出的生活饮用水异味车轮法（drinking water taste and odour wheel，图 1-2），该方法的概念最早可追溯到 1916 年（李勇等，2009；Suffet et al.，1999）。随着异味化学物质的增多，异味表述词汇也越来越多。为方便比较，我们将这些描述词汇进行了整理，并列出了代表性的化学物质，具体见表 1-3。

1.3　水体异味测定方法

1.3.1　感官检测

水体异味主要可以通过人的感官和化学仪器这两种方法来评价。所谓人的感官分析是指通过人的嗅觉或味觉来判断气味的类别和强度。由于气味分析的特殊性，目前还没有统一的标准。目前感官分析法在水质检测中主要是借助食品工业上的检测方法，有以下 3 种类型（陆娴婷等，2003）。

（1）TON（threshold odour number）法，即稀释倍数法。TON 法是用无嗅水稀释样品至刚好能感知气味的临界点时，稀释倍数的值。美国和英国等发达国家采用此法作为生活饮用水的水质标准。原国家环境保护总局《水和废水监测分析方法（第三版）》中采用 TON 法来检验嗅味。

（2）OII（odour intensity index）法，即异味强度指数法。OII 法是指在一定温度下，用无嗅水将水样反复稀释一倍至刚好能感知气味的临界点时，由气味感知员报出稀释次数的值，OII 法不对气味进行描述。该法与 TON 法类似。

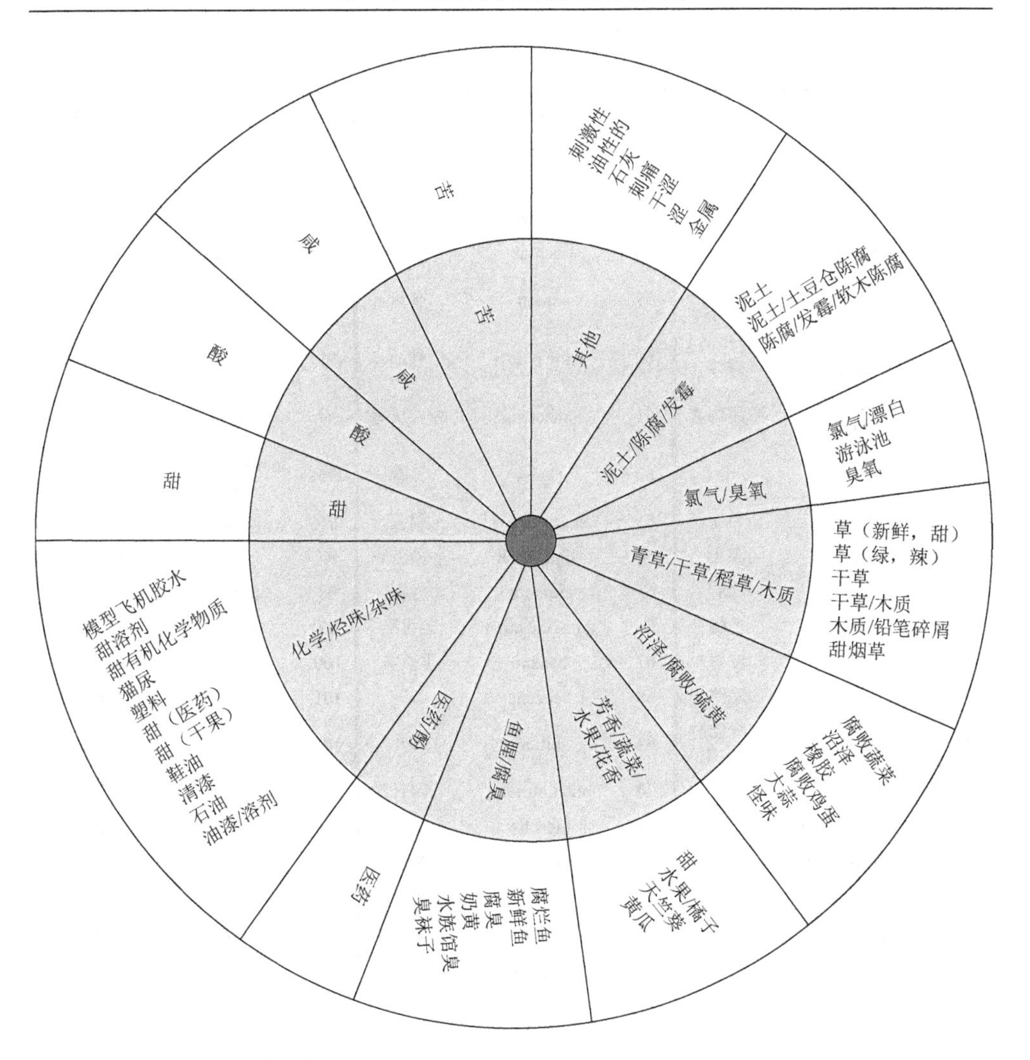

图 1-2　生活饮用水异味车轮图（Suffet et al.，1999）

表 1-3　异味化学物质异味描述中英文对照表

序号	odour	嗅/味	序号	odour	嗅/味	序号	odour	嗅/味
1	acetone	丙酮	8	apple aroma	苹果芳香	15	citrus-orange-fatty	柑橘-橙子-脂肪
2	acrid	辛辣的	9	apricot	杏味	16	cocoa	可可
3	alcohol	乙醇味	10	chicken soup	鸡汤	17	coconut	椰子
4	almond	杏仁	11	chloroform	氯仿	18	coconut-peach	椰子-桃子
5	amine	胺味	12	chocolate	巧克力	19	coffee	咖啡
6	ammonia	氨臭味	13	cilantro	芫荽叶	20	corky	软木塞霉味
7	apple	苹果味	14	citrus	柑橘	21	coumarin	香豆素

续表

序号	odour	嗅/味	序号	odour	嗅/味	序号	odour	嗅/味
22	cream	奶油	55	rotten egg	臭鸡蛋	88	green sweet	绿香
23	creosote	杂酚油	56	rum like	朗姆酒	89	hay	干草
24	crude oil	原油	57	sandalwood	檀香	90	hazelnut	榛果
25	dairy creamy	乳制品	58	septic	腐败	91	burnt sugar	焦糖
26	decayed cabbage	腐败卷心菜	59	sharp	刺鼻	92	herb	草药
27	decayed horseradish	腐烂的辣根	60	shoe polish	鞋油	93	holly leaf	冬青叶
28	dense sweet honey	浓甜蜂蜜	61	sickening	令人厌恶	94	holly oil	冬青油
29	dry	干	62	skunk	臭鼬	95	immature green fruit	未成熟青果
30	dung	粪便	63	slight amine	弱胺	96	iodoform	碘仿
31	earthy	泥土	64	slight bitter	微苦	97	irritating	刺激性
32	ester	酯	65	aromatic	芳香	98	jackfruit	菠萝蜜
33	ethereal	乙醚	66	aromatic ether	芳香醚	99	lactic acid	乳酸
34	eucalyptus	桉树	67	banana	香蕉味	100	lavender	薰衣草
35	fatty	脂肪	68	benzene	苯	101	leafy	绿叶
36	fatty fruit	富含脂肪的水果	69	bitter	苦	102	leek	韭菜
37	fecal	粪便	70	bitter almond	苦杏仁	103	lemon	柠檬
38	fermented aroma	发酵香	71	bleachy	漂白	104	lemon cleaner	柠檬洗液
39	fishy	鱼腥	72	burnt	烤焦	105	smoked incense	熏香
40	perspiration	汗	73	flowery	花香	106	solvent	溶剂
41	phenol	酚	74	foul	恶臭	107	sour	酸
42	pineapple	菠萝	75	fresh cut hay	新割干草味	108	sour acid	酸
43	pine needle	针叶	76	fragrant	芳香	109	spearmint	薄荷
44	pleasant	愉快	77	fruity	水果	110	special aroma	特殊香
45	potato	土豆	78	garlic	大蒜	111	special pungent	特殊刺激性
46	potato bin	土豆仓	79	gasoline	汽油	112	spicy	辛辣
47	puckery	涩	80	geraniums	天竺葵	113	stable	牛棚
48	pungent	刺激性	81	glue	胶水	114	stagnant onion	陈腐洋葱
49	pungent orange	刺激性柑橘	82	grassy	青草	115	stale	陈腐
50	putrid	腐败	83	grease	油脂	116	stench	恶臭
51	rancid	腐臭	84	green	绿草	117	stink	恶臭
52	repulsive	令人厌恶	85	green citrus	青柑橘	118	strange	奇怪
53	rose	玫瑰	86	green grass	绿草	119	strawberry	草莓
54	rotten cabbage	腐败卷心菜	87	green pepper	青椒	120	strong fruit	味道强烈的水果

续表

序号	odour	嗅/味	序号	odour	嗅/味	序号	odour	嗅/味
121	strong raw potato	强烈生土豆	144	melon-pumpkin	甜瓜-南瓜	167	pepper	辣椒
122	strong tomato	强烈西红柿	145	methane gas	甲烷	168	perfume	香水
123	strong unpleasant amine	强烈不愉快胺	146	mild pleasant	温和愉快	169	sweet	甜
124	strong wind flower	强烈风信子	147	milk cream	奶油	170	sweet cream	甜奶油
125	sulfide	硫化物	148	milk-peach	奶-桃	171	sweet coumarinic	甜香豆素
126	sulfur	硫黄	149	minty	薄荷	172	sweetish	有点甜
127	suffocating	令人窒息	150	mold	霉味	173	syrup	糖浆
128	sweat	汗臭	151	mushroom	蘑菇	174	tar	焦油
129	violet	紫罗兰	152	mothball	卫生球	175	terpene	萜烯
130	waxy	蜡	153	musty	陈腐	176	thick smoky	浓烟
131	burnt sweet	焦甜	154	mustard	芥末	177	thiol	硫醇
132	butterscotch	奶油咸	155	naphthalene	萘	178	tobacco	香烟
133	buttery	黄油	156	nauseating	令人恶心	179	tropical fruit	热带水果
134	camphor	樟脑	157	nutty	坚果	180	turpentine	松节油
135	cellar	酒窖	158	oil fatty	油脂	181	urine	尿
136	celery	西芹	159	olefinic	烯烃	182	unpleasant	不愉快
137	cherry	樱桃	160	onion	洋葱	183	vanilla	香草
138	lemon oil	柠檬油	161	onion garlic	洋葱大蒜	184	vegetable	蔬菜
139	liquor	酒精	162	orange peel	柑橘皮	185	vinegar	醋
140	maple-caramel	枫叶	163	peach	桃子	186	windy cognac	白兰地
141	meat	肉	164	peach-apricot	桃子-杏	187	whisky	威士忌
142	medicine	医药	165	peanut	花生	188	whisky roasted peanut	威士忌炒花生
143	melon	甜瓜	166	penetrating	刺鼻			

TON 法和 OII 法适用于检测严重污染的水样，但在反复稀释的过程中易造成挥发组分的损失，使数据不可靠，缺乏重现性，而且不能描述样品气味的具体特征，从而存在失去一些有用信息的可能。因此，OII 法和 TON 法这两种方法的指导意义十分有限。

（3）FPA（flavor profile analysis）法，即嗅味层次分析法。国外目前特别活跃的气味检测法是 FPA 法。FPA 法最初应用在食品工业，1981 年在美国水行业开始采用，美国《水和废水标准检验法》第 17 版已将 FPA 法作为标准法。该法由一个气味感知员小组来对水样的气味进行评价，最后将各个气味感知员的结果综合得出统一的气味特征和气味强度（常分为 7 个等级）。这种方法要求对气味感知员进行严格的培训并经常用专门的有嗅物来校正其嗅觉反应，因此能给出比较可靠的、有用的气味信息，并可据此粗略推测水中大致的气味化合物。国内供水行业常采用粗略的文字描述法，由单个人用词句描述嗅味特征，并按 6 个等级报告嗅味的强度。

1.3.2　标准稀释倍数法

为确保水质感官上的达标，美国和英国等发达国家仍采用稀释倍数法对饮用水进行评价，其限值标准是不大于 3。现对英国环保局分析家常务委员会（Standing Committee of Analysts Environment Agency，UK）制定的 2014 年《饮用水异味测定手册》[*The Determination of Taste and Odour in Drinking Waters*（2014）] 进行详细的介绍。

1. 概述

1）方法

手册中关于水体异味的测定方法基于有限个人的主观判断，可分为如下 4 种方法。

方法 1：在常温下，由一个人对水的异味（异嗅和异味，下同）进行简单、快速的评价，以定性确定该水是否含有异味。在取样现场或实验室，经特殊培训过的个人可以进行初步评价。若判断有异味，则进行下一步检验。

方法 2：在可控的环境下，由一群人对脱氯但无稀释的水进行异味评价，对水中存在的异味进行描述，并对异味的强度进行记录。如果该无稀释的脱氯水样被认为无嗅无味，则无须继续测定。这种情况下水样的异味值（TON）为 1，也就是说此水样的稀释倍数为 0，可以被消费者所接受。

方法 3：如果在上述方法 2 中，脱氯但无稀释的水样中检测到了任何异嗅和异味，将用空白水样对此水进行一系列稀释，并定量测定该水样的 TON。稀释水样的异味强度由一组检验员来测定，而 TON 的大小取全组检验员的几何平均值。得到该水样的 TON，也可计算其稀释倍数。需进一步确认该水是否安全，是否在一段时间内水质发生了不正常的变化。

方法 4：在净水处理厂使用在线异味检测仪，在测定时增加水样的温度可以放大异味的强度。

方法 2 和方法 3 主要直接评价水质是否符合英国水质基准中有关异味的限值

（图 1-3），即水样中的异味是否可以被消费者所接受，或者该饮用水是否发生了不正常变化。这些方法虽然可以得到用于可比较的数值，以及可以判断水质是否符合要求，但是，与其依赖水质标准来判断，不如在实验室之外展开必要的调查工作，以确认水中检测到的异味能否被消费者所接受，或者该异味源自水质的不正常变化。当水样中存在异嗅，该水可能同时含有异味（嗅觉和味觉）。然而，当水中含有明显的异味（味觉）时，不一定含有异嗅化学物质，一些溶解性的金属（如铁、锰、钾、钠和锌）能够通过味觉测定。一些居民反映饮用水有异味、口感差，快速辨别这样的异味有助于快速阐明原因所在。有不少异味（味觉）可能和特殊的净水处理问题相关。味觉特别敏感的个人可以从饮用水源水或者饮用水中发现异味，从而在饮用水输送到居民前就做出早期预警，也有利于对净水处理厂做出补救措施，防止或减少输送系统中的饮用水异味（味觉）问题。需要注意的是，这些味觉特别敏感的人不能够参与饮用水异味的常规评价。

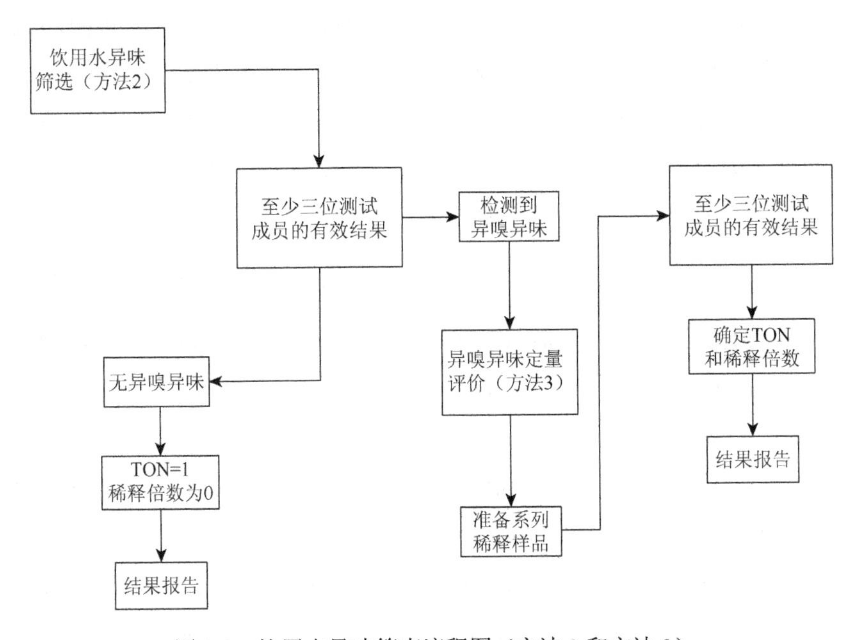

图 1-3　饮用水异味筛查流程图（方法 2 和方法 3）

在进行味觉测试时，样品必须安全。在方法 2 和方法 3 中，为以防万一，测试小组成员不能吞下测试水样，因为要考虑在进行水样的异嗅异味测定时测试成员所面临的潜在危险。表 1-4 列出了一些导致水产生异嗅（和可能的异味）的化学物质，并给出了相应的阈值。实际的异味阈值因人而异，由人的感觉器官灵敏度不同而有所差异，这些差异范围可达 2～3 个数量级。表 1-4 中的数值仅表明它们致嗅的潜能。

表 1-4　可致异嗅或异味的化学物质

序号	化合物	异嗅特征（英文）	异嗅特征（中文）	阈值（μg/L）	可能来源
1	氨	sharp/pungent	强烈的，苦的，刺激性的	40	肥料，污水
2	乙酸戊酯	pear drops	梨形糖果	5	工业废物
3	2-乙基-5, 5-二甲基-1, 3-二氧杂环乙烷	musty/nutty/sweet	发霉的/坚果/甜的	0.01	工业废物
4	2-乙基-4-甲基-1, 3-二氧杂环乙烷	musty/nutty/sweet	发霉的/坚果/甜的	0.01	工业废物
5	酚	carbolic	石炭酸味	300	蔬菜降解或工业废物
6	2-MIB	musty/camphor	发霉的/樟脑	0.02	放线菌，蓝细菌，微真菌
7	4-甲基酚	creosote	杂酚油	45	溶剂和消毒副产物
8	3-甲基酚	creosote	杂酚油	330	溶剂和消毒副产物
9	2-甲基酚	creosote	杂酚油	70	溶剂和消毒副产物
10	薄荷醇	camphor/minty	樟脑/薄荷	2	—
11	芳樟醇	woody/aromatic	木材/芳香	60	清洗剂
12	土嗅素	musty/earthy	发霉的/泥土	0.015	放线菌，蓝细菌，微真菌
13	二甲基硫化物	rotting vegetables	烂蔬菜	10	假单胞菌属
14	二乙基硫化物	garlic	大蒜	0.25	—
15	丁酸	sweaty	汗臭	50	—
16	2, 4, 6-三氯酚	medicinal	医药味	3	酚的氯化
17	2, 6-二氯酚	medicinal	医药味	2	酚的氯化
18	2, 4-二氯酚	medicinal	医药味	250	酚的氯化
19	4-氯酚	phenolic	苯酚	250	酚的氯化
20	2-氯酚	phenolic	苯酚	2	酚的氯化
21	氯	chlorinous	氯味	100～500	水消毒
22	联苯	musty	发霉的	0.5	工业废物
23	苯并噻唑	rubber	橡胶	80	工业废物
24	苯甲醛	sharp/almond	强烈的/杏仁	35	工业废物
25	苯乙酮	sweet/almond	甜/杏仁	65	工业废物

续表

序号	化合物	异嗅特征（英文）	异嗅特征（中文）	阈值（μg/L）	可能来源
26	2-异丙基-3-甲基吡嗪	mouldy/musty	发霉的	—	放线菌
27	cubenol	woody/earthy	木材/泥土	—	放线菌
28	顺式-3-己烯-1-酮	grassy	青草	—	绿藻
29	二苯乙醚三氯胺	geranium-like	天竺葵	—	硅藻
30	反-2-/顺-6-壬二烯醛	cucumber	黄瓜	—	绿藻
31	醛类（C_7及以上）	fruity/fragrant	水果/芳香	—	臭氧氧化
32	1, 3-戊二烯	solvent-like	溶剂	—	石油、柴油通过塑料管渗透
33	己醛/庚醛	fishy	鱼腥	—	绿藻，硅藻
34	癸二烯醛	cod liver oil	鳕鱼肝油	—	绿藻
35	庚二烯醛/十二烯醛	fishy	鱼腥	—	藻
36	硫醇	malodorous sulphur	恶臭硫	—	蓝藻降解
37	二硫化氢	rotten eggs	臭鸡蛋	—	硫酸还原细菌，梭菌
38	低分子醛	swampy/swimming pool	沼泽/游泳池味	—	氨基酸氯化
39	碘化三氯甲烷	medicinal	医药	—	氯胺消毒
40	酚抗氧化剂	plastic/burnt plastic	塑料味，烤焦的塑料味	—	塑料，烤焦的塑料
41	臭氧溶液	ozonous	臭氧	—	水消毒
42	二氯胺	swimming pool	游泳池味	—	水消毒
43	2-叔丁基-5-甲基-1, 4-苯醌	pencil/graphite	铅笔/石墨	0.005	黑色阿卡希管

注：“—”表示无，下同

异味值（TON）表示一个水样品用空白水稀释，直至其不能被检测到任何的异味为止，则该水样品的异味值计算式如下：

$$\mathrm{TON}=\frac{A+B}{A} \tag{1-1}$$

其中，A 为待测水样的体积；B 为稀释用的空白水样体积。

在测试中，水样的异味值取每位测试人员的几何平均值，异味的稀释倍数（TDN）则为

$$TDN = TON - 1 \tag{1-2}$$

当无稀释的水样没有检测到任何异味时，则 TON 为 1，TDN 为 0。测定水样异味是为检测水质是否满足基本要求。在脱氯和无稀释的水中检测到异味，要求用 TON 表示，且测定温度要求在 25℃下进行。

2）取样和样品保存

用干净的样品瓶取样，取样时样品瓶上方不能留任何空间，迅速放在 5℃±3℃环境下保存。应尽快分析样品且必须在取样 72 h 内分析。在取样时不能对样品进行脱氯处理。

3）测试小组

测试小组成员的人数应该为奇数，且至少有 3 名以上，以保证对水样中是否含有异味做出合理判断。测试小组成员库应该由尽可能多的成员构成，不一定要求是实验室人员。适当地增加测试人员可以提高评价的准确度，因此所得到的结果也就更为可靠。由于本方法的主观性很强，敏感度高或者低的个人都可能对检测结果造成偏差，因此有必要用合理的程序对测试人员进行选择，以了解他们的敏感度，检测他们的能力，并确认他们是否合适。

人员筛查应包含明确的筛选标准，也可做进一步培训。在进行测试前，应该对检测人员的状况做一个常规检测。评价时，测试成员不能患有感冒或者过敏，以免影响对异味的评价。在测试当天，测试人员要避免使用香水或者化妆品，包括洗手用的含香气的香皂，且测试前 1 h 不能进食和抽烟。测试人员一次性最多可以测试 10 个样品（包括阳性和阴性对照）。当有样品检测到异味时，测试人员应做短时间休息后再继续测试。品尝一块味道清淡的饼干和饮用一瓶蔗糖汁，再配合短时的休息可以促进测试人员嗅觉的快速恢复。

另外，需要在测试成员中选择一位协调员或者小组领导。由他负责准备水样，并且记录和整理测试结果。该人员不能让其他测试人员知道哪些是待测水样，哪些是空白水样，且不能参加此次测试。

4）测试场所

测试地点不能对异味检测有任何干扰，如因炒菜和使用化学物质、油漆、清洗剂、空气新鲜剂及房间除味剂等产生异味干扰。其他因素包括暖气、噪声，或者旁观者等影响测试人员注意力的因素也应避免。

5）器具

玻璃器具应该单独保存。不用时应该在干净条件下保存以避免可能的污染。样品瓶在使用前应该用强力清洗剂浸泡一晚上，然后用水彻底清洗干净，不能使用含磷的清洗剂。可以使用自动清洗设备，使用时温度不能超过 60℃，可使用不含磷洗涤剂。样品瓶应为 500 mL 或以上体积的广口玻璃塞瓶，或者是食品级的聚对苯二甲酸乙二酯（polyethylene terephthalate，PET）瓶。如果使用非玻璃样品瓶，需全面评价该样品瓶是否会产生异味或者将异味去除。使用可维持温度在 25℃±1℃的水浴锅或者培养箱。测试器具通常使用酒杯，瓶口小于杯心直径，或者呈凸形，以使挥发性物质不易从杯子中散发。也可以用细口玻璃塞瓶，但是在使用前应该确认该器皿不会降低或者增加任何样品的异味强度。

2. 异味的定性检测方法

1）原则

本方法主要面向经特殊培训的人员，在他们对饮用水进行简单评价时提供指南。这些评价可以用于常规运行需要或者是提供额外的解释和确认，可由采样员在取样现场或者分析员在实验室测定。首先在常温下对水样进行嗅觉评估，测定其强度和特性，然后于常温下对其进行味觉评估，测定其强度和特性。

2）应用场合和干扰

饮用水一般经过氯气消毒，氯气残留可能会掩盖或者增强它的异味。本方法中，只有确认该水安全时才可以摄入。

3）危害

样品只有在确认安全后才可以进行摄入（味觉）评价。只要知道或者怀疑有细菌、病毒、寄生虫或者其他污染物存在，任何样品均不可进行味觉测试。一般嗅味测试先于味觉测试。测试员在做味觉测试时不能咽下样品，测试评价应该当场做出。

4）器具

（1）总体要求。虽然异嗅测定可以直接通过样品瓶评价，但味觉测试时推荐使用水杯或者烧杯。器具不使用时应存放在干净的环境中，以免产生污染。

（2）器具清洗。应该使用干净瓶子。如果使用非玻璃瓶时，瓶子应该是没有使用的新瓶，并且保存在干净的环境中。玻璃瓶在使用前应该用强力清洗剂浸泡一个晚上，然后用无异味水全面清洗，不能使用含磷的清洗剂。或者使用自动清洗设备，使用时温度不能超过 60℃，不能使用含磷的清洗剂。如有需要，可对这些样品瓶进行消毒处理。

（3）样品瓶。样品瓶应为 500 mL 或以上体积的广口玻璃塞瓶，或者是食品级的 PET 瓶。如果使用非玻璃样品瓶时，需全面评价该样品瓶是否会产生异味或者将异味去除。

（4）味觉测试杯子/烧杯。味觉测试时必须使用干净的杯子或者烧杯，可以是玻璃材质或者食品级的塑料材质。如果是其他类型的材料，测试前应该确保它们不会减少或增加样品的味觉。

5）测试员

测试员在进行异味评价前应该经过异味感官测试。他们必须对异嗅和异味物质具有充分的敏感度，且需要经过一定的培训以确保能够区分一些常见的异嗅异味（表 1-5）。测试员应能够感知任何环境异味，如炒菜、化学物质、油漆、清洗剂、空气清洗剂和房间除臭剂等。这些环境异味可能会影响测试。

表 1-5　常见异味参考（中英文对照）

intensity of taste/odour	异味强度	description of taste/odour（异味描述）			
		odour	嗅味	taste	味道
no taste/odour	无异嗅异味	no odour	无嗅	no taste	无味
very slight	非常轻微	ammoniacal	氨	astringent	涩味
slight	微弱	bad eggs (sulphide)	臭鸡蛋（硫化物）	bitter	苦
strong	强烈	chlorine (bleach)	氯气（漂白粉）	bituminous	沥青
very strong	非常强烈	diesel	柴油	chemical	化学味
		earthy	泥土	chlorinous	氯气
		farm like	农场	chlorophenol	氯酚
		fruity	水果	cucumber	黄瓜
		fuel	汽油	decayed vegetable	腐败蔬菜
		medicinal	医药	diesel	柴油
		milky	牛奶	earthy	泥土
		musty	发霉	fishy	鱼腥
		oily	油脂	fuel	燃料
		organic solvent	有机溶剂	geranium	天竺葵
		pencil	铅笔	inky	墨水
		petrol	汽油	metallic	金属
		phenolic	苯酚	mouldy	发霉
		soapy	肥皂	musty	发霉
		sweet	甜	oily	油脂
		yeasty	酵母	pencil	铅笔
		other	其他	petrol	汽油
				rubber	橡皮
				saline	盐水
				sharp	刺激性
				sour	酸味
				spirit	提神
				sweet	甜味
				weedy	青草
				other	其他

6）分析步骤

分析步骤如表1-6所示。

表1-6　分析步骤

<table>
<tr><th>步骤</th><th>操作</th><th>备注</th></tr>
<tr><td>1</td><td>倒掉一部分样品，使样品瓶上方出现一部分空间</td><td rowspan="4">（1）应该用手抓住瓶子的底端，用鼻子在瓶口闻。一旦异嗅评价结束，需要换新的瓶盖或者塞子。
（2）样品的温度需要控制在环境温度。
（3）如果只有一名异味测试员，以及该样品不再用作其他用途，测试可以直接用样品瓶测定。
（4）必须用口摄入一定体积的样品，并保留数秒。根据样品的情况，可以咽下或者吐出</td></tr>
<tr><td>2</td><td>摇晃样品瓶，揭开瓶盖，用鼻子闻样品，看是否可以检测到异嗅，根据表1-5，确定异味的强度和特征</td></tr>
<tr><td>3</td><td>向干净的杯子或者烧杯中倒入一定的样品</td></tr>
<tr><td>4</td><td>测试员应该品尝该样品，如果检测到异味，需划分味道的强度和特征</td></tr>
</table>

3. 异味的定量检测

1）试剂

除非特别说明，需使用分析纯化学试剂。配制试剂时，应使用蒸馏水、去离子水或者其他同等质量的水。

（1）空白水。空白水是整个测试过程中的重要参考，用来做异味筛查和定量评价。在做定量评价时，空白水用来稀释测试水样。实验室所选用的空白水，在25℃下不能被异味测试人员检测出任何异嗅异味，并且空白水的水质应长期稳定且易于获取。空白水应该适合该地区的水质，可能的话应该和被测水质的组成成分类似。每个实验室最好只选用一种空白水，但是当待测水样的化学组成，如硬度等变化很大，就有必要使用多种空白水。应该用带有玻璃塞的玻璃容器或者食品级的PET瓶盛装空白水，并单独保存。与待测试的水样相同，保存时间不能超过72 h。在不使用时，应放在5℃下保存。若使用非玻璃容器时，应事先确认该容器不会带入或者去除异嗅异味。当有些空白水达不到要求时，可让水流过一个装活性炭（5～20目）的玻璃柱子［20 mm（直径）×200 mm（长）］，用适宜的容器装过滤水。过滤水应该当天使用，并由一名测试人员确认在25℃下无任何异嗅异味时才能用作空白水，且仅限于12 h内使用。为防止细菌污染，玻璃柱子中的活性炭应当经常更换。

（2）冲洗水。应选用合适的水冲洗容器和玻璃器材。冲洗不能给评价结果带来影响。例如，新的玻璃器具洗了之后可以用去离子水或者蒸馏水冲洗。空白水可以用来冲洗玻璃器皿。测试前，可以用测试水样冲洗玻璃器具。

（3）脱氯剂。常用的脱氯剂有硫代硫酸钠和抗坏血酸两种。硫代硫酸钠溶液的浓度一般为0.0125 mol/L。配制时，溶解3.5 g的五水硫代硫酸钠于1000 mL的空白水中，充分混合，保存于棕色的玻璃瓶中。5℃条件下最长可用7天。加入1 mL

该试剂可以中和约 0.5 mg 的残留氯。配制抗坏血酸溶液时，溶解 5 g 的抗坏血酸于 1000 mL 水中，充分混合，保存于棕色的玻璃瓶中。5℃条件下最长可用 7 天。1 mL 该试剂可以中和 0.5 mg 的残留氯。硫代硫酸钠用作脱氯剂时可能会引起硫黄味，这时可用抗坏血酸代替。若饮用水使用氯胺消毒，使用抗坏血酸会产生其他异味，从而干扰样品的测定。

2）分析步骤

分析步骤详见表 1-7。

表 1-7　分析步骤

<table>
<tr><th>序号</th><th>步骤</th><th>操作</th><th>备注</th></tr>
<tr><td>1</td><td rowspan="6">脱氯</td><td>将一部分水样倒入合适的器皿，或者打开瓶塞，倒掉一部分样品。然后向待测水样中加入一定体积的脱氯剂，充分混合。装待测水样的容器温度不宜超过 25℃</td><td rowspan="10">（1）应避免使用大量过剩的脱氯剂。
（2）不同测试人员不能同时用同一个玻璃器皿检测，每一个人员应该独立评价。
（3）不能让测试人员知道哪些是待测试水样，哪些是空白水样。如果待测试样品有浑浊或者颜色，应该用铝锡箔纸等材料把器皿盖住。
（4）应该握住器皿的底部，立刻用鼻子在玻璃器皿的口部测定。
（5）用嘴含一定体积的空白水或待测水样，保持数秒，把水从口中吐出；为确保测试的准确性，每一位测试人员一次最多可评价 10 个样品。
（6）如果空白水样被几个测试人员评定为有异味/异嗅，说明该空白水的质量不达标，需要另行准备；若某一位测试人员总是认为空白水含有异嗅异味，则应该把该测试人员从测试小组中撤去</td></tr>
<tr><td>2</td><td>将一部分脱氯后的水样倒入酒杯等合适器皿，盖上玻璃盖。每个测试员重复上述操作</td></tr>
<tr><td>3</td><td>按上述步骤 1 和步骤 2，最多准备 10 个未稀释的脱氯水样，同时准备至少 2 个空白水样。将这些待测水样和空白水样任意排列，立刻展开测试</td></tr>
<tr><td>4</td><td>对每一个单独样品（空白或者待测水样），从酒杯或者其他器皿中倒掉一少部分，这样在摇动酒杯或器皿时就不会溢出。打开玻璃盖，立刻评价异嗅的强度和特征</td></tr>
<tr><td>5</td><td>打开玻璃盖，再次小心地摇动玻璃器皿，评价其异味的强度和特征</td></tr>
<tr><td>6</td><td>应该立刻做出异嗅异味的评价</td></tr>
<tr><td>7</td><td rowspan="4">结果评价</td><td>每一次测试中，至少 60%的空白水应该被鉴定为无嗅无味</td></tr>
<tr><td>8</td><td>一旦发现一组测定结果无效，应立即准备其他脱氯水，并另外找其他测试人员重新测定</td></tr>
<tr><td>9</td><td>当某个脱氯水样被 60%以上的测试人员有效评定为无异嗅异味，无需做下一步评价</td></tr>
<tr><td>10</td><td>如果某个脱氯水样被 60%以上的测试人员有效评定为有异味/异嗅，则需要做进一步测定</td></tr>
</table>

4. 饮用水异味值（TON）定量测定方法

当未稀释的脱氯饮用水中被评价为含有异嗅异味，则需要进一步用本方法评价。反之，则该饮用水的异味值为 1，其对应的稀释倍数为 0。

1）本方法性能特征

本方法主要性能特征如表 1-8 所示。

表 1-8　测定方法的性能特征

序号	项目	说明
1	测定目标	异嗅异味
2	测定对象	饮用水
3	方法基础	待测水样用空白水做一系列稀释。在 25℃条件下，对这些稀释的水样进行异嗅和异味的评价，直至稀释的水样中不能检测到异嗅/异味
4	应用范围	异味值为 2～10，即稀释倍数为 1～9。若该待测水样的异味值高于此范围，应对水样进一步稀释
5	低报道限	异味值为 2，即稀释倍数为 1
6	敏感度	取决于测试人员的主观灵敏度
7	偏差	取决于测试人员的主观灵敏度和待测样品的稀释范围
8	需要时间	每一个样品，负责人需要 60 min，测试人员需要 10 min
9	结果形式	始终用异味值表示，在最后可转化为稀释倍数

2）试剂

同“3. 异味的定量检测”中的“试剂”部分。

3）分析步骤

分析步骤如表 1-9 所示。

表 1-9　分析步骤

<table>
<tr><th>步骤</th><th>方法介绍</th><th>备注</th></tr>
<tr><td>1</td><td>将脱氯水的水温调到 25℃。摇晃样品瓶，去掉瓶塞。快速取一定量的样品到一个独立的容器。用新的瓶塞盖上样品瓶，然后迅速向容器中加入一定体积的空白水（25℃），密封或者盖住，充分混合</td><td rowspan="9">（1）样品采取单倍连续稀释或者双倍稀释。当待测样品的异味强度较小时，只需要少量稀释。
（2）不同的测试人员不能够同时测试同一个杯子中的水样。每个测试人员应该独立分析。
（3）稀释样品和空白样品不能被测试人员知道。当待测样品有浑浊或者颜色时，应该用东西（如铝箔纸）盖住玻璃杯或瓶子。
（4）应该用手握住玻璃杯的底部，并迅速用鼻子在玻璃口闻。
（5）用手握着玻璃杯的底部，用嘴含一定体积的待测稀释水样或空白样，在口中保留数秒，再吐出口中的水样。
（6）要确保每位检测人员的敏感度没有发生明显的降低，在评价期间，应该让测试人员有短时休息</td></tr>
<tr><td>2</td><td>对每一位测试人员，稀释水样应该倒入单独的酒杯或者其他器皿，且需用玻璃盖盖上。针对每一个稀释的水样样品，应该另外准备两个空白水做对照</td></tr>
<tr><td>3</td><td>将稀释的水样和空白样任意混合，并立即进行评价</td></tr>
<tr><td>4</td><td>小心地摇晃上述稀释样品，以避免有水样溢出。去掉玻璃塞，让测试人员进行异嗅评价，用新的玻璃盖盖上稀释样品。要求测试人员迅速记录这 3 个水样是否含有异嗅</td></tr>
<tr><td>5</td><td>再次小心摇晃玻璃杯或其他器皿，打开玻璃盖，让测试人员进行异味评价。测试人员快速记录这 3 个水样品是否含有异味</td></tr>
<tr><td>6</td><td>样品是否含有异嗅异味应该尽可能快地做出评价</td></tr>
<tr><td>7</td><td>重复上述异嗅评价步骤，直到测试人员不能从稀释样品中检测到异嗅</td></tr>
<tr><td>8</td><td>重复上述异味评价步骤，直到测试人员不能从稀释样品中检测到异味</td></tr>
<tr><td>9</td><td>水样的异味值（TON）取测试人员的几何平均值</td></tr>
</table>

5. 饮用水异味的连续测定

1）原理

本方法为饮用水在线定性检测，适合于需事先发现问题的场合，可应用于饮用水源水、经部分工艺处理的水和饮用水。待测试的水样需要加热到一定温度（如60℃），在此温度下保持至少 30 s。然后以连续蒸汽的形式射入钟形容器，在这个钟形容器的颈部收集异嗅异味物质。

2）试剂

脱氯试剂。硫代硫酸钠溶液的浓度一般为 0.0125 mol/L。配制时，溶解 3.5 g 的五水硫代硫酸钠于 1000 mL 的水中，充分混合，保存于棕色的玻璃瓶中。5℃条件下最长可用 7 天。硫代硫酸钠用作脱氯剂时可能会引起硫黄味，这时可用抗坏血酸代替。若饮用水使用氯胺消毒，使用抗坏血酸会产生其他异味，从而干扰样品的测定。

3）测试装置

测试装置的外形见图 1-4。该装置需要有一个 70～80 kPa 的水压和一个 3 kW 的加热器。测试装置在安装时应考虑各个部件易于拆卸。为防止致病性细菌在测试装置里形成，需要及时清洗各个组成部件。玻璃器皿在使用前应用强力洗涤剂的稀释溶液浸泡一晚上，再用空白水漂洗干净。或者用自动洗碗设备清洗这些玻璃器皿。在清洗时，温度不能高于 60℃，推荐使用清洁剂。

图 1-4　测试装置外形图

4）连续测定异味仪的安装和操作

为了减少操作人员暴露于致病细菌的风险，安装和操作时应有如下考虑。

（1）从水样进口到加热器，以及从加热器到钟形瓶，使用短程直管。

（2）避免使用死角和过长的管程。

（3）使用认证过的材料和附件。

（4）进口管应该绝缘，目的是在加热前让水保持较低的温度。

（5）水样应该均匀地加热（如 60℃，保持 30 s）。

（6）水温探针应该设置在加热器出口附近，需要定期核实它的精度。

（7）水应该以不间断蒸汽（如扇形）喷入加热器的内表面。应避免让喷嘴产生细雾。

（8）水的喷嘴、钟形瓶和底座应该定期清洗；加热器组件的拆卸和清洗的频率可以低些。

（9）如果超过一个月的时间没有使用，使用前，该仪器及相关联的管路均应该消毒，并充分清洗。

（10）使用内置紫外线消毒可减少细菌污染的风险。

（11）使用大孔管输送原水，可减少藻类及其他残体造成管路堵塞的问题。

（12）使用传感器测定水的硬度，为加热器元件提供保护。

5）分析步骤

分析步骤见表 1-10。

表 1-10　分析步骤

步骤	具体操作	备注
1	钟形瓶应该嵌入系统，用其来测定异味	（1）若本方法用于净水处理厂，终端氯气消毒对异嗅的影响可能较大；饮用水的氯溴味可能会掩盖其他嗅味，但这些嗅味到居民用户后可能会显现出来，可加入脱氯剂对脱氯后的饮用水进行评价。 （2）挥发性的异嗅会随着温度的升高而增加
2	应配备恒温控制装置	
3	去掉钟形瓶的封口处，用鼻子闻便可测定水中的异嗅。检测应快速进行并做记录	
4	检测结果用强度表示，并做描述	

1.3.3　化学仪器检测

化学仪器检测饮用水异味，即用化学仪器来定性和定量检测引起致嗅的具体化学物质。气相色谱（GC）、高效液相色谱（HPLC）、气相色谱-质谱［GC-MS/(MS)］联用仪，以及高效液相色谱-质谱［HPLC-MS/(MS)］联用仪均可用来测定水体异味化学物质，其中 GC-MS 使用最为广泛。目前被我们所广泛熟知的土嗅素、2-甲基异莰醇（2-MIB）、2-乙丁基-3-甲氧基吡嗪（IBMP）、2-乙丙基-3-甲氧基吡嗪（IPMP）、2, 4, 6-三氯苯甲醚（2, 4, 6-TCA）和三甲基胺等异味化学物质的确认均得益于这些化学仪器。然而，由于水体中可能存在的异味化学物质众多，且存在浓度水平一般较低，因此，当饮用水异味发生时，一般很难用化学仪器分析来迅速锁定异味来源，更难以及时制定相应的处理对策。为快速筛查水体中异味化学物质，Agus 等（2011，2012）提出了一个有效的方案。如图 1-5 所示，该方案结合化学仪器分析和 FPA 法，其核心是 GC-嗅觉测量法（olfactometry）的异味分析和 GC-MS 法的化学物质的定性和定量测定，再参考数据库异味化学物质的异味阈值等信息，来锁定水体异味的可能化学物质。因为导致水体异味的可能化学物质一般有多种，因此先用 GC 尽可能地把各个组分进行有效分离，然后再逐一对可能的异味化学物质进行评价（图 1-6）。这与常规的 FPA 法相比更为科学合理。该方法已成功地应用于城市生活污水的处理水和饮用水的异味化学物质的筛查，而且还可应用于评价各种异味化学物质去除方法的有效性。

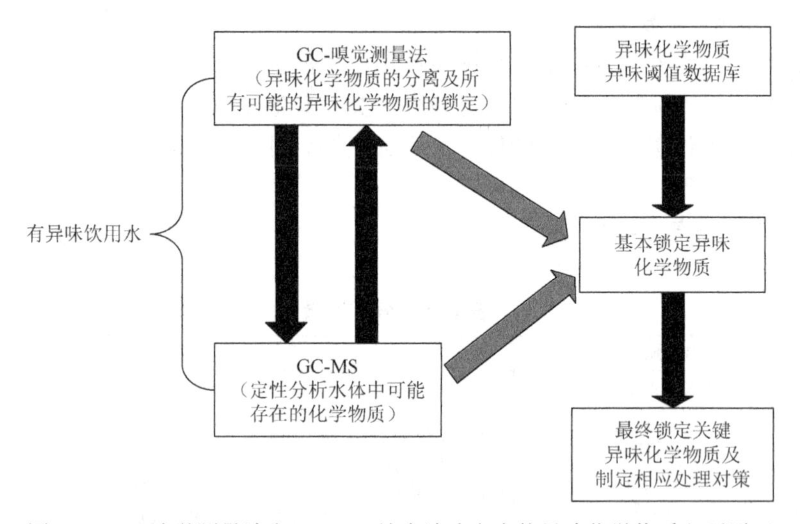

图 1-5　GC-嗅觉测量法和 GC-MS 结合法确定水体异味化学物质主要原理

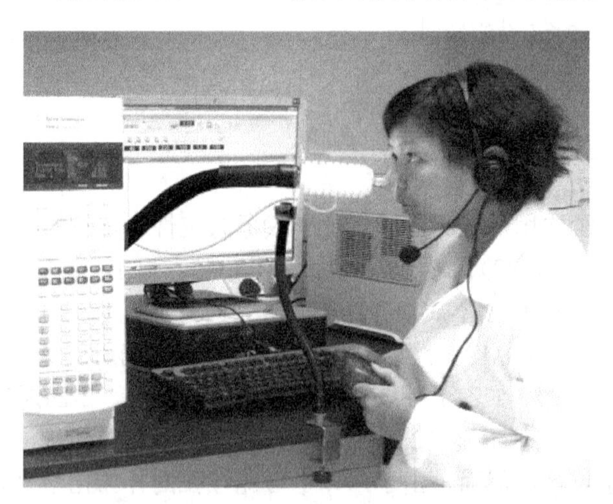

图 1-6　GC-嗅觉测量法示意图（利用 GC 方法先将不同化学物质分离，有利于鉴别水体中多种异味化学物质）（Agus et al.，2011）

1.4　国外生活饮用水异味问题概述

不仅仅是中国，世界上一些发达国家也常受到饮用水异味问题的困扰。作为借鉴，现将日本、美国及欧洲等一些发达国家和地区的主要饮用水异味问题做一个全面的整理和总结，希望对我国的生活饮用水异味问题的解决提供一些有用的参考。

1.4.1　日本生活饮用水异味问题

标志着日本近代自来水开端的是 1887 年（明治二十年）在横滨初次铺设自来水管道。1958 年，日本的给水覆盖人口为 3700 万人，约占总人口的 41%，但随着经济的不断发展，至 2011 年，给水覆盖人口达 1 亿 2462 万人，普及率高达 97.5%。与高普及率相对应，日本自来水管道的漏水率仅 3.6%左右，远低于世界平均水平（30%）（图 1-7）。

日本饮用水的水质也非常好，到处都是直饮水。虽然如此，日本也一直受到饮用水异味的困扰。1951 年开始，日本兵库县神户市最大的饮用水源千刈水库发生了霉味异味，仪器分析表明异味水中含有 2-MIB 和土嗅素等异味物质（伊藤义明等，1977），这也是日本初次报道过的饮用水异味问题。随着日本工业的进一步发展，饮用水异味问题越发突出。图 1-8 是日本 1985～2015 年期间日本饮用水异味报道件数和受影响人口的变化趋势（日本厚生省，2012）。日本饮用水异味问题主要经历以下三个主要阶段：①1990 年前，饮用水异味问题受影响人口急剧增加，并在 1990 年达到了顶峰，受影响人口高达 2160 多万人。②1990～2000 年间，饮用水异味问题持续改善，具体体现在受影响人口的急剧减少，这主要得益于源水水质的改善和水处理工艺的改进。1980 年后，日本平均饮用水普及率已达到了 90%以上（图 1-9），因此，饮用水普及率的提高不是饮用水异味受影响减少的主要因素。③2000 年后日本的饮用水异味问题进入相对平稳阶段，受影响人口已相对较为稳定，没有进一步减少的趋势。有意思的是，虽然因饮用水异味而受影响的人口已极大地减少，但每年发生的饮用水异味次数并未减少，有时反而增加。上述情况的原因主要有两个：①饮用水源的藻类异常繁殖，即图 1-10 所示的土霉味和植物性异味占 81%；②自来水深度处理工艺主要应用于东京和大阪等大城市，而大部分中小城市的污水处理工艺仅为絮凝-慢速过滤或絮凝-快速过滤等常规净水处理工艺。如表 1-11 所示，虽然日本 47 个都道府县的自来水普及率高达 86.9%～100%，但大型自来水厂（上水道）的比例仅为 75.5%～100%。当水源水异味物质达到一定浓度水平时，简单的投加活性炭除臭工艺很难取得理想的除臭效果。如图 1-11 所示，大型自来水厂所发生的饮用水异味频率明显小于其他类型。因此不难理解，虽然日本的饮用水普及率已经很高，但每年发生的饮用水异味事件并未呈现减少的趋势。为更具体地了解日本饮用水异味问题，用日文 Yahoo 搜索输入日文“异味水”进行检索，将所能检索到的报道进行了汇总（表 1-12）。2015 年经媒体报道的饮用水异味事件共 7 起，有受影响人口高达 11 万人的富山县富山市流杉自来水厂的异味事件，也有受影响人口仅为 77 人的奈良县十津川村的饮用水异味事件。总体来说，日本自来水公司在应对饮用水异味问题时已相对从容，在源

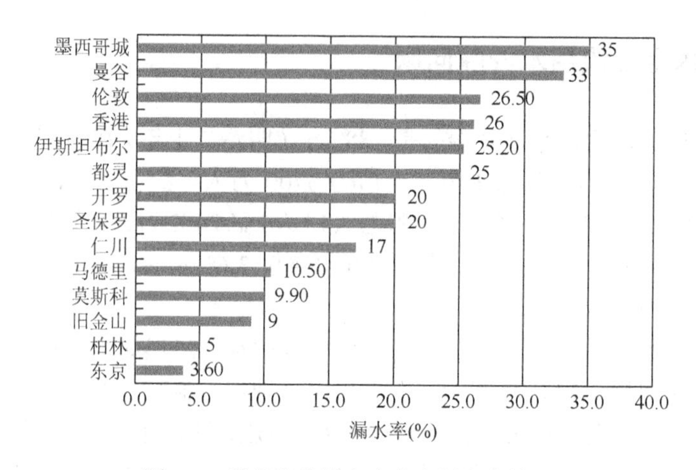

图 1-7 世界部分城市自来水漏水率情况

资料来源：日本国内の水道事業の歴史と現状の課題（http://www.japanwater.co.jp/concession/basic/basic_2）

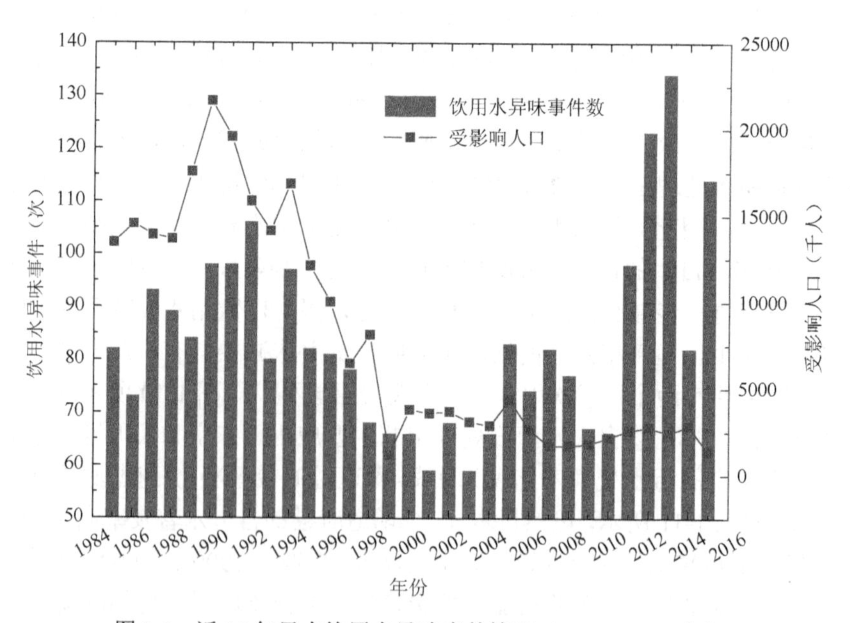

图 1-8 近 30 年日本饮用水异味事件情况（1985～2015 年）

水检测到异味时就根据需要增加活性炭投入量，尽量将异味物质全部去除。与此同时，相关部门通过网站媒体及时发布相应公告和水质检测数据，让民众随时可以了解水质的最新情况。虽然如此，饮用水异味问题仍然是日本自来水相关行业中最难以对付的难题之一。

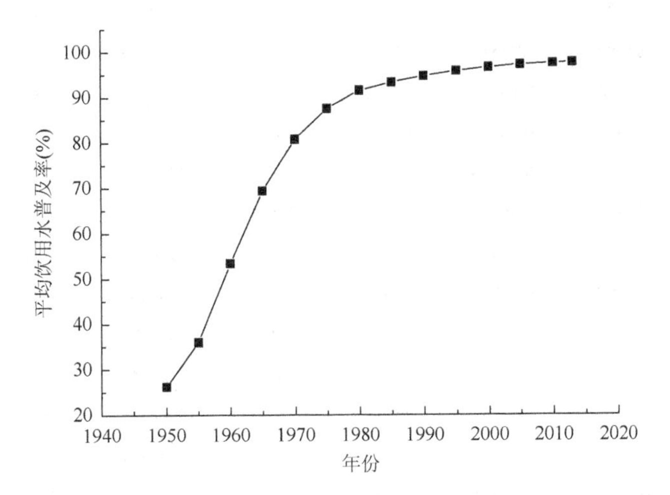

图 1-9　日本平均饮用水普及率经年变化

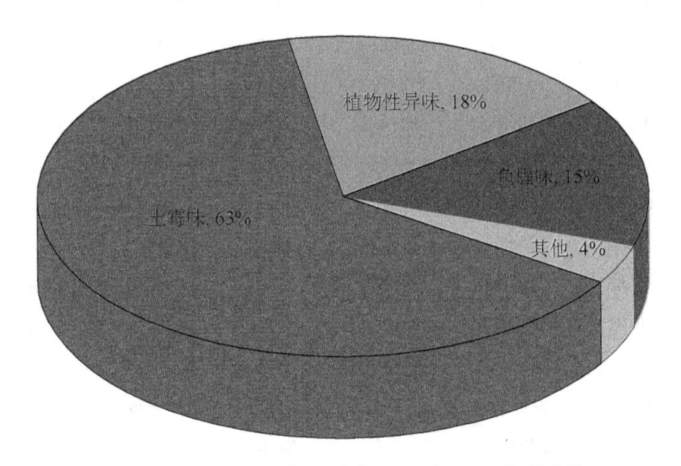

图 1-10　日本饮用水异味特征（以 2012 年为例）

表 1-11　2013 年日本饮用水普及率情况及服务人口详细情况

都道府县名	总人口（人）	总给水人口（人）				饮用水普及率（%）	大型自来水厂比例（%）
		上水道[a]	简易水道[a]	专用水道[a]	总和		
北海道	5416711	4945152	344107	22794	5312053	98.1	91.3
青森	1327928	1240184	49621	1149	1290954	97.2	93.4

续表

都道府县名	总人口（人）	总给水人口（人）				饮用水普及率（%）	大型自来水厂比例（%）
		上水道[a]	简易水道[a]	专用水道[a]	总和		
岩手	1296511	1093046	107824	5181	1206051	93.0	84.3
宫城	2321122	2254126	37477	2076	2293679	98.8	97.1
秋田	1041789	811885	129439	3892	945216	90.7	77.9
山形	1133960	1068699	46427	316	1115442	98.4	94.2
福岛	1937530	1633352	104334	4488	1742174	89.9	84.3
茨城	2921823	2658868	66077	9366	2734311	93.6	91.0
枥木	2005626	1840394	54373	21981	1916748	95.6	91.8
群马	1977531	1857346	107701	1841	1966888	99.5	93.9
埼玉	7225484	7183999	17328	6709	7208036	99.8	99.4
千叶	6188661	5818529	7105	53188	5878822	95.0	94.0
东京	13323735	13271120	17153	35371	13323644	100.0	99.6
神奈川	9079236	9044682	15918	5511	9066111	99.9	99.6
新潟	2316597	2136609	157026	3714	2297349	99.2	92.2
富山	1071257	954901	38347	3098	996346	93.0	89.1
石川	1155151	1093663	45650	2482	1141795	98.8	94.7
福井	804690	714198	58581	1115	773894	96.2	88.8
山梨	857066	678751	159479	2751	840981	98.1	79.2
长野	2107892	1899915	182568	1659	2084142	98.9	90.1
岐阜	2043778	1775200	176665	6036	1957901	95.8	86.9
静冈	3700800	3539441	98888	32141	3670470	99.2	95.6
爱知	7427518	7348067	51902	15964	7415933	99.8	98.9
三重	1862083	1786760	64726	1672	1853158	99.5	96.0
滋贺	1420781	1357487	51906	3277	1412670	99.4	94.6
京都	2615945	2474480	131834	1524	2607838	99.7	94.6
大阪	8844756	8840928	607	1661	8843196	100.0	100.0
兵库	5540146	5407012	120608	2898	5530518	99.8	97.6
奈良	1381026	1335916	36174	291	1372381	99.4	96.7
和歌山	994967	885351	83438	1722	970511	97.5	89.0
鸟取	584029	477130	88335	3782	569247	97.5	81.7
岛根	697489	528764	146880	613	676257	97.0	75.8
冈山	1924899	1774694	130398	1066	1906158	99.0	92.2
广岛	2868273	2605783	83596	12167	2701546	94.2	90.8
山口	1411067	1221884	87911	6801	1316596	93.3	86.6

续表

都道府县名	总人口（人）	总给水人口（人）				饮用水普及率（%）	大型自来水厂比例（%）
		上水道[a]	简易水道[a]	专用水道[a]	总和		
德岛	765247	666003	56552	14075	736630	96.3	87.0
香川	980497	960103	13011	566	973680	99.3	97.9
爱媛	1428227	1221884	87911	6801	1316596	93.3	85.6
高知	749141	565879	125908	2495	694282	92.7	75.5
福冈	5081388	4693537	27012	34334	4754883	93.6	92.4
佐贺	848714	774188	28556	2212	804956	94.8	91.2
长崎	1386045	1099692	252680	11878	1364250	98.4	79.3
熊本	1794527	1364421	177814	16343	1558578	86.9	76.0
大分	1172043	942498	110447	15362	1068307	91.1	80.4
宫崎	1116735	997826	85225	1378	1084429	97.1	89.4
鹿儿岛	1690327	1350600	279914	18003	1648517	97.5	79.9
冲绳	1414146	1374224	38983	57	1413264	99.9	97.2

a. 日本按运行规模和经营模式主要将自来水厂分为如下几类：上水道，服务人口为 5000 人以上；简易水道：服务人口为 5000 人以下；专用水道：主要指自来水自给的医院、学校、工厂及旅店等，服务人口为 100 人以上

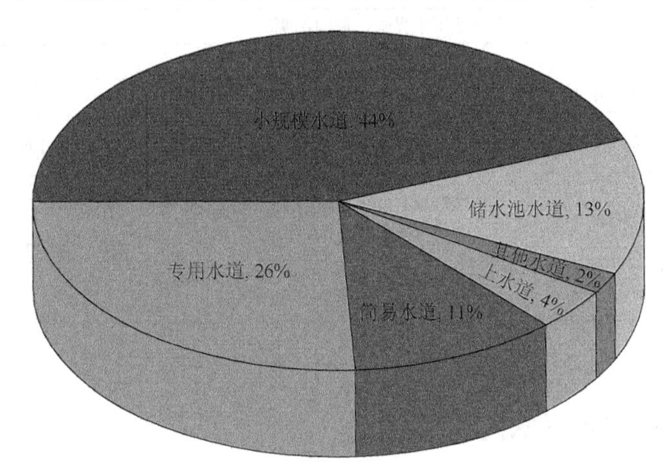

图 1-11　1983～2012 年日本饮用水健康风险在不同水道中的比例

表 1-12　通过网络用关键词"异味水"检索到的日本饮用水异味事件报道

地点	时间	异味描述	受影响人口	备注
宫城县仙台市	1945～1958 年	13 年间有 8 年发生了饮用水霉味事件	未知	加活性炭处理，每年需增 6000 万日元处理费
奈良县五条市	2005 年 4 月	饮用水有霉味，可能为 2-MIB 影响	未知	—

续表

地点	时间	异味描述	受影响人口	备注
青森县西部	2012 年 9 月	饮用水产生霉味异味，主要原因物质为 2-MIB，原水约为 380 ng/L，处理水约为 57 ng/L，饮用水水源水库的 2-MIB 最高浓度为 2600 ng/L	21.2 万人	加大活性炭投入量，异味无法有效去除
青森县黑石市	2012 年 10 月	浅濑石川水库产生异味，具体原因不明	23 万人	—
青森县平川市	2012 年 10 月 1～15 日	饮用水异味，具体原因不明	未知	—
茨城县古河市	2013 年 11 月	饮用水产生霉味，原水中 2-MIB 浓度最高 170 ng/L，处理水中最高 200 ng/L	—	加大活性炭投入量，但异味未消除
三重县志摩市	2014 年 8 月	饮用水产生异味，台风带来大雨，稀释异味物质，饮用水异味消失	未知	—
青森县鹤田町	2014 年 9 月 3 日～2015 年 10 月 6 日	饮用水产生异味	—	—
岛根县大田市	2014 年 9 月 30 日～11 月 15 日	三瓶水库有霉味和泥土味，原因物质为 2-MIB	4500 人	增加活性炭投入量
大分县大分市	2014 年 10 月	芹川水库产生霉味异味，引起广大居民不安。原水 2-MIB 浓度 27～88 ng/L，饮用水浓度 6～32 ng/L	14 万人	增加活性炭投入量，异味仍不能消除
宫城县	2015 年 6 月 9 日～10 月 14 日	麓山自来水厂产生异味，主要原因为 2-MIB 和土嗅素，浓度为 10～16 ng/L	—	加活性炭处理
奈良县十津川村	2015 年 7 月 16 日	饮用水异味，原因不明	77 人	异味持续两个月
北海道芦别市	2015 年 8 月（中旬）	龙里水库产生霉味	—	藻类发生大量繁殖
富山县立山町	2015 年 12 月 12 日	岩峅野自来水厂产生铁锈味和泥味	—	—
富山县富山市	2015 年 12 月 12 日	流杉自来水厂产生异味，推测是大雨影响，具体原因不明	11 万人	加活性炭处理
京都府京都市	2009～2015 年	琵琶湖共发生了 27 次自来水源水鱼腥味的异味事件	—	加活性炭处理，并建议饮用水煮沸 5～6 min 后再饮用
茨城县久慈郡	2016 年 1 月 23 日	大子自来水厂产生油一样的饮用水异味，具体原因不明	—	—

1.4.2 美国饮用水异味问题

美国是世界上经济总量最大的发达国家，由美国环境保护署制定的饮用水水质标准也是世界卫生组织和许多国家的重要参考。为了解美国饮用水异味问题情况，通过 Google 和文献检索数据库 Web of Science 进行了全面的搜索。表 1-13 收集了参考文献提及和媒体报道的美国饮用水异味事件。由表 1-13 可知，美国饮用水异味多以工业化学品污染为主，由藻类产生的天然源异味问题的报道不多，这可能是因为天然源异味对人体不产生潜在的危害，而只是感官问题（aesthetic issue）（Dietrich，2006）。在美国的饮用水水质标准里，并无土嗅素和 2-MIB 的限值，其无色无味的要求也只是二级标准要求。但不容忽视的是，美国的一些湖泊里经常产生土嗅素等天然源异味，当这些湖水作为饮用水源时便可能导致饮用水异味（Izaguirre and Taylor，1998）。

表 1-13 美国饮用水异味事件整理

发生日期	地点	原因	污染物	受影响人口	异味	健康影响	持续时间（d）
1979年7月	宾夕法尼亚州蒙哥马利	管道泄漏	三氯乙烯	500人	—	是	—
1980年	佐治亚州林代尔	安全设施	酚类	—	—	是	—
1981年	宾夕法尼亚州匹兹堡	管道渗入	七氯，氯丹	300人	—	否	27
1986年	北卡罗来纳州霍普米尔斯	管道渗入	七氯，氯丹	23户人	—	否	3
1987年	堪萨斯州格里德利	管道渗入	嗪草酮	10户人	—	否	—
1987年	新泽西州霍桑	管道渗入	七氯	63人	—	否	—
1991年	犹他州尤因塔高地	管道渗入	三甲基氯，2, 4-滴，麦草畏	2000家	—	是	—
1995年	新墨西哥州图克姆卡里	管道渗入	甲苯和酚等	—	—	是	—
1997年	北卡罗来纳州夏洛特	管道渗入	苯等	29街区	—	—	—
2005年	爱达荷州博伊西	—	三氯乙烯	117人	—	—	—
2012年	威斯康星州杰克逊	管道泄漏	石油	50人	—	否	30
2012年	堪萨斯州劳伦斯	蓝藻暴发（克林顿湖）	土嗅素	185万人	土霉味	否	10
2013年3月	俄勒冈州波特兰	—	萘	—	卫生球味	—	—
2014年1月	西弗吉尼亚州查尔斯顿	罐破裂	煤化学液体	30万人	—	是	9
2014年12月	华盛顿州哥伦比亚特区	—	石油产品	370人	石油味	否	3
2014年6月	南卡罗来纳州安德森	蓝藻暴发（哈特韦尔湖）	土嗅素，2-MIB（14.2 ng/L）	—	土霉味	否	—
2014年11月	西弗吉尼亚州科洛尼尔海茨	蓝藻暴发（切斯丁湖）	—	—	土霉味	否	—
2014年12月	堪萨斯州艾比利尼	蓝藻	—	—	不平常的味道	—	—

续表

发生日期	地点	原因	污染物	受影响人口	异味	健康影响	持续时间（d）
2014～2015年	密歇根州弗林特	—（河水）	—	—	臭水味	—	—
2015年3月	加利福尼亚州伯克利	—（派迪水库）	—	100万人	奇怪，生肉味	—	＞7
2015年9月	得克萨斯州奥斯汀	蓝藻（奥斯汀湖）	—	—	土霉味	—	—
2015年7月	加利福尼亚州加迪纳	—	—	—	黑色，恶臭味	—	—
2015年	蒙大拿州格伦代夫	管道破裂	原油	6000人	—	是	5
2015年	犹他州尼布利	罐车泄漏	柴油	5000人	—	否	1

1.4.3 欧洲饮用水异味问题

为全面了解欧洲各国饮用水异味情况，用Google输入“drinking water；odour incident；Europe”等关键词进行了搜索，同时用文献数据库Web of Science进行了搜索，但得到的相关信息极少。2007年4月，爱尔兰某地的饮用水中有杂酚油味，可能原因是酚类化合物污染（Health Service Executive，2007）。2010年2月，英国的某地区饮用水出现不寻常的医药化学味，原因是饮用水水源受到了工业废水污染，具体污染物质为2-EDD和2-EMD，其饮用水中所检测到的最高浓度分别为24 ng/L和143 ng/L（Rink，2010）。2015年6月，英国苏格兰地区约6000个家庭的饮用水出现严重异味，即使煮沸也不适合饮用，但具体原因不明。Boleda等对巴塞罗那地区的饮用水异味进行了整理，1990～2004年间共出现过杂油酚、1, 4-二氧六环、二环戊二烯、2, 3-丁二酮、消毒副产物、土嗅素和2-MIB，以及其他未知异味等（Boleda et al.，2007）。整体来说，有关天然源异味污染（土嗅素和2-MIB）的报道极少，可能原因有如下几个：①欧洲的许多国家，以地下水作为饮用水源水的比例较高，出现天然源异味污染的概率相对较小；②欧洲的自来水净水工艺相对先进，当饮用水源水出现一定浓度的土嗅素和2-MIB时，净水工艺也能够较好地去除；③土嗅素和2-MIB可使饮用水产生异味，但只是感官上的问题，不对人体构成危害，它们也不属于各国的饮用水水质指标，受关注度不高。

1.5 小　　结

无论从日本、美国，还是欧洲的相关资料来看，饮用水异味已经成为一个不容忽视且非常棘手的问题。但是，目前快速找到导致异味的原因物质仍旧十分困难，其主要原因如下：①引起生活饮用水异味的化学物质浓度极低，多低于 μg/L，甚至 ng/L 以下，对分析的灵敏度要求高（样品前处理不当、色谱分离柱的选择型号不当或者仪器的分析条件没有优化等均有可能导致检测不到原因物质）；②引起生活饮用水异味的原因物质种类很多，可以是常见的天然源异味化学物质，也可以是工业源化学品污染、农业源农药污染，以及氯气消毒副产物引起的异味原因物质（图 1-12）；③我国尚未建立一个科学有效的异味数据库可供指导，国外也没有建立相应的异味数据库可供参考。在缺少相应指引的情况下，从如此众多的化学物质中寻找异味原因目标物质是十分困难的，导致很难实现在短时间内快速确定饮用水异味来源。为便于异味原因的快速筛查，本书的主要目的是建立一个行之有效、事半功倍的方法，以便快速确定可能引起生活饮用水异味问题的原因化学物质。本书的重要任务是建立一个全面的异味化学物质数据库，并根据化学物质的异味强弱及其在水体中存在的浓度水平等因素对其进行等级划分。同时，为方便相关信息搜索，本书根据来源将异味物质分为天然源异味化学物质、工业源异味化学物质、农药源异味化学物质，以及消毒源异味化学物质。

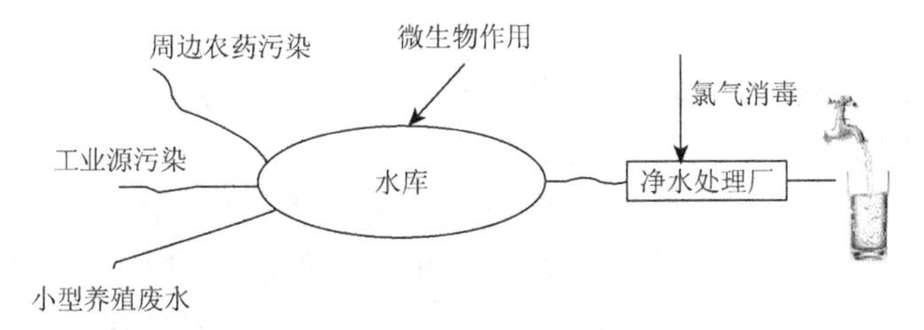

图 1-12　生活饮用水异味源化学物质来源分类

第2章　天然源异味化学物质

天然源异味化学物质，顾名思义是指自然界本身就存在而非人工合成的化学物质。它主要的来源包括微生物、植物、藻类及动物所产生的所有天然源化学物质。饮用水中最具有代表性的天然源异味化学物质非土嗅素和2-MIB莫属，这两种天然源异味化学物质的研究已经很多，目前已建立了成熟的分析方法。然而，天然源异味化学物质的最大特点是异味阈值非常低，来源多样，这给异味化学物质的快速筛查，以及制定相应的处理对策带来了难题。本章重点介绍了主要的天然源异味化学物质来源，天然源异味化学物质的分析方法，以及我国天然源异味水质事件的案例分析等。

2.1　优先天然源异味化学物质

作者依据Scholar Google和主要学术数据库，对天然源异味化学物质进行了全面整理。收集的信息包括：物质的中英文对照，CAS号，是否属于生活饮用水106项指标，化学分子式，嗅觉阈值，味觉阈值，溶解度，K_{OW}，沸点，饱和蒸气压，异味特征，毒性，化学分析方法，表面水体浓度，去除工艺等参数。一共收集到103种天然源异味化学物质（具体见广东粤海水务股份有限公司的水体异味化学物质数据库http://odor.guangdongwater.com/）。因为篇幅关系，在此仅列出优先异味化学物质。优先天然源异味化学物质的确定以其异味阈值的大小为依据，即将所有嗅觉或味觉阈值小于100 ng/L的异味化学物质选定为优先异味化学物质，共13种。另有13种天然源异味化学物质的阈值虽然大于100 ng/L的选定标准（自行统计判断，下同），但它们是已经被确认出现在我国的表面水体中，故也将其列入优先异味化学物质。因此，优先天然源异味化学物质合计共26种，具体优先天然源异味化学物质如表2-1所示。

2.2　天然源异味化学物质的研究概况

早在1854年，美国波士顿等地区就报道了饮用水呈现黄瓜异味，并在1875年再次发生。1859年美国纽约和奥尔巴尼的饮用水出现了土霉味等不愉快气味。调查后发现，不同的研究学者们得出异味可能与水体中的藻类有关的结论。与此同

表 2-1　优先天然源异味化学物质

序号	中文	英文	CAS 号	溶解度（mg/L）	沸点（℃）	饱和蒸气压（mmHg①）	味觉阈值（ng/L）	嗅觉阈值（ng/L）	来源	用途	是否属于106 项	表面水体浓度（ng/L）
1	龙脑	2-borneol	507-70-0	4900	212	0.0398	—	140000	菊科植物	医药	否	38[a]
2	β-环柠檬醛	β-cyclocitral	432-25-7	990	212.2	0.176	—	19000	微藻	无	否	25600[c]
3	癸醛	decanal	112-31-2	150	209	0.207	—	100	植物等	食品添加剂	否	108[d]；261[e]
4	土嗅素	geosmin	19700-21-1	750	270	9.28×10^{-4}	7.5～16	1.3～3.8	蓝绿藻及放线菌	无	是（标准 10 ng/L）	13～25[f]
5	柠檬醛	geranial	141-27-5	1700	229	0.0712	—	320000	柠檬	香料	否	15～37[g]
6	香叶基丙酮	geranyl acetone	3796-70-1	450	256	0.0157	—	60000	桑叶	香料	否	13～75[g]
7	庚酸	heptanoic acid	111-14-8	7.26×10^{5}	225	0.0578	—	30000	水果等	食品添加剂	否	—
8	2-己烯酸	2-hexenoic acid	698-10-2	33000	316.4	3.47×10^{-5}	—	0.01	水果等	食品添加剂	否	600～6500[h]
9	2-异丁基-3-甲氧基吡嗪	IBMP	24683-00-9	83000	210.8	0.273	0.4～3	0.05～1	微生物及藻类	无	否	16.6～39.1[f]
10	α-紫罗兰酮	α-ionone	127-41-3	250	257.6	0.0144	—	7	微生物代谢	精细化工品	否	—
11	β-紫罗兰酮	β-ionone	79-77-6	230	254.8	0.0169	—	7	微生物代谢	精细化工品	否	2～7[g]
12	2-异丙基-3-甲氧基吡嗪	IPMP	25773-40-4	13000	210.8	0.274	9.9～20	0.03～0.2	微生物及藻类	无	否	6.8[f]
13	2-甲基异莰醇	2-MIB	2371-42-8	2200	208.7	0.0487	2.5～18	6.3～15	微生物及藻类	无	是（标准 10 ng/L）	2.9～6.8[f]
14	顺式-6-壬烯醛	*cis*-6-nonenal	2277-19-2	630	194.1	0.449	—	20	茶叶	食用香料	否	—

① 1 mmHg = 0.1333224 kPa

续表

序号	中文	英文	CAS 号	溶解度（mg/L）	沸点（℃）	饱和蒸气压（mmHg）	味觉阈值（ng/L）	嗅觉阈值（ng/L）	来源	用途	是否属于106 项	表面水体浓度（ng/L）
15	反, 顺-2, 6-壬二烯醛	*trans*, *cis*-2, 6-nonadienal	557-48-2	1900	203.3	0.28	—	20；80	水果	食品添加剂	否	80～190[f]
16	反式-2-壬烯醛	*trans*-2-nonenal	18829-56-6	910	205	0.256	—	80	小麦	食品添加剂	否	—
17	1, 3-辛二烯	1, 3-octadiene	1002-33-1	11	127.6	13.4	—	5.6	食品	食品添加剂	否	—
18	松油醇	alpha-terpineol	638-95-9	0.014	493.8	8.06×10^{-12}	—	0.35	食物	精细化工品	否	—
19	反, 反-2, 4-癸二烯醛	*trans*, *trans*-2, 4-decadienal	25152-84-5	810	244.6	0.03	—	300	青苔	无	否	37[a]
20	反, 反-2, 4-庚二烯醛	*trans*, *trans*-2, 4-heptadienal	4313-03-5	8000	177.4	1.04	—	25000	青苔	无	否	340～353[f]
21	反-2-癸烯醛	*trans*-2-decenal	3913-81-3	430	230	0.0674	300～400	230000	蜜橘	香料	否	15～113[f]
22	庚醛	*n*-heptanal	111-71-7	1500	150.4	3.85	—	3000	干枣	香料	否	275～3614[i]
23	反式-2-己烯醛	*trans*-2-hexenal	6728-26-3	8800	146.5	4.62	—	17000	桃	香料	否	＜500[j]
24	乙酸叶醇酯	*cis*-3-hexenyl acetate	3681-71-8	3600	174.2	1.22	—	1000～2000	番石榴	—	否	4.3～12.5[f]
25	丙硫醇	propyl mercaptan	107-03-9	5000	67.8	156	—	1600	—	—	否	8860[b]
26	粪臭素	skatole	83-34-1	1100	265.1	0.0153	—	1000	—	—	否	113～370[k]

a. Bao et al.，1999；b. 刘洋等，2013；c. 沈斐等，2010；d. 于建伟等，2007；e. 陈有军等，2011；f. Chen et al.，2013；g. Bao et al.，1997；h. Jurado-Sanchez et al.，2014；i. Zhao et al.，2013；j. Weinberg et al.，2002；k. Yan et al.，2011

时，德国的学者发现这些藻类对人体无害，但对鱼却是毁灭性的。其原因在于这些藻类产生的微量物质在鱼体表面形成了一层膜，阻挠鱼呼吸氧气；当水体发生异味时，投放蜗牛是一种解决办法，因为蜗牛可以吃掉大部分的藻类，但上述方法往往很难取得满意的效果（Leeds，1878）。虽然很多观点认为藻类的疯长可使饮用水产生异味，但最重要的两种天然源异味物质土嗅素和2-MIB的发现却始于土壤。在远古时代，人们就发觉新耕作的土壤带有典型的味道。1891年，有人发现土壤中的泥土味物质可以用蒸气提取，并且可能是中性物质；当微生物在纯培养基开始生长时，一部分主要为放线菌的微生物释放出泥土味，并且被认为是水体产生异味的源头（Berthelot and Ré，1891）。1936年，Thaysen和Pentelow得到了放线菌的乙醚提取物，并发现其在高浓度时具有强烈的气味，但用水稀释后会变成泥土味。将活鱼放入含有这些异味物质的水中，异味物质会迅速被鱼吸收，并存储在鱼肉里。异味物质通过鱼的腮部或者口进入鱼体，而非皮肤。消除鱼身上的异味物质很难，需要将活鱼放入流动的活水中放养数天时间才能实现（Thaysen，1936；Thaysen and Pentelow，1936）。Romano和Safferman（1963）将产异味链霉菌 *Streptomyces griseoluteus* 在葡萄糖-谷氨酸盐-酵母提取盐培养基中经过合适的培养基培养，大概90%的异味物质可以在培养基的首个10%的蒸馏组分中得到。异味物质进一步纯化可以用乙醚提取，也可以先用活性炭吸附，再用氯仿提取，但没能够得到纯的异味组分。提取物在稀释10亿倍后，仍然有特殊的气味。Gaines和Collins（1963）研究了链霉菌 *Streptomyces odorifer* 的代谢物，他们指出土霉味可能来自包括乙酸、乙醛、乙醇、异丁基醇、异丁基乙酸乙酯和氨的混合物，但同时强调可能还包括其他异味物质组分。直到1965年才由Gerber和Lechevalier（1965）首次从放线菌的培养基中得到了土嗅素。他们将其称为“geosmin”，其中“ge”在希腊语中为土壤（earth），“osme”为气味（odour）。4年后，天然源异味的主要化学物质之一2-MIB也从放线菌的培养基中得到（Gerber，1969；Medsker et al.，1969）。从蓝绿藻代谢物中最早确定土嗅素和2-MIB则分别为1967年（Safferman et al.，1967）和1976年（八木正一和梶野胜司，1980）。相较而言，日本有关饮用水异味的记载较晚，1951年日本兵库县神户市的千刈水库发生了水体异味，这被认为是最早的文献记录（伊藤义明等，1977）。我国有关饮用水异味的研究最早出现在1980年后（车显信等，1982）。

2.3 天然源异味化学物质的生物来源

2.3.1 产天然源异味化学物质的主要生物

天然源异味化学物质可以来自放线菌，也可以来自藻类及真菌等。基于数据库 Web of Science、Scopus、J-Stage 及搜索引擎 Scholar Google，用“isolation”“geosmin”“odour”“2-methylisoborneol”等关键词对相关文献进行了搜索。在此基础上，对一些相关文献的引用文献又进一步做了二次搜索，目的是尽可能地涵盖所有产天然源异味物质的生物。通过搜索和整理得到的可产天然源异味化学物质的主要生物如表 2-2 所示，一共找到了 135 个属种，其中来源为放线菌的 86 种，蓝绿藻的 30 种，真菌 14 种，以及其他细菌 5 种。按代谢产物划分，只可产生土嗅素异味代谢产物而不能产生 2-MIB 异味的种属 66 个，其中属于放线菌的 36 个，蓝绿藻的 21 个，黏细菌 5 个，细菌 2 个，以及真菌 2 个。只可产生 2-MIB 异味代谢产物而不能产生土嗅素异味的种属仅有 6 个，其中属于蓝绿藻的 5 个，属于放线菌的 1 个，蓝藻的数量所占比例要比放线菌多。既能产生土嗅素，又能产生 2-MIB 异味代谢产物的种属 46 个，其中放线菌 44 个，蓝绿藻 2 个，放线菌所占比例占大多数。早在 1981 年，日本的土屋悦辉等总结说放线菌可以既生成土嗅素又生成 2-MIB，而蓝绿藻则要么生成土嗅素，要么生成 2-MIB（Tsuchiya et al.，1981），但 18 年后他们自己从东京的一个产生异味的冷却塔水体里分离出了一种名为 *Oscillatoria f. granulata* 的蓝绿藻，该蓝绿藻既可以产生 2-MIB，也可以产生土嗅素，只是生成的 2-MIB 量要比土嗅素高得多（Tsuchiya and Matsumoto，1999）。Wang 等（2015a）分离了一种称为 *Leptolyngbya bijugata* 的蓝绿藻，该蓝绿藻可以同时生成土嗅素和 2-MIB，且两者的生成量相差不大，分别为 13.6～22.4 μg/L 和 12.3～57.5 μg/L。除了放线菌和蓝绿藻外，表 2-2 中的真菌 *Chaetomium globosum* 和 *Penicillium expansum* 可以生成土嗅素。此外，有文献报道苔藓等低等植物也可以生成土嗅素（Juttner and Watson，2007），但据作者所知，没有找到有关真菌生成 2-MIB 的相关文献。Prat 等（2009）还从软瓶塞里分离到了酵母和真菌，它们可产生嗅味阈值极低的 2, 4, 6-三苯甲醚，该物质也常在饮用水中检测到（Chen et al.，2013）。除土嗅素和 2-MIB 外，表 2-2 还包括了 *β*-环己烯醛、辛烷醛、*β*-紫罗兰酮、2-苯乙醇、正十七烷和辛醇等天然源异味化学物质。但整体而言，表 2-2 中 90%以上的研究均以土嗅素和 2-MIB 为主，这一方面说明了土嗅素和 2-MIB 是引起饮用水异味最重要的原因，另一方面说明了针对天然源异味化学物质源的研究多以上述两种物质为主，而对其他天然源异味化学物质的来源研究不多。

产天然源异味化学物质生物的分离和鉴定最初主要基于传统的平板培养，进入 20 世纪 90 年代后，研究开始进入分子生物水平阶段。早在 1994 年，Johnsen 和 Dionigi（1994）就提出了用 PCR（polymerase chain reaction）的扩增手段来研究鱼肉的异味，但当时还未有合成土嗅素或 2-MIB 的特异性引物信息可供参考。2000 年及川荣作等（2000）使用通用引物[520F(5′-GCCACG(AC)GCCGCGGT-3′)和 1400R(5′-ACGGGCG-GTG TGT(GA)C′)]对 20 余种产土嗅素或 2-MIB 的蓝绿藻的纯培养物进行了 PCR 扩增，

表 2-2　天然源异味化学物质的主要来源

序号	产天然源异味化学物质来源	类别	分离培养基	培养条件	异味代谢物	特点	参考文献
1	*Streptomyces griseoluteus*	放线菌	酵母提取物 + 葡萄糖	28℃，215 r/min	土嗅素	代谢产物顶峰时间 2 d；代谢产物浓度 0.94 μg/mL	（Gerber and Lechevalier，1965）
			微藻海水基础培养基	28℃，215 r/min	土嗅素	代谢产物顶峰时间 2 d；代谢产物浓度 1.25 μg/mL	
			普拉姆谷物培养基（Pablum cereal）	28℃，215 r/min	土嗅素	代谢产物顶峰时间 4 d；代谢产物浓度 0.03 μg/mL	
2	*S. antibioticus* IMRU3720	放线菌	微藻海水基础培养基	28℃，215 r/min	土嗅素	代谢产物顶峰时间 4 d；代谢产物浓度 0.28 μg/mL	（Gerber and Lechevalier，1965）
			普拉姆谷物培养基（Pablum cereal）	28℃，215 r/min	土嗅素	代谢产物顶峰时间 6 d，对应代谢产物浓度 0.78 μg/mL；代谢产物顶峰时间 7 d，对应代谢产物浓度 1.75 μg/mL	
3	*S. antibioticus* IMRU3491	放线菌	普拉姆谷物培养基（Pablum cereal）	28℃，215 r/min	土嗅素	代谢产物顶峰时间 4 d；代谢产物浓度 0.46 μg/mL	（Gerber and Lechevalier，1965）
4	*S. fradiae* IMRU3535	放线菌	普拉姆谷物培养基（Pablum cereal）	28℃，215 r/min	土嗅素	代谢产物顶峰时间 6 d；代谢产物浓度 0.34 μg/mL	（Gerber and Lechevalier，1965）
5	*S. fradiae* IMRU3535-R7	放线菌	微藻海水基础培养基	28℃，215 r/min	土嗅素	代谢产物顶峰时间 4 d；代谢产物浓度 0.03 μg/mL	（Gerber and Lechevalier，1965）
			普拉姆谷物培养基（Pablum cereal）	28℃，215 r/min	土嗅素	代谢产物顶峰时间 4～6 d；代谢产物浓度 0.1 μg/mL	
6	*S. odorifer* IMRU3334	放线菌	酵母提取物 + 葡萄糖	28℃，215 r/min	土嗅素	代谢产物顶峰时间 2 d；代谢产物浓度 0.25 μg/mL	（Gerber and Lechevalier，1965）
			微藻海水基础培养基	28℃，215 r/min	土嗅素	代谢产物顶峰时间 2～4 d；代谢产物浓度 0.25 μg/mL	
			普拉姆谷物培养基（Pablum cereal）	28℃，215 r/min	土嗅素	代谢产物顶峰时间 2～6 d；代谢产物浓度 0.37 μg/mL	

续表

序号	产天然源异味化学物质来源	类别	分离培养基	培养条件	异味代谢物	特点	参考文献
7	*Symploca muscorum*（IU-617）	蓝绿藻	Chu No.10	20℃，15～20 d，用160～180 个蜡烛提供光照；大量曝气	土嗅素	土嗅素的产量为 0.6 mg/g 培养基	（Safferman et al.，1967）
8	*Oscillatoria tenuis*	蓝绿藻	—	—	土嗅素	土嗅素为主要代谢产物	（Medsker et al.，1968）
9	*Oscillatoria prolifica*	蓝绿藻	Medium No.11	30℃，光照强度 2500 lx，每天光照 16 h	土嗅素	—	（Tabachek and Yurkowski，1976）
10	*Oscillatoria cortiana*	蓝绿藻	Medium No.11	30℃，光照强度 2500 lx，每天光照 16 h	土嗅素	—	（Tabachek and Yurkowski，1976）
11	*Oscillatoria variabilis*	蓝绿藻	Medium No.11	30℃，光照强度 2500 lx，每天光照 16 h	土嗅素	—	（Tabachek and Yurkowski，1976）
12	*Oscillatoria agardhii*	蓝绿藻	Medium No.11	30℃，光照强度 2500 lx，每天光照 16 h	土嗅素	—	（Tabachek and Yurkowski，1976）
13	*Lyngbya aesturarii*	蓝绿藻	Medium No.11	30℃，光照强度 2500 lx，每天光照 16 h	土嗅素	—	（Tabachek and Yurkowski，1976）
14	*Lyngbya cryptovaginata*	蓝绿藻	Medium No.11	30℃，光照强度 2500 lx，每天光照 16 h	2-MIB	—	（Tabachek and Yurkowski，1976）
15	*Oscillatoria granulate*	蓝绿藻	Medium No.11 + 辐射消毒培养基（CT）	25℃，光照强度 500 lx、1000 lx、或 2000 lx	土嗅素；2-MIB	在 1000 lx 光照强度下，叶绿素Ⅱa 和 2-MIB 增长最大； 土嗅素的产生量和光照强度关系不大； CT 培养基下产生的 2-MIB 和土嗅素量要比 No.11 培养基的多数倍，但具体原因不明； 2-MIB 的产生量要比土嗅素多得多	（Tsuchiya and Matsumoto，1999）

续表

序号	产天然源异味化学物质来源	类别	分离培养基	培养条件	异味代谢物	特点	参考文献
16	*Chaetomium globosum*	真菌	酵母提取物4 g、麦芽提取物4 g、蛋白胨1 g、葡萄糖4 g、水1 L	26℃，25～30 d	土嗅素；2-苯乙醇	除了土嗅素和2-苯乙醇外，还有cybullol代谢产物，该物质和土嗅素的结构相近	（Kikuchi et al.，1981）
17	*Streptomyces albosporeus*	放线菌	克朗斯基琼脂（Krainsky agar），平板培养	28℃，12 d	土嗅素	—	（Kikuchi et al.，1973a）
18	*Streptomyces filipinensis*	放线菌	克朗斯基琼脂（Krainsky agar），平板培养	28℃，12 d	土嗅素；2-MIB；呋喃	—	（Kikuchi et al.，1973a）
19	*Streptomyces resistomycificus*	放线菌	克朗斯基琼脂（Krainsky agar）	28℃，10 d	土嗅素	用液体培养基培养，没有得到异味代谢产物；用Waksman培养基得到土嗅素代谢产物	（菊池徹等，1971）
20	*Anabaena circinalis*	蓝绿藻	ASM 1培养基	4 周	土嗅素	—	（Narayan and Nunez，1974）
21	*Microcystis wesenbergii*	蓝绿藻	—	—	*β*-环己烯醛	—	（Juttner，1976）
22	*Microcystis aeruginosa*	蓝绿藻	—	—	*β*-环己烯醛	—	（Juttner，1976）
23	*Streptomyces phaeofaciens*	放线菌	寒天	30℃，7～10 d	2-MIB；土嗅素	—	（Tsuchiya et al.，1978）
24	*Streptomyces versipellis*	放线菌	寒天	30℃，7～10 d	2-MIB；土嗅素	—	（Tsuchiya et al.，1978）
25	*Streptomyces fragilis*	放线菌	寒天	30℃，7～10 d	2-MIB；土嗅素	—	（Tsuchiya et al.，1978）
26	*Streptomyces werraensis*	放线菌	寒天	30℃，7～10 d	2-MIB；土嗅素	—	（Tsuchiya et al.，1978）

续表

序号	产天然源异味化学物质来源	类别	分离培养基	培养条件	异味代谢物	特点	参考文献
27	*Streptomyces prunicolor*	放线菌	寒天	30℃，7～10 d	2-MIB；土嗅素	—	（Tsuchiya et al.，1978）
28	*Streptomyces chibaensis*	放线菌	寒天	30℃，7～10 d	2-MIB；土嗅素	—	（Tsuchiya et al.，1978）
29	*Streptomyces griseoflavus*	放线菌	寒天	30℃，7～10 d	2-MIB；土嗅素	—	（Tsuchiya et al.，1978）
30	*Oscillatoria splendida*	蓝绿藻	Fitzgerald 培养基	25℃，1000 lx，1～7 周	土嗅素；正十七烷，正十五烷；大根香叶烯；1-十七碳烯；植醇	—	（Tsuchiya et al.，1981）
31	*Oscillatoria amoena*	蓝绿藻	Fitzgerald 培养基	25℃，1000 lx，1～7 周	土嗅素；正十七烷等	—	（Tsuchiya et al.，1981）
32	*Oscillatoria geminata*	蓝绿藻	Fitzgerald 培养基	25℃，1000 lx，1～7 周	2-MIB	—	（Tsuchiya et al.，1981）
33	*Aphanizomenon* sp.	蓝绿藻	Fitzgerald 培养基	25℃，1000 lx，1～7 周	土嗅素；正十七烷等	即使在水温3℃条件下，该藻也可以生长得很好	（Tsuchiya et al.，1981）
34	*Streptomyces* sp. M-（1-13）	放线菌	克朗斯基琼脂（Krainsky agar）	30℃，7 d	2-MIB；土嗅素；大根香叶烯	—	（土屋悦辉等，1980）
35	*Schizothrzx mulleri* NAGELI	蓝绿藻	—	—	土嗅素	—	（Kikuchi et al.，1973b）
36	*Kashiwai-D*（close to *Streptomyces platensis*）	放线菌	克朗斯基琼脂（Krainsky agar）	28℃，10 d	土嗅素；呋喃；1-苯基-2-丙酮	—	（Kikuchi et al.，1974）
37	*Nunobiki-11*	细菌	克朗斯基琼脂（Krainsky agar）	27℃，7 d	2-苯乙醇	—	（Kikuchi et al.，1974）

续表

序号	产天然源异味化学物质来源	类别	分离培养基	培养条件	异味代谢物	特点	参考文献
38	*Nannocystis exedens*（*myxobacteria*）	细菌	MD1 液体培养基	30℃，3 d	土嗅素	—	（Trowitzsch et al.，1981）
39	*Oscillatoria curviceps*	蓝绿藻	Medium No.11	28℃，590～1780 lx，10 d	2-MIB	沿岸生长，细胞长度大约 3 μm，整个毛状体直径 9～11 μm	（Izaguirre et al.，1982）
40	*Oscillatoria simplicissima*	蓝绿藻	Medium No.11	28℃，590～1780 lx，10 d	土嗅素	附着式生长，细胞长度约为 7 μm，整个毛状体直径为 8 μm	（Izaguirre et al.，1982）
41	*Anabaena scheremetievi*	蓝绿藻	Medium No.11	28℃，590～1780 lx，10 d	土嗅素	细胞长度约为 3 μm，整个毛状体直径为 9.5～11 μm	（Izaguirre et al.，1982）
42	*Botrytis cinerea*	真菌	酵母提取物等	26℃，25～30 d	糠醛；苯甲醛；苯乙醛	—	（Kikuchi et al.，1983）
43	*Physarum polycephalum*	黏细菌	酵母提取物 + 胰蛋白胨	26℃，10～14 d	土嗅素；十六醛	—	（Kikuchi et al.，1984）
44	*Phallus imjudicus*	黏细菌	—	—	苯甲醚；苯甲醛；苯乙醛	第一次报道黏细菌可产生泥土味代谢产物	（Kikuchi et al.，1984）
45	*Anabaena macrospora*	蓝绿藻	CT	28℃，1500 lx，1 个月	土嗅素	使用了四种不同的方法去除潜在的放线菌，放线菌 *Micrococcus* sp. 的存在对土嗅素的产生没有影响	（Aoyama et al.，1991）
46	*Myxococcus* sp.（MY-2）	黏细菌	1%酪蛋白胨 + 0.1%酵母提取物 + 0.1% $MgSO_4 \cdot 7H_2O$	30℃	土嗅素；壬醛；二甲基三硫	—	（Yamamoto et al.，1994）
47	*Streptomyces citreus* CBS 109.60	放线菌	V1	27℃，1000 r/min，72 h	土嗅素	—	（Ganber et al.，1995）
48	*Myxococcus stipitatus*	黏细菌	酪蛋白胨（0.1%），酵母提取物（0.5%），$MgSO_4 \cdot 7H_2O$（0.1%）	30℃，48～72 h	土嗅素	在有光或者无光培养条件下，液体培养基体系所产生的土嗅素差别不大	（山本镕子等，1997）

续表

序号	产天然源异味化学物质来源	类别	分离培养基	培养条件	异味代谢物	特点	参考文献
49	*Myxococcus fulvus*	黏细菌	酪蛋白胨（0.1%），酵母提取物（0.5%），$MgSO_4 \cdot 7H_2O$（0.1%）	30℃，48～72 h	土嗅素	在有光培养条件下，液体培养基体系所产生的土嗅素要比无光条件下的高	（山本镕子等，1997）
50	*Myxococcus xanthus*	黏细菌	酪蛋白胨（0.1%），酵母提取物（0.5%），$MgSO_4 \cdot 7H_2O$（0.1%）	30℃，48～72 h	土嗅素	在有光培养条件下，液体培养基体系所产生的土嗅素要比无光条件下的高	（山本镕子等，1997）
51	*Pseudanabaena limnetica*	蓝绿藻	蓝绿藻培养基（BG-11）	25℃，光照培养3周	2-MIB	培养基产生 240 μg/L 的 2-MIB，从培养基分离的水中含 2.5 μg/L 2-MIB	（Izaguirre and Taylor，1998）
52	*Anabaena* sp.	蓝绿藻	蓝绿藻培养基（BG-11）	20℃，17 μE/($m^2 \cdot s$)，5 d	土嗅素	20℃条件下，增加光照会抑制叶绿素的合成，提高土嗅素的合成； 在 17 μE/($m^2 \cdot s$)的光照条件下，将温度从 20℃向上升会促进叶绿素的合成，抑制土嗅素的合成； 土嗅素的合成和氨氮浓度正相关，但与硝氮负相关	（Saadoun et al.，2001）
53	*Penicillium expansum*	真菌	麦芽浸汁培养基（MA）或者葡萄汁培养基	5～15℃，pH = 3～7	土嗅素	光照、温度、湿度的变化对土嗅素的产生没有影响	（La Guerche et al.，2005）
54	*Streptomyces* sp.（GWS-BW-H5）	放线菌	MB-2216（液体培养时）	20℃，100 r/min，48 h	土嗅素、2-MIB 等	液体培养基下产生的异味挥发性物质要比琼脂平板培养基的更多	（Dickschat et al.，2005）
55	*Acremonium*	真菌	—	25℃，7 d	辛醇	在较低的温度下出现	（Goncalves et al.，2006）
56	*Phormidium* sp.	蓝绿藻	蓝绿藻培养基（BG-11）	20℃，TLD36W/965 荧光光源，光照时间每天 12 h	土嗅素；*β*-环己烯醛；辛烷醛	席藻属中的两个相似基因 *geoA1* 和 *geoA2* 得到了扩增	（Ludwig et al.，2007）
57	*Nostoc punctiforme* PCC73102	蓝绿藻	蓝绿藻固氮培养基（ATCC No.819）	—	土嗅素	获得了产土嗅素基因，并开发了 qPCR 方法	（Giglio et al.，2008）

续表

序号	产天然源异味化学物质来源	类别	分离培养基	培养条件	异味代谢物	特点	参考文献
58	*Streptomyces flaveolus*	放线菌	高氏培养基1号＋高锰酸钾	40℃，7 d	土嗅素；2-MIB；苯甲醇；2-甲基-2-莰烯；2, 3-二羟基丙酮等	培养10 d前异味物质较少，随之逐渐升高，至25 d时，2-MIB和土嗅素的浓度分别达到200 ng/L和130 ng/L；异味物质的生成量和溶解氧密切相关，溶解氧浓度越高，产生的异味物质越多；温度是该放线菌生长的重要参数，其最适温度为30℃左右	（李学艳等，2008）
59	*Calothrix* PCC7507	蓝绿藻	—	—	土嗅素；*β*-环己烯醛；*β*-紫罗兰酮	—	（Hockelmann et al.，2009）
60	*Lyngbya kuetzingii*	蓝绿藻	蓝绿藻培养基（BG-11）	25℃，20 μmol/(m^2·s)	土嗅素	较低的温度和光照条件可以刺激土嗅素的生成并聚集在细胞内，而在较高温度和适宜的光照条件下，有利于土嗅素从细胞内分泌出来	（Zhang et al.，2009a）
61	*Cryptococcus* sp.（F020）	酵母	马铃薯葡萄糖培养基（PDA）	25℃	2, 4, 6-三氯苯甲醚	—	（Prat et al.，2009）
62	*Rhodotorula* sp.（F025）	酵母	马铃薯葡萄糖培养基（PDA）	25℃	2, 4, 6-三氯苯甲醚	—	（Prat et al.，2009）
63	*Penicillium glabrum*（F001）	真菌	玫瑰红钠培养基（RBA）	25℃	2, 4, 6-三氯苯甲醚	—	（Prat et al.，2009）
64	*Penicillium variabile*（F003A）	真菌	玫瑰红钠培养基（RBA）	25℃	2, 4, 6-三氯苯甲醚	—	（Prat et al.，2009）
65	*Pseudomonas jesseni*（A1）	细菌	LB＋nystatin（60 μg/mL）	25℃	2, 4, 6-三氯苯甲醚	—	（Prat et al.，2009）
66	*Streptomyces praecox*（SP2）	放线菌	高氏培养基1号	25℃，遮光，28 d	2-MIB	与 *Streptomyces parvus*、*Streptomyces badius*、*Streptomyces viridochromogenes*、*Streptomyces sindenensis* 以遗传相似性100%聚在进化树同一个分支；发酵液中2-MIB的浓度为5570 ng/mL，对应产率为2 mg/g	（徐立蒲，2009）

续表

序号	产天然源异味化学物质来源	类别	分离培养基	培养条件	异味代谢物	特点	参考文献
67	*Streptomyces* spp.（AMI240）	放线菌	产孢培养基	30℃，8 d 或者 12 d	2-MIB；土嗅素；二甲基二硫；二甲基四硫	产生量：土嗅素 = 二甲基四硫＜二甲基二硫 = 二甲基三硫	（Wilkins and Scholler，2009）
68	*Streptomyces aureofaciens*（ETH13387）	放线菌	产孢培养基	30℃，8 d 或者 12 d	2-MIB；土嗅素；二甲基二硫	产生量：2-MIB＞土嗅素 = 二甲基二硫	（Wilkins and Scholler，2009）
69	*Streptomyces diastatochromogenes*（IFO 13814）	放线菌	产孢培养基	30℃，8 d 或者 12 d	2-MIB；二甲基二硫	产生量：2-MIB＞二甲基二硫	（Wilkins and Scholler，2009）
70	*Streptomyces griseus*（ATCC 23345）	放线菌	产孢培养基	30℃，8 d 或者 12 d	2-MIB；土嗅素；二甲基二硫；二甲基四硫	产生量：2-MIB＞二甲基二硫＞二甲基四硫 = 土嗅素	（Wilkins and Scholler，2009）
71	*Streptomyces hygroscopicus*（ATCC 27438）	放线菌	产孢培养基	30℃，8 d 或者 12 d	2-MIB；土嗅素；二甲基二硫；二甲基四硫	产生量：二甲基二硫＞土嗅素 = 二甲基四硫＞2-MIB	（Wilkins and Scholler，2009）
72	*Streptomyces murinus*（NRRL 8171）	放线菌	产孢培养基	30℃，8 d 或者 12 d	2-MIB；土嗅素	土嗅素和 2-MIB 的分泌量相当	（Wilkins and Scholler，2009）
73	*Streptomyces olivaceus*（ETH 7437）	放线菌	产孢培养基	30℃，8 d 或者 12 d	2-MIB；土嗅素；二甲基二硫	产生量：2-MIB＞二甲基二硫＞土嗅素	（Wilkins and Scholler，2009）
74	*Streptomyces albidoflavus*（AMI 246）	放线菌	产孢培养基	30℃，8 d 或者 12 d	土嗅素；二甲基二硫	产生量：土嗅素＞二甲基二硫	（Wilkins and Scholler，2009）
75	*Streptomyces rishiriensis*（AMI 224）	放线菌	产孢培养基	30℃，8 d 或者 12 d	土嗅素；二甲基二硫	土嗅素和二甲基二硫的产生量差别不大	（Wilkins and Scholler，2009）
76	*Streptomyces albus* subsp. *pathocidicus*（IFO 13812）	放线菌	产孢培养基	30℃，8 d 或者 12 d	二甲基二硫	—	（Wilkins and Scholler，2009）

续表

序号	产天然源异味化学物质来源	类别	分离培养基	培养条件	异味代谢物	特点	参考文献
77	*Streptomyces albus*（IFO 13014）	放线菌	产孢培养基	30℃，8 d 或者 12 d	土嗅素；二甲基硫	土嗅素和二甲基二硫的产生量差别不大	（Wilkins and Scholler，2009）
78	*Streptomyces antibioticus*（CBS659.68）	放线菌	产孢培养基	30℃，8 d 或者 12 d	土嗅素；二甲基二硫	土嗅素和二甲基二硫的产生量差别不大	（Wilkins and Scholler，2009）
79	*Streptomyces antibioticus*（ETH 22014）	放线菌	产孢培养基	30℃，8 d 或者 12 d	土嗅素；二甲基二硫	土嗅素和二甲基二硫的产生量差别不大	（Wilkins and Scholler，2009）
80	*Streptomyces coelicolor*（DSM 40233）	放线菌	产孢培养基	30℃，8 d 或者 12 d	土嗅素；二甲基二硫；二甲基四硫	产生量：土嗅素 = 二甲基二硫＞二甲基四硫	（Wilkins and Scholler，2009）
81	*Streptomyces coelicolor*（ATCC 21666）	放线菌	产孢培养基	30℃，8 d 或者 12 d	二甲基二硫	—	（Wilkins and Scholler，2009）
82	*Streptomyces griseus*（IFO 13849）	放线菌	产孢培养基	30℃，8 d 或者 12 d	二甲基二硫；二甲基四硫	产生量：二甲基二硫＞二甲基四硫	（Wilkins and Scholler，2009）
83	*Streptomyces hirsutus*（ATCC 19773）	放线菌	产孢培养基	30℃，8 d 或者 12 d	土嗅素；二甲基二硫；二甲基四硫	产生量：土嗅素＞二甲基二硫＞二甲基四硫	（Wilkins and Scholler，2009）
84	*Streptomyces hirsutus*（ETH 1666）	放线菌	产孢培养基	30℃，8 d 或者 12 d	土嗅素；二甲基二硫；二甲基四硫	产生量：二甲基二硫＞二甲基四硫 = 土嗅素	（Wilkins and Scholler，2009）
85	*Streptomyces hygroscopicus*（IFO 13255）	放线菌	产孢培养基	30℃，8 d 或者 12 d	土嗅素；二甲基二硫；二甲基四硫	三种异味物质产生量没有明显差别	（Wilkins and Scholler，2009）
86	*Streptomyces diastatochromogenes*（ETH 18822）	放线菌	产孢培养基	30℃，8 d 或者 12 d	土嗅素；二甲基二硫	二甲基二硫产生量大于土嗅素	（Wilkins and Scholler，2009）

续表

序号	产天然源异味化学物质来源	类别	分离培养基	培养条件	异味代谢物	特点	参考文献
87	*Streptomyces olivaceus*（ETH 6445）	放线菌	产孢培养基	30℃，8 d 或者 12 d	土嗅素；二甲基二硫	二甲基二硫产生量大于土嗅素	（Wilkins and Scholler，2009）
88	*Streptomyces thermoviolaceus*（IFO 12382）	放线菌	产孢培养基	30℃，8 d 或者 12 d	土嗅素；二甲基二硫；二甲基四硫	产生量：土嗅素＝二甲基二硫＞二甲基四硫	（Wilkins and Scholler，2009）
89	*Streptomyces thermoviolaceus*（CBS 111.62）	放线菌	产孢培养基	30℃，8 d 或者 12 d	二甲基二硫；二甲基四硫	产生量：二甲基二硫＞二甲基四硫	（Wilkins and Scholler，2009）
90	*Streptomyces tanashiensis*	放线菌	高氏；胰酪大豆胨液体；肉汤	28℃，7～10 d	土嗅素；2-MIB	高氏培养基下，土嗅素和 2-MIB 的浓度为 111 ng/mL 和 336 ng/mL，但在 TBS 培养基下没有检测到上述异味物质	（Zuo et al.，2009）
91	*Streptomyces torulosus*（SSB）	放线菌	—	—	土嗅素	—	（Bundale et al.，2010）
92	*Nocardia cummidelens*	放线菌	1%酵母提取物-1%葡萄糖	15℃或 25℃，7 d	土嗅素	—	（Schrader and Summerfelt，2010）
93	*Nocardia fluminea*	细菌	1%酵母提取物-1%葡萄糖	15℃或 25℃，7 d	土嗅素	—	（Schrader and Summerfelt，2010）
94	*Streptomyces luridiscabiei*	放线菌	1%酵母提取物-1%葡萄糖	15℃或 25℃，7 d	土嗅素	—	（Schrader and Summerfelt，2010）
95	*Streptomyces cf. albidoflavus*	放线菌	1%酵母提取物-1%葡萄糖	15℃或 25℃，7 d	土嗅素	—	（Schrader and Summerfelt，2010）
96	*Streptomyces pseudogriseolus*	放线菌	高氏 1 号合成琼脂	28℃，7 d	土嗅素	生产能力 4.87 ng/kg 干重	（Zuo et al.，2010）
97	*Streptomyces lanatus*	放线菌	高氏 1 号合成琼脂	28℃，7 d	土嗅素	生产能力 0.26 ng/kg 干重	（Zuo et al.，2010）
98	*Streptomyces fimbriatus*	放线菌	高氏 1 号合成琼脂	28℃，7 d	土嗅素	生产能力 0.45 ng/kg 干重	（Zuo et al.，2010）

续表

序号	产天然源异味化学物质来源	类别	分离培养基	培养条件	异味代谢物	特点	参考文献
99	*Streptomyces micrbilis*	放线菌	高氏 1 号合成琼脂	28℃，7 d	土嗅素	生产能力 3.86 ng/kg 干重	（Zuo et al.，2010）
100	*Streptomyces massasporeus*	放线菌	高氏 1 号合成琼脂	28℃，7 d	土嗅素	生产能力 0.18 ng/kg 干重	（Zuo et al.，2010）
101	*Streptomyces albogriseolus*	放线菌	高氏 1 号合成琼脂	28℃，7 d	土嗅素	生产能力 1.01 ng/kg 干重	（Zuo et al.，2010）
102	*Streptomyces* sp.（AB246922）	放线菌	高氏 1 号合成琼脂	28℃，7 d	土嗅素；2-MIB	土嗅素生产能力 0.52 ng/kg 干重；2-MIB 生产能力 2.85 ng/kg 干重	（Zuo et al.，2010）
103	*Streptomyces lavendulae*	放线菌	高氏 1 号合成琼脂	28℃，7 d	2-MIB	生产能力 1.27 ng/kg 干重	（Zuo et al.，2010）
104	*Streptomyces setonii*	放线菌	高氏培养基 + 3%重铬酸钾	28℃，7 d	2-MIB；土嗅素	异味物质在高氏培养基的产生能力要高于水库水，但两者产生量均较低	（陈娇等，2014）
105	*Streptomyces rochei*	放线菌	高氏培养基 + 3%重铬酸钾	28℃，7 d	2-MIB；土嗅素	用水库水培养所产生的异味物质能力远高于相应的高氏培养，其产异味能力在所有 40 种分离放线菌中的产异味能力最强，其中产 2-MIB 的能力要远高于土嗅素	（陈娇等，2014）
106	*Streptomyces mauvecolor*	放线菌	高氏培养基 + 3%重铬酸钾	28℃，7 d	2-MIB；土嗅素	异味物质在高氏培养基的产生能力略高于水库水，但两者产生量均较低	（陈娇等，2014）
107	*Steptomyces termitum*	放线菌	高氏培养基 + 3%重铬酸钾	28℃，7 d	2-MIB；土嗅素	用高氏培养基培养时，产 2-MIB 的能力和产土嗅素的能力相当；用水库水培养时，异味的产生能力提高数倍，且 2-MIB 的产生量要远高于土嗅素	（陈娇等，2014）
108	*Streptomyces galbus*	放线菌	高氏培养基 + 3%重铬酸钾	28℃，7 d	2-MIB；土嗅素	异味化学物质在高氏培养基和水库水培养条件下的产生能力相当，但产土嗅素的能力高于 2-MIB	（陈娇等，2014）
109	*Aeromicrobium erythreum*	细菌	高氏培养基 + 3%重铬酸钾	28℃，7 d	2-MIB；土嗅素	在高氏培养基和水库水培养条件下的产异味物质能力均较低	（陈娇等，2014）

续表

序号	产天然源异味化学物质来源	类别	分离培养基	培养条件	异味代谢物	特点	参考文献
110	*Streptomyces glomeratus*	放线菌	高氏培养基+3%重铬酸钾	28℃，7 d	土嗅素；2-MIB	在高氏培养基和水库水培养条件下的产异味物质能力均较低，但产土嗅素的能力要高于2-MIB	（陈娇等，2014）
111	*Streptomyces pactum*	放线菌	高氏培养基+3%重铬酸钾	28℃，7 d	土嗅素；2-MIB	在高氏培养基条件下的产异味能力略高于水库水，但产异味物质的能力均较低	（陈娇等，2014）
112	*Streptomyces diastatochromogenes*	放线菌	高氏培养基+3%重铬酸钾	28℃，7 d	土嗅素；2-MIB	在高氏培养基培养条件下，产土嗅素的能力远高于2-MIB，但在水库水培养条件下，该趋势变得不太明显	（陈娇等，2014）
113	*Streptomyces pseudogriseolus*	放线菌	高氏培养基+3%重铬酸钾	28℃，7 d	土嗅素；2-MIB	在高氏培养基培养条件下，只产生土嗅素，但用水库水培养时，同时还产生一部分2-MIB	（陈娇等，2014）
114	*Streptomyces sanyensis*	放线菌	高氏培养基+3%重铬酸钾	28℃，7 d	土嗅素；2-MIB	在高氏培养基条件下只产生较多的土嗅素，而用水库水培养时只产生少量的2-MIB	（陈娇等，2014）
115	*Streptomyces erythrogriseus*	放线菌	高氏培养基+3%重铬酸钾	28℃，7 d	土嗅素；2-MIB	在高氏培养基培养时，同时产生少量的土嗅素和2-MIB，当用水库水培养时，只产生少量的2-MIB	（陈娇等，2014）
116	*Streptomyces flavido*	放线菌	高氏培养基+3%重铬酸钾	28℃，7 d	土嗅素；2-MIB	在高氏培养基培养条件下只产生少量的土嗅素，而用水库水培养时产2-MIB的量却远高于土嗅素	（陈娇等，2014）
117	*Streptomyces omiyaensis*	放线菌	高氏培养基+3%重铬酸钾	28℃，7 d	土嗅素；2-MIB	在高氏培养基培养条件下只产生少量的土嗅素，在水库水培养的条件下同时产生少量的土嗅素和2-MIB	（陈娇等，2014）
118	*Streptomyces janthinus*	放线菌	高氏培养基+3%重铬酸钾	28℃，7 d	土嗅素；2-MIB	在高氏培养基和水库水培养条件下均产生少量的土嗅素和2-MIB	（陈娇等，2014）
119	*Streptomyces griseolus*	放线菌	高氏培养基+3%重铬酸钾	28℃，7 d	土嗅素；2-MIB	在高氏培养基和水库水培养条件下均产生一定量的土嗅素和2-MIB	（陈娇等，2014）

续表

序号	产天然源异味化学物质来源	类别	分离培养基	培养条件	异味代谢物	特点	参考文献
120	*Streptomyces roseofulvus*	放线菌	高氏培养基＋3%重铬酸钾	28℃，7 d	土嗅素；2-MIB	在高氏培养基培养条件下只产生少量的土嗅素，但在水库水培养条件下产生大量的2-MIB，而产土嗅素的量没有明显变化	（陈娇等，2014）
121	*Steptomyces halstedii*	放线菌	高氏培养基＋3%重铬酸钾	28℃，7 d	土嗅素；2-MIB	在高氏培养基培养条件下产生大量的2-MIB及少量的土嗅素，而改为水库水培养时，无2-MIB生成，土嗅素的产生量变化不明显	（陈娇等，2014）
122	*Streptomyces neyagawaensis*	放线菌	高氏培养基＋3%重铬酸钾	28℃，7 d	土嗅素；2-MIB	用高氏培养基培养时可同时产生2-MIB和土嗅素，而用水库水培养时只产生土嗅素，但产生量增长很多	（陈娇等，2014）
123	*Streptomyces melanogenes*	放线菌	高氏培养基＋3%重铬酸钾	28℃，7 d	土嗅素；2-MIB	用高氏培养基培养时可产生大量的土嗅素和少量的2-MIB，而用水库水培养时，产土嗅素的量极大地减少，但产2-MIB的量有所增加	（陈娇等，2014）
124	*Streptomyces subrutilus*	放线菌	高氏培养基＋3%重铬酸钾	28℃，7 d	土嗅素；2-MIB	用高氏培养基培养时可产生一定量的土嗅素和2-MIB，当用水库水培养时，产生量均有一定的增加	（陈娇等，2014）
125	*Streptomyces drozdoviczii*	放线菌	高氏培养基＋3%重铬酸钾	28℃，7 d	土嗅素；2-MIB	用高氏培养基培养时只产生少量的土嗅素，而用水库水培养时只产生少量的2-MIB	（陈娇等，2014）
126	*Streptomyces cinnamonensis*	放线菌	高氏培养基＋3%重铬酸钾	28℃，7 d	土嗅素；2-MIB	在高氏培养基培养时可产生一定量的2-MIB和少量的土嗅素，当改用水库水培养时，产生量均大幅增加	（陈娇等，2014）
127	*Streptomyces wedmorensis*	放线菌	高氏培养基＋3%重铬酸钾	28℃，7 d	土嗅素；2-MIB	在高氏培养基和水库水培养时，均产生大量的2-MIB和土嗅素，但2-MIB的产生量是土嗅素的数倍	（陈娇等，2014）
128	*Streptomyces cirratus*	放线菌	高氏培养基＋3%重铬酸钾	28℃，7 d	土嗅素；2-MIB	在高氏培养基和水库水培养时，均产生大量的2-MIB和土嗅素，但2-MIB的产生量是土嗅素的数倍	（陈娇等，2014）

续表

序号	产天然源异味化学物质来源	类别	分离培养基	培养条件	异味代谢物	特点	参考文献
129	*Pseudanabaena galeata*	蓝绿藻	蓝绿藻培养基（BG-11）	20℃，光照强度 20 μmol 光子/(m^2·s)	2-MIB	温度对 2-MIB 的形成有很大影响。在 4℃条件下，该藻发生了明显增殖，但 2-MIB 的产生量并没有增加	（Kakimoto et al., 2014）
130	*Streptomyces albus*	放线菌	LB + nystatin（60 μg/mL）	30℃，7 d	土嗅素	生成土嗅素能力 75.3 μg/L	（Du and Xu, 2012）
131	*Streptomyces radiopugnans*	放线菌	LB + nystatin（60 μg/mL）	30℃，7 d	土嗅素	生成土嗅素能力 42.4 μg/L	（Du and Xu, 2012）
132	*Streptomyces sampsonii*	放线菌	LB + nystatin（60 μg/mL）	30℃，7 d	土嗅素	生成土嗅素能力 542.6 μg/L	（Du and Xu, 2012）
133	*Streptomyces* sp. MTCC8377	放线菌	LB + nystatin（60 μg/mL）	30℃，7 d	土嗅素	生成土嗅素能力 102.4 μg/L	（Du and Xu, 2012）
134	*Leptolyngbya bijugata*	蓝绿藻	CT	25℃，30 μmol 光子，30～60 d	土嗅素；2-MIB	—	（Wang et al., 2015a）
135	*Anabaena ucrainica*	蓝绿藻	CT	25℃，25 μmol 光子/(m^2·s)	土嗅素	—	（Wang et al., 2015b）

并结合分子克隆和测序等手段确定了日本宫城县川崎町釜房湖（Kamafusa Lake）夏冬季发生土霉异味是由 *Phormidium tenue* 的蓝绿藻所导致的。直到 2007 年，Ludwig 等（2007）根据前人的研究成果设计了不同的 PCR 引物，并用蓝绿藻 *Phormidium tenue* 扩增两个相似并取名为 *geoA1* 和 *geoA2* 的基因，进一步发现上述两种基因在不同的产土嗅素的放线菌中普遍存在。该研究为实时定量 PCR（real-time quantitative polymerase chain reaction，qPCR）分析方法的开发提供了重要基础。Lylloff 等（2012）已建立相应的 qPCR 方法，并将其用于定量研究水库水产土霉味的微生物，其他不同的研究组也相继开发了相应的 qPCR 方法，并将其用于研究水体异味原因（Tsao et al.，2014；Kutovaya and Watson，2014；Su et al.，2015；Suurnakki et al.，2015）。表 2-3 列出了可用于 qPCR 定量分析的引物和相关信息。相对于饮用水异味原因物质的化学仪器分析，qPCR 法分析产异味物质生物量的研究尚处在开始阶段。鉴于实时把握水体中可产土嗅素和 2-MIB 异味生物的相对丰度水平对于探究引起水体异味的原因及制定相应对策的重要指导作用，这方面的研究还有待进一步加强。

表 2-3　可扩增产土嗅素或 2-MIB 的放线菌及蓝绿藻的特异性基因引物及其相关信息

序号	目的基因或目标生物	引物代码	引物序列	产物长度(bp)	淬火温度(℃)	目标异味物质	参考文献
1	链霉菌系列	SMfw8 SMrev9	5′-GCCGATTGTGGTGAAGTGGA-3′ 5′-GTACGGGCCGCCATGAAA-3′	—	58	土嗅素，2-MIB	（Lylloff et al.，2012）
2	链霉菌系列	AMmib-F AMmib-R	5′-TGGACGACTGCTACTGCGAG-3′ 5′-AAGGCGTGCTGTAGTTCGTTGTG-3′	592	58	2-MIB	（Auffret et al.，2011）
3	链霉菌系列	AMgeoF AMgeoR	5′-GAGTACATCGAGATGCGCCGCAA-3′ 5′-GAGAAGAGGTCGTTGCGCAGGTG-3′	167	66	土嗅素	（Auffret et al.，2011）
4	放线菌 *geoA*	geo_act 532F geo_act 698R	5′-GARTACRTCGAGATGCGVCG-3′ 5′-CAGAAVAKGTCGTTRCGCAGRTG-3′	167	61	土嗅素	（Kutovaya and Watson，2014）
5	蓝绿藻 *geoA*	CycFW CycRW	5′-TGGTAYGTITGGGTITTYTTYTTYGAYGAYCAYTT-3′ 5′-CATRTGCCAYTCRTGICCICCISWYTGCCARTCYTG-3′	730	52	土嗅素	（Auffret et al.，2011；Lufwig et al.，2007）
6	蓝绿藻 *geoA*	geo78F geo971R	5′-GCATTCCAAAGCCTGGGCTTA-3′ 5′-CCCTYGTTCATGTARCGGC-3′	912	55	土嗅素	（Suurnakki et al.，2015）
7	蓝绿藻 *geoA*	Geo78F Geo982R	5′-GCATTCCAAAGCCTGGGCTTA-3′ 5′-ATCGCATGTGCCACTCGTGAC-3′	905	55	土嗅素	（Suurnakki et al.，2015）
8	蓝绿藻 MIB synthase	MIB3313F MIB4226R	5′-CTCTACTGCCCCATTACCGAGCGA-3′ 5′-GCCATTCAAACCGGCGGCCCATCCA-3′	913	52	2-MIB	（Suurnakki et al.，2015）

续表

序号	目的基因或目标生物	引物代码	引物序列	产物长度(bp)	淬火温度(℃)	目标异味物质	参考文献
9	蓝绿藻 MIB synthase	MIB3324F MIB4050R	5′-CATTACCGAGCGATTCAACGAGC-3′ 5′-CCGCAATCTGTAGCACCATGTTGA-3′	726	52	2-MIB	（Suurnakki et al.，2015）
10	蓝绿藻 *geoA*	geo-cya 543F geo_cya 728R	5′-ATCGAATACATYGARATGCG-3′ 5′-ACTTCTCTYTGRTAGGA-3′	186	56	土嗅素	（Kutovaya and Watson，2014）
11	蓝绿藻 *geoA*	250F 971R	5′-TTCTTCGACGATCACTTCC-3′ 5′-CCCTYGTTCATGTARCGGC-3′	743	55	土嗅素	（Giglio et al.，2008）
12	蓝绿藻 *geoA*	288AF 288AR	5′-AACGACCTGTTCTCCTA-3′ 5′-GCTCGATCTCATGTGCC-3′	288	55	土嗅素	（Giglio et al.，2008）
13	蓝绿藻 *geoA*	173AF 173AR	5′-ATGTGAGTACCCAAGAGG-3′ 5′-CTGCCAATCCTGAAGTCCTTT-3′	173	55	土嗅素	（Giglio et al.，2011）
14	蓝绿藻 *geoA*	AN03-F AN07-R	5′-TGTGGCTCATGTTTGGTATCTC-3′ 5′-CCAATACCCACTTCCACACC-3′	—	52	土嗅素	（Su et al.，2013）

2.3.2 产天然源异味化学物质的影响因素

光照、温度及底物等条件是影响天然源异味化学物质分泌的重要条件。在 20℃和 12 h 昼夜交替的培养条件下，产土嗅素的蓝藻 *Phormidium tenue* 的两个特性基因可以用反转录 PCR（RT-PCR）方法扩增，而在 24 h 无光培养条件下没能够扩增到上述特性基因，这间接证明了光照对产异味的关键作用（Ludwig et al.，2007）。Tsuchiya 和 Matsumoto（1999）研究了不同光照和培养基对蓝绿藻产土嗅素和 2-MIB 能力的影响。将 *Oscillatoria f. granulata* 放在 No.11 液体培养 6 h，光照强度分别为 500 lx、1000 lx 和 2000 lx，研究结果发现相比于 500 lx 和 2000 lx 的光照条件，叶绿素Ⅱa 和 2-MIB 的生成量在 1000 lx 光照条件下最大；经过 40 d 的培养，1000 lx 光照条件下产生的 2-MIB 的量是 2000 lx 的 1.2 倍；当 No.11 液体培养基改为 CT 培养基时，2-MIB 和土嗅素的生成量分别增加了 3.1 倍和 4.4 倍，很好地说明了底物和光照强度对蓝绿藻分泌天然源异味化学物质的影响。Saadoun 等（2001）考察了温度、光照、氨氮和硝酸氮对 *Anabaena* sp. 产土嗅素的影响；研究结果发现在 20℃条件下，增加光照强度会抑制叶绿素的合成，而提高土嗅素的合成；在一定光照条件下，将温度从 20℃向上升会抑制土嗅素的产生；土嗅素的产生与氨氮的含量呈正相关，而与硝酸氮的浓度呈负相关。Zhang 等（2009a）发现在较低温度和光照条件下可刺激 *Lyngbya kuetzingii* 生成土嗅素，但主要积累在细胞内；当在较高温度和适宜的光照条件下，有利于土嗅素从细胞内分泌出来。

Tsuchiya 等（1981）发现即使在低温 3℃时，产土嗅素的蓝绿藻 *Aphanizomenon* sp. 也可以生长得很好，这也说明了我国北方地区即使在寒冷的冬季也会发生由蓝绿藻引起的饮用水异味的原因（Zhao et al.，2013）。光照的影响不仅限于蓝绿藻，Yamamoto 等（1997）发现有些黏细菌产土嗅素的能力受光照影响较大，而有些则基本无影响。

菊池徹等（1971）发现放线菌 *Streptomyces resistomycificus* 在液体培养基条件下并不产生土嗅素，而在 Walksman 培养基条件下产生土嗅素，说明培养基对放线菌产生异味物质起到重要作用。Dickschat 等（2005）发现 *Streptomyces* sp.（GWS-BW-H5）在液体培养基下所产生的异味挥发性物质浓度要比固体培养基的多。Zuo 等（2009）将 *Streptomyces tanashiensis* 放在高氏培养基下，得到的 2-MIB 和土嗅素浓度分别为 336 ng/mL 和 111 ng/mL，而将其放在 TBS 下培养则没有检测到异味化学物质，再一次说明培养基底物对产异味化学物质的重要作用。李学艳等（2008）将 *Streptomyces flaveolus* 放在高氏 1 号培养基上培养后发现，培养的前 10 天没有检测到土嗅素物质，当培养超过 10 天后，土嗅素和 2-MIB 的浓度逐渐升高，至 25 天时，土嗅素和 2-MIB 的浓度分别达到了 130 ng/L 和 200 ng/L；他们发现溶解氧（dissolved oxygen，DO）对异味物质的产生有很大影响，DO 越大，产异味物质量越多；另外，他们还发现温度过高或过低都会抑制该细菌的生长，其最佳适宜温度为 30℃。

陈娇等（2014）从某水库水体中分离出了 40 株放线菌（包括 38 种链霉菌，1 种气微菌和 1 种假诺卡氏菌，表 2-4）。为研究它们产生异味化学物质的能力，他们将其分别放在高氏 1 号液体培养基和水库水中培养，对它们产土嗅素和 2-MIB 的能力进行了详细的研究。如图 2-1 所示，这 40 株放线菌在高氏 1 号液体培养基中产生 2-MIB 和土嗅素的能力大小各不相同，其中 3 株放线菌（7.5%）只产生土嗅素，1 株（2.5%）只产生 2-MIB，其余 36 株（90%）都能产生土嗅素和 2-MIB。水库中分离纯化出的气微菌（12 号）和假诺卡氏菌（30 号）在液体培养基中发酵时产生异味物质的能力都较弱，这说明水库中的土嗅素和 2-MIB 主要由链霉菌产生，而链霉菌中不同种产生上述两种异味化学物质的能力不同，且相差较大。例如，*Streptomyces wedmorensis*（39 号）、*Streptomyces cirratus*（40 号）和 *Streptomyces halstedii*（26 号）在高氏 1 号液体培养基中产生 2-MIB 的能力较强，单位生物量产生土嗅素的量为 6769 ng/g。总体上，在液体发酵时，2-MIB 的量超过了土嗅素，是主要的异味化学物质。当液体培养基改为水库水时，上述 40 种放线菌产异味物质的能力发生了变化。如图 2-2 所示，其中 8 株放线菌（20%）只产生土嗅素，其余 32 株（80%）都能产生土嗅素和 2-MIB，这说明在水库水中能够产生土嗅素的放线菌数量最多，但产 2-MIB 的量要明显高于土嗅素。气微菌（12 号）在实际水体中发酵时产生异味物质的能力同样较弱，但假诺卡氏菌（30 号）与在高氏 1 号液体培养基条件下不同，在水库水中有较强的 2-MIB 产生能力。总体而言，放线菌在水库水中产异味物质的能力要远强于在高氏 1 号液体培养基条件下。更为有趣的是，同种放线菌在高氏 1 号液体培养基和水库水条件下显示了不同的产异味物质能力。例如，*Streptomyces rochei*（2 号）在高氏 1 号液体培养基中并没有显示出很强的产异味物质能力，但在水库水中发酵培养产生 2-MIB 和土嗅素的能力相对较强。对于 *Streptomyces halstedii*（26 号）在高氏 1 号液体培养基中产生 2-MIB 的能力较强，但在水库水中产生能力较弱。*Streptomyces cirratus*（40 号）和 *Streptomyces galbus*（11 号）在高氏 1 号液体培养基中和在水库水中产生异味物质的能力均较强，可分别产生较多的 2-MIB 和土嗅素。此研究进一步说明了营养底物对细菌产生异味物质能力的重要性，也强调了用实际环境样品做底物研究细菌产异味能力的重要性。除土嗅素和 2-MIB 两种重要的异味化学物质外，还可产生二甲基二硫醚（dimethyl disulfide）和二甲基四硫醚（dimethyl tetrasulfide）等异味阈值较低的异味化学物质（Wilkins and Scholler，2009）。

表 2-4　某水库水中分离出的 40 种放线菌

编号	菌株	相似度（%）	登录号	编号	菌株	相似度（%）	登录号
1	*Streptomyces setonii*	97.1	AB184300	14	*Streptomyces pactum*	98.19	AB184398
2	*Streptomyces rochei*	96.65	AB184237	15	*Streptomyces diastatochromogenes*	96.12	D63867
3	*Streptomyces violaceolatus*	95.19	AF503497	16	*Streptomyces pseudogriseolus*	98.33	AB184232
4	*Streptomyces mauvecolor*	97.6	AJ781358	17	*Streptomyces sanyensis*	95.22	FJ261968
5	*Streptomyces virginiae*	98.53	AB184175	18	*Streptomyces erythrogriseus*	99.34	AJ781328
6	*Streptomyces intermedius*	98.2	AB184277	19	*Streptomyces flavidovirens*	98.15	AB184270
7	*Streptomyces nitrosporeus*	99.34	AB184751	20	*Streptomyces omiyaensis*	96.42	AB184411
8	*Streptomyces termitum*	96.45	AB184302	21	*Streptomyces albaduncus*	98.54	AY999757
9	*Streptomyces rimosus* subsp. *rimosus*	98.11	ANSJ01000404	22	*Streptomyces janthinus*	96.78	AJ399478
10	*Streptomyces anulatus*	98.54	DQ026637	23	*Streptomyces griseolus*	97.6	AB184788
11	*Streptomyces galbus*	98.84	X79852	24	*Streptomyces roseofulvus*	99.15	AB184327
12	*Aeromicrobium erythreum*	86.93	AF005021	25	*Streptomyces gancidicus*	97.39	AB184660
13	*Streptomyces glomeratus*	99.14	AJ781754	26	*Streptomyces halstedii*	96.36	AB184142

续表

编号	菌株	相似度（%）	登录号	编号	菌株	相似度（%）	登录号
27	*Streptomyces werraensis*	98.35	AB184381	34	*Streptomyces subrutilus*	98.87	X80825
28	*Streptomyces neyagawaensis*	98.86	D63869	35	*Streptomyces laurentii*	97.88	AJ781342
29	*Streptomyces griseoloalbus*	97.74	AB184275	36	*Streptomyces viridochromogenes*	96.62	AB184728
30	*Pseudonocardia alni*	95.38	Y08535	37	*Streptomyces drozdowiczii*	96.93	AB249957
31	*Streptomyces melanogenes*	97.57	AB184222	38	*Streptomyces cinnamonensis*	98.06	AB184707
32	*Streptomyces flavidovirens*	96.72	AB184270	39	*Streptomyces wedmorensis*	98.71	AB184572
33	*Streptomyces durmitorensis*	97.59	DQ067287	40	*Streptomyces cirratus*	96.09	AY999794

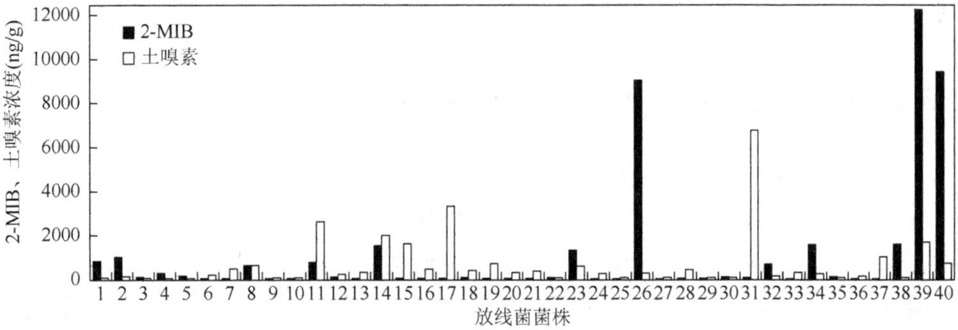

图 2-1　40 株放线菌在高氏 1 号液体培养基下，单位生物量产生 2-MIB 和土嗅素的能力（陈娇等，2014）

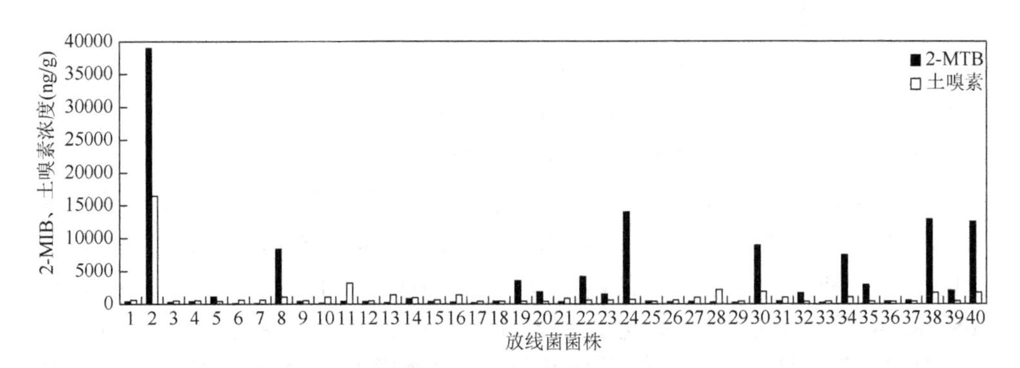

图 2-2　40 株放线菌在水库水培养条件下，单位生物量产生 2-MIB 和土嗅素的能力（陈娇等，2014）

除蓝绿藻和放线菌外，Kikuchi 等（1984）初次报道了黏细菌 *Physarum polycephalum* 和 *Phallus impudicus* 也可以释放土霉味的异味化学物质，如土嗅素和苯甲醚等。Yamamoto 等（1994）发现黏细菌 *Myxococcus* sp. 可产生土嗅素、二甲基三硫和壬醛等异味化学物质。在有光和无光培养条件下，*Myxococcus stipitatus* 产生土嗅素的能力大小没有明显变化，但 *Myxococcus fulvus* 和 *Myxococcus xanthus* 在有光条件下培养产生的土嗅素量要比无光条件下培养产生的高很多（山本镕子等，1997）。真菌也可以产生异味化学物质。Kikuchi 等（1981）分离得到了产生土嗅素和 2-苯乙醇的 *Chaetomium globosum* 真菌。真菌 *Penicillium expansum* 可以产生土嗅素（La Guerche et al.，2005），真菌 *Botrytis cinerea* 可产生呋喃、苯甲醛和苯乙醛等异味化学物质（Kikuchi et al.，1983）。在较低温度下容易出现产 ocentol 的真菌 *Acremonium*，该化学物质可产生不好的异味（Goncalves et al.，2006）。另外，Prat 等（2009）从瓶塞中分离出了四种可产 2, 4, 6-三氯苯甲醚的真菌 *Cryptococcus* sp.、*Rhodotorula* sp.、*Penicillium glabrum* 和 *Penicillium variabile*。

2.3.3 主要微生物的分离及其产异味物质能力研究

为有效应对水体天然源异味，对产异味化学物质生物的有效分离和其产异味物质能力的研究尤为重要。蓝绿藻的分离方法可参照表 2-2 中的相应文献。关于放线菌的分离、培养及产异味物质的关键影响因素研究，徐立蒲在其博士论文中为应对养殖鱼异味问题做了极为有意义的工作。虽然该工作的重点在于鱼的异味问题控制，但其研究思路仍然对研究水体异味提供了重要参考（徐立蒲，2009）。

1. 实验设计

国内外关于环境因素和放线菌产生异味物质关系的研究报道主要限于某个单因素影响放线菌产生异味物质的研究方面，如温度、营养盐等，而在养鱼池中环境变化非常复杂，可能存在环境因素间的交互作用。因此，实验从中国天津一个发生严重异味的高密度养鱼池中分离得到一株常见的优势放线菌 SP2，在实验室培养条件下测定 SP2 产异味物质 2-MIB 能力最强，达到 5570 ng/mL，是中国天津鱼池中土腥味的重要产源放线菌。通过测定菌株 SP2 的形态、培养特征，结合 16S rRNA 基因序列测定，确定了 SP2 的分类地位，并以该菌种为对象，研究了培养时间、培养温度、培养盐度、浮游藻类及四种环境因素（NH_4^+、NO_3-N、PO_4^{3-}-P 及 pH）正交实验对其产生 2-MIB 和土嗅素，以及生长的影响，作为中国高密度养鱼池水质管理和提高鱼产品质量的科学依据。

2. 菌种来源

SP2 采自天津市凯润公司养鱼池，采样时深度在水面下 0.5 m。该鱼池主要养殖品种是草鱼 *Ctenopharyngodon idellus* 和鲤鱼 *Cyprinus carpio*，水深 1.5～2.0 m，鱼产量在 10000 kg/hm^2 以上。该菌在鱼池水中生物量为 0.0667×10^6～0.4367×10^6 个/L，2-MIB 含量为 19.26～5302.70 ng/L，土嗅素的含量为 1.33～3.7 ng/L。接种孢子入灭菌水中制成悬液，通过梯度稀释、平板涂布、菌落计数等方法，将孢子最终密度配成 1×10^5 个/mL。甘油液封，保存于 4℃冰箱中备用。

3. 放线菌 SP2 的鉴定方法

（1）放线菌 SP2 的形态及理化特征。依据中国科学院微生物研究所放线菌分类组（1975）编写的《链霉菌鉴定手册》和阮继生（1977）编写的《放线菌分类基础》中推荐的生物鉴定方法来观察并记录菌株培养特征和生理生化特征。SP2 链霉菌的形态和理化特征，以及生理生化特征分别见表 2-5 和表 2-6。

表 2-5　SP2 链霉菌的形态和理化特征

培养特征（culture characteristic）	气生菌丝（aerial mycelium）	基内菌丝（substrate mycelium）	可溶性色素（soluble pigment）
察氏培养基（Czapek dox medium）	灰色（griseus）	灰黑色（plumbeus）	—
葡萄糖天门冬素培养基（glucose-asparagine culture medium）	浅黄色（buff）	谷黄色（goldenrod）	—
甘油天门冬素培养基（glycerin-asparagine culture medium）	浅乳黄色（wheat）	浅黄绿色（pale yellow green）	—
无机盐淀粉培养基（salt starch culture medium）	灰白色（farinaceus）	浅芥黄绿色（citrinus）	—
ISP-2 培养基（ISP-2 medium）	灰白色（farinaceus）	芒果棕色（russet）	—
燕麦粉培养基（difco oatmeal agar）	灰白色（farinaceus）	黄绿色（yellow green）	—
高氏 1 号培养基（Gauserime synthetic agar）	白色（albus）	黄绿色（yellow green）	—
桑塔氏培养基（Sauton’s medium）	灰白色（farinaceus）	芒果棕色（russet）	—
显微镜形态特征：孢子丝短，松散螺旋形，孢子球形，卵圆形			

表 2-6　SP2 链霉菌生理生化特征

碳源底物	生长情况	碳源底物	生长情况	碳源底物	生长情况
肌醇	+	硝酸盐	+	卫矛醇	+
甘露醇	+	纤维二糖	+	赤藓醇	+
水杨素	+	丙二酸钠	–	糖原	+
棉籽糖	+	L-天冬酰胺	+	丙酸钠	+
鼠李糖	+	苦杏仁苷	+	酪氨基酸酶	–
淀粉	+	酒石酸钠	+	淀粉酶	+
山梨醇	–	D-葡萄糖	+	牛奶胨化	+
蔗糖	+	马尿酸钠	–	明胶液化	+
蜜二糖	+	木糖 D	+	柠檬酸钠	+
果糖	+	乳糖	+	甘油	+
甘露糖	+	L-阿拉伯糖	+	琥珀酸钠	+
麦芽糖	+	葡萄糖酸钠	+	苹果酸钠	+
菊糖	–	半乳糖	+		

注：+表示生长；–表示不能利用

（2）放线菌 SP2 的分子序列分析。采用微波法快速提取放线菌基因组 DNA（徐平等，2003）。取 10 μL PCR 产物在 1.0%琼脂糖凝胶（90 V）电泳 1.5 h，其扩增条带单一，直接将 PCR 产物进行测序。测序引物（引物 A：5′-AGAGTTTGATCCTGGCTCAG-3′；引物 B：5′-TTAAGGTGATCCAGCCGCA-3′；引物 C：5′-AGGGTTGCGCTCGTTG-3′）由北京华大中生科技发展有限公司进行 DNA 序列测定，所用测序仪为 ABI PRISM 3730DNA 序列测定，测序软件为 BigDye terminator v 3.1。根据测序结果，利用 BLAST 搜索软件从 GenBank 与 EMBL 等数据库中调出相关放线菌菌株的 16S rRNA 序列，随后用 CLUSTAL W1.8 软件进行多序列比对，并采用 Neighbor-joining 法进行系统进化树的构建和同源性比较。SP2 序列全长 1520 bp，测定结果如下：

AGAGTTTGAT CCTGGCTCAG GACGAACGCT GGCGGCGTGC TTAACACATG CAAGTCGAAC GATGAAGCCC TTCGGGGTGG ATTAGTGGCG AACGGGTGAG TAACACGTGG GCAATCTGCC CTTCACTCTG GGACAAGCCC TGGAAACGGG GTCTAATACC GGATAACACT CTGTCCCGCA TGGGACGGGG TTAAAAGCTC CGGCGGTGAA GGATGAGCCC GCGGCCTATC AGCTTGTTGG TGGGGTAATG GCCTACCAAG GCGACGACGG GTAGCCGGCC TGAGAGGGCG ACCGGCCACA CTGGGACTGA GACACGGCCC AGACTCCTAC GGGAGGCAGC AGTGGGGAAT ATTGCACAAT GGGCGAAAGC CTGATGCAGC GACGCCGCGT

GAGGGATGAC GGCCTTCGGG TTGTAAACCT CTTTCAGCAG GGAAGAAGCG AAAGTGACGG TACCTGCAGA AGAAGCGCCG GCTAACTACG TGCCAGCAGC CGCGGTAATA CGTAGGGCGC AAGCGTTGTC CGGAATTATT GGGCGTAAAG AGCTCGTAGG CGGCTTGTCA CGTCGGATGT GAAAGCCCGG GGCTTAACCC CGGGTCTGCA TTCGATACGG GCTAGCTAGA GTGTGGTAGG GGAGATCGGA ATTCCTGGTG TAGCGGTGAA ATGCGCAGAT ATCAGGAGGA ACACCGGTGG CGAAGGCGGA TCTCTGGGCC ATTACTGACG CTGAGGAGCG AAAGCGTGGG GAGCGAACAG GATTAGATAC CCTGGTAGTC CACGCCGTAA ACGTTGGGAA CTAGGTGTTG GCGACATTCC ACGTCGTCGG TGCCGCAGCT AACGCATTAA GTTCCCCGCC TGGGGAGTAC GGCCGCAAGG CTAAAACTCA AAGGAATTGA CGGGGGCCCG CACAAGCAGC GGAGCATGTG GCTTAATTCG ACGCAACGCG AAGAACCTTA CCAAGGCTTG ACATATACCG GAAAGCATCA GAGATGGTGC CCCCCTTGTG GTCGGTATAC AGGTGGTGCA TGGCTGTCGT CAGCTCGTGT CGTGAGATGT TGGGTTAAGT CCCGCAACGA GCGCAACCCT TGTTCTGTGT TGCCAGCATG CCCTTCGGGG TGATGGGGAC TCACAGGAGA CTGCCGGGGT CAACTCGGAG GAAGGTGGGG ACGACGTCAA GTCATCATGC CCCTTATGTC TTGGGCTGCA CACGTGCTAC AATGGCCGGT ACAATGAGCT GAGATGCCGC GAGGCGGAGC GAATCTCAAA AAGCCGGTCT CAGTTCGGAT TGGGGTCTGC AACTCGACCC CATGAAGTCG GAGTTGCTAG TAATCGCAGA TCAGCATTGC TGCGGTGAAT ACGTTCCCGG GCCTTGTACA CACCGCCCGT CACGTCACGA AAGTCGGTAA CACCCGAAGC CGGTGGCCCA ACCCCTTGTG GGAGGGAGCT GTCGAAGGTG GGACTGGCGA TTGGGACGAA GTCGTAACAA GGTAGCCGTA CCGGAAGGTG CGGCTGGATC ACCTCCTT

4. 培养时间对SP2的生长及产生2-MIB和土嗅素的影响

取8个容积为250 mL的三角锥瓶，分别加入100 mL高氏1号液体培养基。将SP2孢子液混匀后，取1 mL，分别接种到各培养基中。静置，25℃，避光，控制pH为8，在孢子接种培养后的第2天、第4天、第6天、第8天、第10天、第12天、第14天、第16天，分别将培养基全部取出，倒入灭菌离心管中，4000 r/min离心10 min，去上层清液。固体沉淀平均分成两份，一份用105℃烘干至恒量，称量SP2干重，绘制SP2生长曲线。另一份加入5 mL甲醇中磁力搅拌3 h后插针吸附30 min，采用我国台湾环保事务主管部门制定的《水中土嗅素及2-MIB检测方法——固相微萃取/气相层析质谱仪法》来测定SP2细胞内2-MIB和土嗅素含量。同时取上清液5 mL，同法测定液体培养基中（即细胞外）2-MIB和土嗅素含量。

不同培养时间下 SP2 生物量见图 2-3。接种后的 2～4 d 放线菌数量有较明显的增长，日均增长约 100%，是 SP2 指数生长期；接种后的 4～16 d，放线菌 SP2 数量仍不断积累，但增长速度明显放缓，日均增长约 5%。SP2 细胞内的 2-MIB 和土嗅素浓度变化基本与细胞的生长规律相似。如图 2-4 所示，前 8 d 细胞内 2-MIB 的浓度处于增长阶段，最大浓度达到 0.3 ng/mL，然后下降，在第 16 d 浓度降低到 0.12 ng/mL。细胞内土嗅素在前 4 d 增长较慢，然后迅速增长，至第 10 d 达到最大值 0.05 ng/mL，然后下降，在第 16 d 达到 0.025 ng/mL。在 SP2 细菌培养过程中，细胞内的 2-MIB 浓度始终高于土嗅素的 5～30 倍。不同培养时间下，液体培养基中 2-MIB 和土嗅素的浓度见图 2-5，接种后的 2～8 d 为 2-MIB 的累积阶段，第 8 d 达到最大值 80 ng/mL，随后降低，浓度维持在 45～55 ng/mL。土嗅素在接种后的第 6 d 达到最大浓度 34 ng/mL，6～10 d 后土嗅素浓度显著降低，10～16 d 后其浓度维持在 13～18 ng/mL。液体培养基中 2-MIB 的浓度高于土嗅素的浓度 2～8 倍。对比图 2-4 和图 2-5 后不难发现，细胞外的 2-MIB 和土嗅素浓度均高于细胞内浓度 100 倍以上。

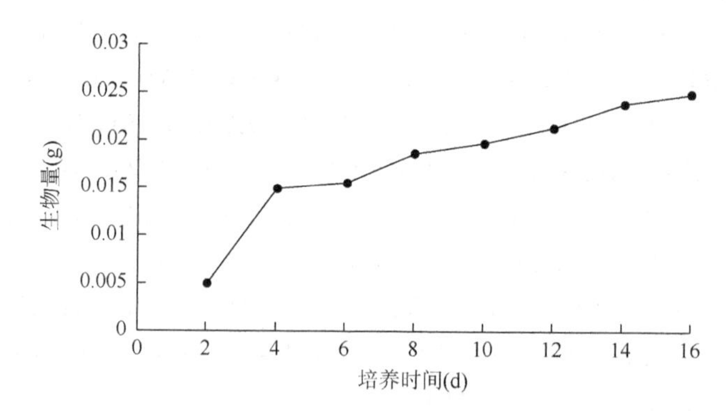

图 2-3　不同培养时间条件下 SP2 的生物量

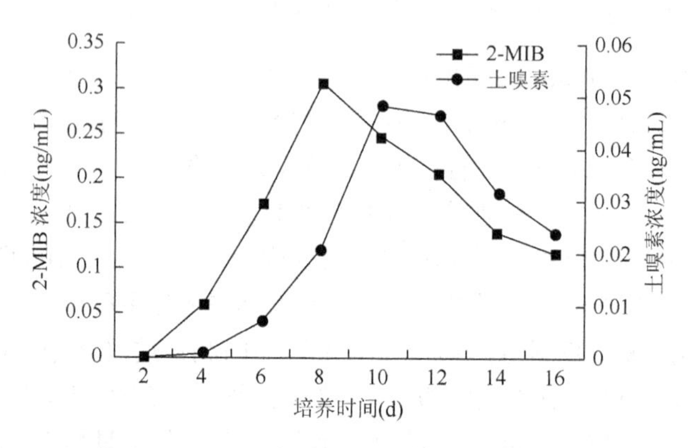

图 2-4　SP2 细胞内 2-MIB 和土嗅素的浓度随培养时间变化的关系

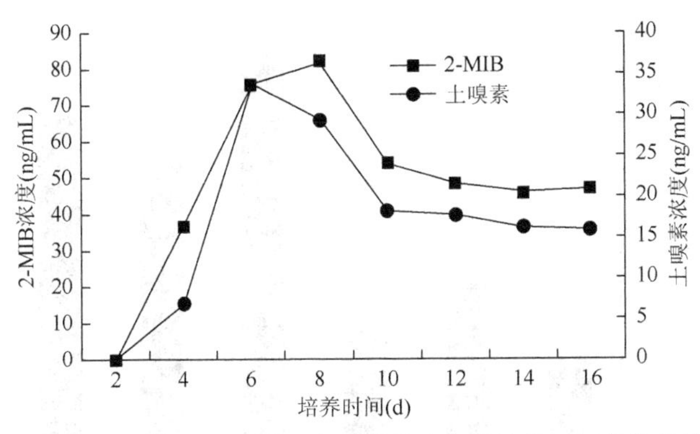

图 2-5　SP2 细胞外 2-MIB 和土嗅素的浓度随培养时间变化的关系

5. 培养温度对 SP2 生长及产生 2-MIB 和土嗅素的影响

取 6 个容积为 250 mL 的三角锥瓶，分别加入 100 mL 高氏 1 号液体培养基。将 SP2 孢子液混匀后，取 1 mL，分别接种到各培养基中。控制 pH 为 8。根据天津地区鱼池实际温度变化范围，将实验温度设为 5℃、10℃、15℃、20℃、25℃和 30℃这 6 个梯度。静置，避光，控温培养 9 d 后，测定培养基中 2-MIB 和土嗅素的浓度，并同时测定 SP2 生物量，以及 SP2 细胞内和细胞外 2-MIB 和土嗅素的浓度。

如图 2-6 所示，在不同培养温度条件下，SP2 的生物量差别较为显著，其中 20～30℃为 SP2 放线菌较适的生长范围。如图 2-7 和图 2-8 所示，在 5～30℃的温度培养条件下，SP2 细胞内外均产生 2-MIB 和土嗅素。SP2 单位生物量（干重）产生 2-MIB 和土嗅素的量分别为 200～1500 ng/mg 和 0～40 ng/mg，而 SP2 释放到细胞外培养基的 2-MIB 和土嗅素的浓度分别为 0～450 ng/mL 和 0.2～1.35 ng/mL。很明显 SP2 产生 2-MIB 的量要远大于产生土嗅素的量。SP2 产生上述两种异味化学物质的趋势基本一致，随着温度的升高，产异味能力增加。在 5～20℃范围内，SP2 产生异味物质的能力相对较低，产生异味物质浓度增幅较小；当温度从 20℃开始进一步升高后，上述两种异味物质的产生增长迅速，尤其是 25～30℃，2-MIB 在 30℃条件下的产生量是 25℃条件下的 15 倍，而对应的土嗅素也相应增加了 3.7 倍，很显然温度是 SP2 产生 2-MIB 和土嗅素的主要关键因素之一。

6. 培养盐度对 SP2 生长及产生 2-MIB 和土嗅素的影响

将 SP2 接种到高氏 1 号液体培养基，pH 为 8。将培养基盐度设为 0、1、2、3、4 和 5 六个梯度。25℃静置培养 8 d 后，分别测定 SP2 的生物量和细胞外 2-MIB 和土嗅素的产生量。如表 2-7 所示，不同盐度下 SP2 均可产生 2-MIB 和土嗅素，产生量分别为 29.60～4029.92 ng/mL 和 0.40～1.70 ng/mL，同样培养条件下，2-MIB 的产生量是土嗅素产生量的 55～3030 倍。差异最大值出现在盐度为 2 时的 3030 倍，而差异最小值出现在盐度为 5 时的 55 倍。

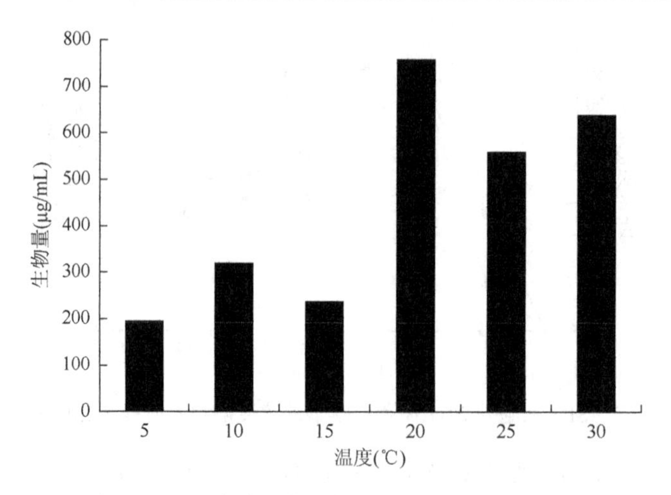

图 2-6　不同培养温度条件下 SP2 放线菌的生物量

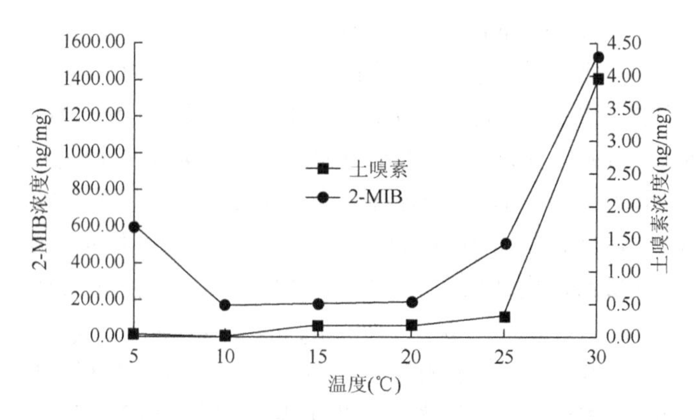

图 2-7　在 5～30℃培养条件下，SP2 细胞内产生 2-MIB 和土嗅素量的情况

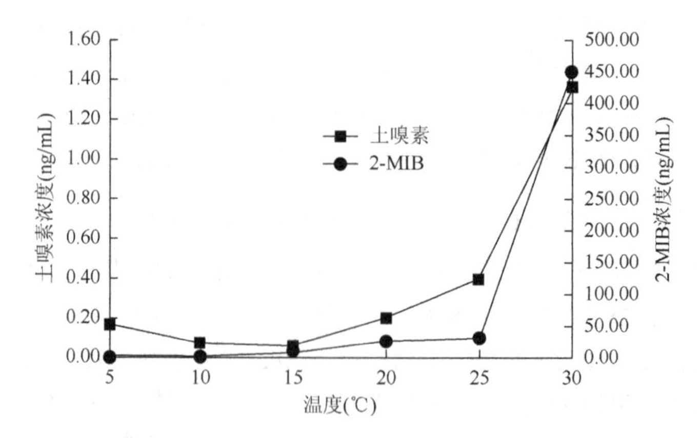

图 2-8　在 5～30℃培养条件下，SP2 细胞外产生 2-MIB 和土嗅素量的情况

表 2-7　不同盐度培养条件下放线菌 SP2 产生 2-MIB 和土嗅素的情况

盐度	0	1	2	3	4	5
2-MIB（ng/mL）	29.60	764.34	4029.92	95.97	117.70	30.86
土嗅素（ng/mL）	0.40	1.70	1.33	0.54	1.02	0.56
2-MIB/土嗅素	74	450	3030	177	115	55

7. 斜生栅藻对 SP2 产 2-MIB 和土嗅素的影响

斜生栅藻 *Scenedesmus obliquus* 购自中国科学院水生生物研究所。取 6 个容积为 250 mL 的三角锥瓶。第 1 瓶：加入 100 mL 高氏 1 号液体培养基，由 SP2 所在原鱼池水配制；第 2 瓶：加入 100 mL 高氏 1 号液体培养基，由自来水配制。第 3 瓶：加入 100 mL 高氏 1 号液体培养基，由斜生栅藻过滤出的液体配制，该藻浓度为 1.2×10^6 个/mL 的斜生栅藻（处于增长的平台期）。第 4 瓶：加入 100 mL 高氏 1 号液体培养基，该培养基中去除碳源（淀粉），由 100 mL 栅藻过滤出的藻代替（不含过滤液）。第 5 瓶：加入 100 mL 高氏 1 号液体培养基，该培养基中去除碳源（淀粉），由 100 mL 栅藻代替（包括藻和过滤液）。第 6 瓶：加入 100 mL 高氏 1 号液体培养基，该培养基中去除碳源（淀粉），由 10 mL 栅藻代替（包括藻和过滤液）。灭菌后，将 SP2 孢子液混匀后，取 1 mL，分别加入以上各瓶中接种，控制 pH 为 8，25℃静置培养 7 d 后，测定液体培养中 2-MIB 和土嗅素的浓度。

8. 四因素环境因素正交试验对 SP2 产 2-MIB 和土嗅素的影响

选取 NH_4^+-N、NO_3^--N、PO_4^{3-}-P（磷酸盐）、pH 等四指标，以天津地区鱼池近年来实际测量上述各指标的最高值和最低值作为水平，设计一个四因素两水平正交实验，共 16 组，正交实验因子及水平设计见表 2-8。以 $CO(NH_2)_2$、KNO_3、KH_2PO_4、NaOH 和 HCl 配制不同浓度的 NH_4^+-N、NO_3^--N、PO_4^{3-}-P 和 pH。30℃温度条件下，避光振荡（170 r/min）培养。培养 7 d 后测定液体培养基中 2-MIB 和土嗅素的浓度，以及 SP2 的生物量（干重）。

表 2-8　正交实验因子和水平设计

实验水平	实验因子			
	NH_4^+-N（mg/L）	NO_3^--N（mg/L）	PO_4^{3-}-P（mg/L）	pH
低浓度水平	0.2	0.15	0.06	6
高浓度水平	10.3	2	1.2	8.5

NH_4^+-N、NO_3^--N、PO_4^{3-}-P 和 pH 四因素正交实验对 SP2 生物量及产生 2-MIB 和土嗅素的影响结果见表 2-9。在 NH_4^+-N 含量较高的前 8 组，放线菌 SP2 的生物量均较高（0.42～0.58 mg/mL），而在 NH_4^+-N 含量较低的后 8 组，放线菌 SP2 的生物量则普遍较低（0.18～0.34 mg/mL）。很明显，氨氮的浓度对 SP2 的生长有重要的影响。关于 SP2 产异味物质能力情况，第 16 组产 2-MIB 的量最多（94.03 ng/mL），而第 12 组产土嗅素最多（161.9 ng/mL）；产 2-MIB 和土嗅素最少的是第 5 组（2-MIB 为 2.37 ng/mL，土嗅素为 2.1 ng/mL）。分析表明，NH_4^+-N 和 pH 对 SP2 产生 2-MIB 有重要影响，且 NH_4^+-N 和 pH 之间存在交互作用。NH_4^+-N、PO_4^{3-}-P 和 pH 对 SP2 产生土嗅素的量有重要影响，且上述三个环境影响条件的任意两个组合均存在交互作用。值得注意的是，在上述正交实验的培养条件下，产 2-MIB 的量和产土嗅素的量之间的差别与前面的实验有较大缩小，相对比例为 0.078～13.3。这说明虽然在多数情况下，放线菌 SP2 产 2-MIB 的能力要高于产土嗅素的能力，但当培养基或者培养条件改变时，其产土嗅素的能力也有可能大幅提升，甚至反过来高于 2-MIB。如表 2-9 中的组别 12，放线菌 SP2 产土嗅素的量是 2-MIB 的 12.9 倍。

表 2-9 正交实验的分组设计以及检测结果

组别	NH_4^+-N（mg/L）	NO_3^--N（mg/L）	PO_4^{3-}-P（mg/L）	pH	2-MIB（ng/mL）	土嗅素（ng/mL）	2-MIB/土嗅素	SP2 的生物量（mg/mL）
1	0.2	0.15	0.06	6	29.19	2.2	13.3	0.18
2	0.2	0.15	0.06	8.5	8.62	3.0	2.9	0.2
3	0.2	0.15	1.2	6	23.44	7.7	3.0	0.34
4	0.2	0.15	1.2	8.5	12.81	5.9	2.2	0.18
5	0.2	2	0.06	6	2.37	2.1	1.1	0.18
6	0.2	2	0.06	8.5	78.76	15.6	5.0	0.32
7	0.2	2	1.2	6	19.81	6.5	3.0	0.24
8	0.2	2	1.2	8.5	69.32	10.9	6.4	0.26
9	10.3	0.15	0.06	6	12.73	11.0	1.2	0.42
10	10.3	0.15	0.06	8.5	14.92	21.0	0.7	0.52
11	10.3	0.15	1.2	6	8.83	12.0	0.7	0.48
12	10.3	0.15	1.2	8.5	12.57	161.9	0.078	0.52
13	10.3	2	0.06	6	18.68	26.2	0.7	0.58
14	10.3	2	0.06	8.5	22.45	29.1	0.8	0.54
15	10.3	2	1.2	6	19.31	25.1	0.8	0.46
16	10.3	2	1.2	8.5	94.03	122.2	0.8	0.58

9. 主要结论

经过形态和培养特征观察，以及分子生物学分析，放线菌 SP2 是早期链霉菌 *Streptomyces praecox*。通常放线菌 SP2 产生 2-MIB 的量要显著高于产土嗅素的量，但在一定培养基和培养条件下，情况可能被逆转。2-MIB 和土嗅素主要存在于放线菌 SP2 细胞外。20～30℃是 SP2 生长的适宜温度，温度是影响 SP2 产生 2-MIB 和土嗅素的重要环境因素，25～30℃是 SP2 产生 2-MIB 和土嗅素的“突变区域”。

盐度是影响 SP2 产生 2-MIB 和土嗅素的重要因素，2-MIB 的产生率和产生量最大值出现在盐度为 2 的组中，土嗅素的产生率和产生量最大值均出现在盐度为 1 的组中。栅藻 *Scenedesmus obliquus* 胞外产物较藻类自身更能促进 SP2 产生 2-MIB 和土嗅素。

NH_4^+-N、pH 及其交互作用对 SP2 产生 2-MIB 有显著影响；NH_4^+-N、pH、PO_4^{3-}-P，以及其任二者间的交互作用对 SP2 产生土嗅素有显著影响。

中国天津等许多地区养鱼池由于采取高密度养殖模式，水体中 NH_4^+-N 和 PO_4^{3-}-P 含量普遍较高，呈现富营养化状态。尤其是夏秋季鱼池水温升高，投喂饲料量加大，光照强烈，水体 pH 急剧上升，加之雨水较多，水体盐度变化剧烈，水体易出现大量异味物质。因此，要控制水中放线菌产生 2-MIB 和土嗅素而引起鱼体异味，需要改良养殖模式，降低养殖密度，控制水体富营养化程度。

2.4　天然源异味化学物质的分析方法

天然源异味化学物质的分析最初指的是对土嗅素和 2-MIB 的分析。它们自 1965 年和 1967 年相继被发现为水体异味的两种重要原因化学物质以来，围绕土嗅素和 2-MIB 的研究得到了广泛的关注。虽然从一开始，灵敏度极高的气相色谱（GC）和气相色谱-质谱联用（GC-MS）已成功应用于上述两种物质的分析，但在之后的数十年时间内，由于仪器价值昂贵，该分析方法普及率较低。为此，还相继开发了分光光度计法和酶联免疫吸附测定方法（Miller et al.，1999），这两种分析方法也在历史上发挥了重要的作用。然而，随着色谱、质谱分析仪器的广泛普及和样品前处理方法的不断发展，天然源异味化学物质的分析大多借助色谱分析技术，而天然源异味化学物质的范畴也不再局限于土嗅素和 2-MIB 这两种物质。为对天然源异味化学物质的分析方法有一个全面的了解，表 2-10 整理了 2000 年以来有关天然源异味化学物质分析方法的主要参考文献。在整理的 30 余篇参考文献中，样品前处理方法使用固相微萃取的参考文献为 14 篇，约占全部分析方法文献的 47%，是最为广泛使用的分析方法。固相微萃取可分为溶液

表 2-10　天然源异味化学物质的分析方法

序号	目标物质	内标物	浓缩方法	浓缩柱型号	最佳样品前处理条件	分析方法	线性范围	回收率（%）	LOD（ng/L）	参考文献
1	土嗅素；2-MIB；IBMP；IPMP；2, 3, 4-TCA；2, 3, 6-TCA；2, 4, 6-TCA	萘-d8（ng/L）	顶空固相微萃取 HS-SPME	DVB/CAR/PDMS PDMS/DVB CAR/PDMS	DVB/CAR/PDMS 萃取柱；萃取温度：90℃；萃取时间：30 min；盐浓度：30%；解吸温度：260℃；解吸时间：5 min	GC-MS（QP-2010，岛津）	1～100 ng/L	80～95（自来水、河水和湖泊水）	0.25～0.81	（Ma et al.，2012）
2	2-MIB；IPMP；2, 4, 6-TCA；土嗅素	IBMP（10 ng/L）	HS-SPME（45/60 mL）	PA；CAR/DVB；DVB/CAR/PDMS	DVB/CAR/PDMS 萃取柱；萃取温度：50℃；萃取时间：30 min；盐浓度：30%；搅拌速度：650 r/min；解吸温度：265℃；解吸时间：3 min	GC-MS（CP-3800 PLUS Saturn 2000，Varian）	1～500 ng/L	86～113（自来水和湖泊水）	0.34～0.66	（Sung et al.，2005）
3	土嗅素；二甲基三硫（DMTS）；2-MIB；β-环柠檬醛；β-紫罗兰酮	IBMP（20 ng/L）	HS-SPME（40/60 mL）	PDMS；DVB/PDMS；DVB/CAR/PDMS	DVB/CAR/PDMS 萃取柱；萃取温度：60℃；萃取时间：30 min；盐浓度：25%；搅拌速度：650 r/min；解吸时间：5 min	GC-MS（Varian 300）	5～100 ng/L	83～112（自来水和去离子水）	0.1～1.3	（Ding et al.，2014）
4	二甲基硫醚（DMS）；二甲基二硫（DMDS）；二甲基三硫	DMDS-d6 DMTS-d6	HS-SPME（15/20 mL）	PDMS；DVB/CAR/PDMS	PDMS 萃取柱；萃取温度：30℃；萃取时间：5 min；盐浓度：25%；解析温度：200 r/min；解吸时间：2 min	GC-MS（6890 N plus 5973 N，Agilent）	—	94～122（源水和沉淀物）	0.13～0.37（μg/L）	（Kristiana et al.，2010）
5	土嗅素；2-MIB；IBMP；IPMP；2, 4, 6-TCA	无内标物	在线 HS-SPME（15/20 mL）	DVB/CAR/PDMS	萃取温度：60℃；萃取时间：30 min；盐浓度：33.3%；搅拌速度：500 r/min；解析温度：260℃；解吸时间：3 min	Varian 3900 GC-Saturn 2100 T MS/MS	1～100 ng/L	78～105（河水和自来水）	0.4～2.4	（Parinet et al.，2011）

续表

序号	目标物质	内标物	浓缩方法	浓缩柱型号	最佳样品前处理条件	分析方法	线性范围	回收率（%）	LOD(ng/L)	参考文献
6	DMDS；DMTS；二甲基四硫醚（DMDSe）	1-氯代烷烃（40 ng/L）	闭环捕集分析法（CLSA）	—	—	GC-MS（Thermo Finnigan）	1～23 ng/L 1～24 ng/L 1～28 ng/L	38～98	0.1～0.3	（Guadayol et al.，2016）
7	土嗅素；2-MIB；IPMP；DMTS；2, 4, 6-TCA；β-环柠檬醛；β-紫罗兰酮	IBMP（20 ng/L）	HS-SPME	DVB/CAR/PDMS	萃取温度：65℃； 萃取时间：30 min； 盐浓度：25%； 搅拌速度：600 r/min； 解吸温度：260℃； 解吸时间：5 min； pH = 5	GC-MS（Varian 300）	5～100 ng/L	82～122	0.2～1.3	（Peng et al.，2014）
8	土嗅素；2-MIB；IBMP；IPMP；2, 4, 6-TCA	樟脑（100 ng/L）	固相萃取（SPE）	Sep-Pak C_{18}	1 L 水样通过固相柱； 固相柱干燥 10 min； 分别用 400 μL 和 700 μL 乙酸乙酯进行洗脱； 1000 r/min 下离心 1 min； 取乙酸乙酯层进样	GC-MS/MS（Varian CP-3800）	0～200 ng/L	61～100	0.9～5.5	（Wright et al.，2014）
9	2, 5-二甲基-3-甲氧基吡嗪（DMMP）；IPMP；IBMP；3-仲丁基-2-甲氧基吡嗪（SBMP）	对应的氢同位数	HS-SPME	DVB/CAR/PDMS	萃取温度：40℃； 萃取时间：30 min； 盐浓度：30%； 搅拌速度：1100 r/min； 解吸温度：250℃； 解吸时间：5 min	7890A GC + 5975MS（Agilent）	5～100 ng/L	98～105	—	（Botezatu et al.，2014）
10	土嗅素；2-MIB；IBMP；2, 4, 6-TCA；2, 3, 6-TCA	无	中空纤维液相微萃取（HF-LPME）	MIF-1a PVDF MIF-1b PVDF polypropylene	MIF-1b 萃取柱； 萃取溶剂：邻二甲苯； pH：7 左右； 盐浓度：10%； 搅拌速度：700 r/min； 萃取时间：25 min	GC2100-MS（岛津）	约 250 ng/L	84～118（自来水、河水、池塘水、污水）	1.3～1.9	（Yu et al.，2014）

续表

序号	目标物质	内标物	浓缩方法	浓缩柱型号	最佳样品前处理条件	分析方法	线性范围	回收率（%）	LOD（ng/L）	参考文献
11	异龙脑（IB）；2-MIB；2, 4, 6-TCA；土嗅素	无	HS-SPME（10 mL/20 mL）	PA；PDMS；CAR/PDMS；PDMS/DVB；DVB/CAR/PDMS	PDMS/DVB 萃取柱；萃取温度：70℃；萃取时间：40 min；盐浓度：5%；解析温度：200℃；解吸时间：2 min	GC-MS/MS（Varian3800）	—	60～120	0.02～20	（Machado et al., 2011）
12	土嗅素；2-MIB；IBMP；IPMP；2, 4, 6-三溴苯甲醚（2, 4, 6-TBA）；2, 3, 4, 6-TCA	1-氯代烷烃（20 ng/L）	CLSA	—	—	GC-MS	0.05～10 ng/L	71～112	0.015～0.03	（Malleret et al., 2001）
13	土嗅素；2-MIB；癸醛；樟脑	4-溴氟苯	HS-SPME（20 mL/40 mL）	PDMS/DVB	萃取温度：70℃；萃取时间：40 min；盐浓度：35%；解析温度：220℃；解吸时间：1 min	7890A GC-5975C MS（Agilent）	1～300 ng/L	—	0.4～1	（Wu and Duirk, 2013）
14	土嗅素；2-MIB	萘-d8；联苯-d10（100 ng/L 或 200 ng/L）	SPME；HS-SPME	PDMS PA；PDMS/DVB；PDMS/CAR/DVB	HS-SPME，PDMS/DVB 萃取柱；萃取时间：1 h；萃取温度：65℃；解析温度：250℃；解析时间：1 min	GC-MS（Agilent）	1～80 ng/L；1～100 ng/L	69～111	—	（Watson et al., 2000）
15	土嗅素；2-MIB；2, 4, 6-TCA；2, 3, 4-TCA；2, 3, 6-TCA；2, 4, 6-TBA	无	连续液液萃取（CLLE）；SPE	无	提取方法：CLLE；pH = 7；萃取时间：10 h；最佳溶剂：DCM；进样体积：100 μL	LVI 6890GC-5973 MS（Agilent）	0.1～20 ng/L	58～96	0.04～0.34	（Zhang et al., 2006）

续表

序号	目标物质	内标物	浓缩方法	浓缩柱型号	最佳样品前处理条件	分析方法	线性范围	回收率（%）	LOD(ng/L)	参考文献
16	土嗅素；2-MIB；β-紫罗兰酮；β-环柠檬醛；IBMP；IPMP，DMS；DMTS	无（25 mL/25 mL）	吹扫捕集	无	—	QP2010plus GC-MS（岛津）	1～500 ng/L	81～115（湖水）	0.08～1.5	（Deng et al.，2011）
17	土嗅素；2-MIB；2, 4, 6-TCA；IPMP；IBMP；2-甲基苯并呋喃；顺-3-己烯基乙酸酯；反, 顺-2, 6-壬二烯醛；反, 反-2, 4-庚烯醛；反-2 癸醛	无（10 mL/15 mL）	HS-SPME	PDMS；PA；DVB/PDMS；CAR/PDMS；DVB/CAR/PDMS	DVB/CAR/PDMS 萃取柱；萃取温度：65℃；萃取时间：30 min；解析温度：270℃；解析时间：5 min；搅拌速度：700 r/min；盐浓度：10%	6890 GC-5075MS（Agilent）	1～1000 ng/L	75～158	0.1～73	（Chen et al.，2013）
18	土嗅素；2-MIB；2, 3, 4-TCA；2, 4, 6-TBA；2, 4, 6-TCA；2, 3, 6-TCA	无（10 mL/22 mL）	HS-SPME	PDMS；PA；DVB/PDMS；CW/DVB；DVB/CAR/PDMS	DVB/CAR/PDMS 萃取柱；萃取温度：60℃；萃取时间：30 min；程序升温大体积进样；搅拌速度：700 r/min；盐浓度：40%	6890GC-5973 MS（Agilent）	0.5～50 μg/L	60～80	0.14～0.38	（Zhang et al.，2005）
19	土嗅素	无（5 mL/22 mL）	HS-SPME	sol-gel PDMS	萃取温度：40℃；萃取时间：25 min；解析温度：250℃；解析时间：4 min；盐浓度：37%	6890GC-5973 MS（Agilent）	1～1000 ng/L	95～102	0.1	（Bagheri et al.，2007）

续表

序号	目标物质	内标物	浓缩方法	浓缩柱型号	最佳样品前处理条件	分析方法	线性范围	回收率（%）	LOD(ng/L)	参考文献
20	土嗅素；2-MIB	无	吹扫捕集	无	无	6890GC-5975 MS（Agilent）	10～50 ng/L	79～87（净水）	0.6～0.9	（Sibali et al.，2010）
21	土嗅素；2-MIB	无	SPE	Nexus 60	无	6890GC-5975 MS（Agilent）	10～50 ng/L	79～87（净水）	0.5～1	（Sibali et al.，2010）
22	土嗅素；IPMP；IBMP，MIB；2, 4, 6-TCA	顺式十氢-1-萘酚	在线吹扫捕集	Vocarb 3000 K	盐浓度：12.5%；吹脱时间：20 min；样品体积：20 mL	Trace GC-Voyager MS（ThermoQuest）	10～200 ng/L	83～103	0.2～2	（Salemi et al.，2006）
23	土嗅素；2-MIB	正癸酰氯（400 μg/L）	固相萃取结合顶空进样	sep-pak tC18	洗脱液：1 mL；乙醇 + 10 mL 净水	GC-MS（Automass system II，Jeol）	—	104～115	0.1	（Ikai et al.，2003）
24	土嗅素；2-MIB	无	搅拌吸附萃取	PDMS 搅拌棒	SBSE；萃取转速：1000 r/min；萃取时间：45 min；解析流速：50 mL/min；解析时间：3 min	6890GC-5973 MS（Agilent）	0.5～100 ng/L	37～53（绝对回收率）	0.15～0.33	（Nakamura et al.，2001）
25	土嗅素；2-MIB	无（15 mL/20 mL）	顶空	无	在 10 psi① 条件下取 3 mL 顶空气体；环填充时间：0.1 min；环平衡时间：0.2 min	6890GC-5973 MS（Agilent）	1～100 ng/L	94～97	0.14～0.36	（Nakamura et al.，2005）
26	土嗅素；2-MIB	无（10 mL/20 mL）	顶空液相微萃取	无	萃取溶剂：环己烷；萃取液滴体积：3 μL；搅拌速度：1000 r/min；萃取时间：10 min；盐加入浓度：饱和	GC-MS（Thermo Finngan Trace DSQ 2003，Thermo Electron）	5～1000 ng/L	95～114	1～1.1	（Ma et al.，2011）

① 1 psi = 6.89476×10^3Pa

续表

序号	目标物质	内标物	浓缩方法	浓缩柱型号	最佳样品前处理条件	分析方法	线性范围	回收率（%）	LOD(ng/L)	参考文献
27	土嗅素；2-MIB	无	HS-SPME	PDMS；CAR/PDMS；PDMS/DVB；CW/DVB；PA；DVB/CAR/PDMS	萃取柱：PDMS/DVB；搅拌速度：1000 r/min；pH = 4～8；萃取温度：70℃；萃取时间：20 min；解析温度：280℃；解析时间：5 min	QP2010 GC-MS（Shimadzu）	0～500 ng/L	＞82	0.6～0.9	（Saito et al.，2008）
28	土嗅素；2-MIB	无	HS-LPME	10 μL 针	萃取溶剂：1-己醇；盐浓度：饱和盐溶液；搅拌速度：800 r/min；萃取液滴体积：2.5 μL；萃取温度：50℃；萃取时间：9 min；样品体积：10 mL	Finnigan Trace DSQ（Thermo Electron）	10～5000 ng/L	94～98	0.05	（Xie et al.，2007）
29	土嗅素；2-MIB；IPMP；IBMP；2, 3, 6-TCA；2, 4, 6-TCA	GSM-d3；2-MIB-d3；2, 4, 6-TCA-d5；2-仲丁基-3-甲氧基吡嗪	Ambersorb 572 吸收法	Ambersorb 572	无	5890GC-HRMS（Hewlett-Packed and Micromass）	—	—	1～2	（Palmentier and Taguchi，2001）
30	土嗅素；2-MIB；2, 4, 6-TCA；IPMP；IBMP	无	SPE	C18 活性炭 Oasis HLB	固相萃取柱：C18；洗脱溶剂：甲醇；洗脱溶剂体积：3 mL	GC-MS（Thermo Trace DSQ，Thermo Electron）	1～200 ng/L；5～200 ng/L；2.5～200 ng/L	94～108	0.5～1.5	（Sun et al.，2012）
31	土嗅素；2-MIB	无	LLE	己烷	1 mL 己烷	QP2010S GC-MS（Shimadzu）	5～1000 ng/L	49～63	1～5	（Ma et al.，2007）

续表

序号	目标物质	内标物	浓缩方法	浓缩柱型号	最佳样品前处理条件	分析方法	线性范围	回收率（%）	LOD(ng/L)	参考文献
32	土嗅素；2-MIB	1-氯辛烷	SPE	LC-18	2 mL 乙酸乙酯	QP2010S GC-MS（Shimadzu）	5～1000 ng/L	38～62	—	（Ma et al.，2007）
33	土嗅素；2-MIB；IPMP；IBMP；苯甲醚；2, 4, 6-TCA；反, 反-2, 4-庚烯醛	氟苯	液液萃取	戊烷	1 mL 正戊烷	6890GC-5973N MS（Agilent）	1～500 ng/L；10～500 ng/L	32～105	0.1～1	（Shin and Ahn，2004）
34	土嗅素；2-MIB	无	超声辅助液液微萃取	四氯乙烯	8 μL 四氯乙烯	Varian 3800 Saturn 2000 GC-MS	10～1000 ng/L	70～112	2～9	（Cortada et al.，2011）

直接萃取和顶空萃取两种。在所整理的相关文献中，天然源异味化学物质的萃取均为顶空固相微萃取。Watson 等（2000）以土嗅素和 2-MIB 为研究目标物质，对比了溶液直接萃取和顶空萃取这两种不同萃取方式的实际效果；虽然用上述两种萃取方法得到的测定结果并无显著性差异，但用顶空固相微萃取所测定的结果可重现性更好。Zhang 等（2005）也证实用顶空萃取时，待测目标物质的响应值要比溶液萃取的高出很多（图 2-9）。因顶空固相微萃取避免了固相萃取柱与待测样品溶液的直接接触，尽可能地避免了溶液基质对萃取柱的影响。因此，用顶空固相微萃取方法来萃取水样中的天然源异味化学物质是一种更为合理的方法。

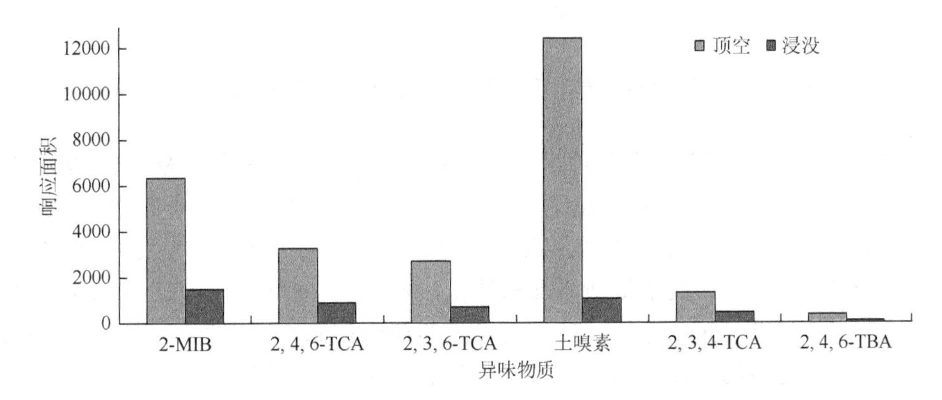

图 2-9 顶空和浸没两种萃取方式对待测目标物质的响应值比较（Zhang et al.，2005）

固相微萃取的主要影响因素有固相微萃取柱、萃取时间、萃取温度、搅拌速度、盐浓度、解析温度及解析时间等。目前商业上可使用的固相微萃取柱有聚丙烯酸酯（polyacrylate，PA）柱，聚二甲基硅氧烷（polydimethylsiloxane，PDMS）柱，碳分子筛/聚二甲基硅氧烷［carboxen（CAR）/PDMS］柱，聚二甲基硅氧烷柱/二乙烯基苯［PDMS/divinylbenzene（DVB）］，溶胶-凝胶聚二甲基硅氧烷（sol-gel PDMS）柱，碳蜡/二乙烯基苯［carbowax（CW）/DVB］，以及二乙烯基苯/碳分子筛/聚二甲基硅氧烷柱（DVB/CAR/PDMS）等。从表 2-10 不难看出，针对土嗅素和 2-MIB 等天然源异味化学物质的测定，DVB/CAR/PDMS 的萃取效果最好，也是最为广泛使用的纤维柱，同时用 PDMS/DVB 来萃取土嗅素和 2-MIB 的效果也很好。Saito 等（2008）的结果显示 PDMS/DVB 的萃取效果甚至优于 PDMS/CAR/DVB 柱（图 2-10）。由于影响固相微萃取柱萃取效果的因素还包括萃取温度、萃取时间、搅拌速度及盐度等，因此同一萃取柱在不同操作条件下的萃取效果不同。因此，上述两种固相微萃取柱 DVB/CAR/PDMS 和 PDMS/DVB 所反映出的不一致结果并不足为奇。

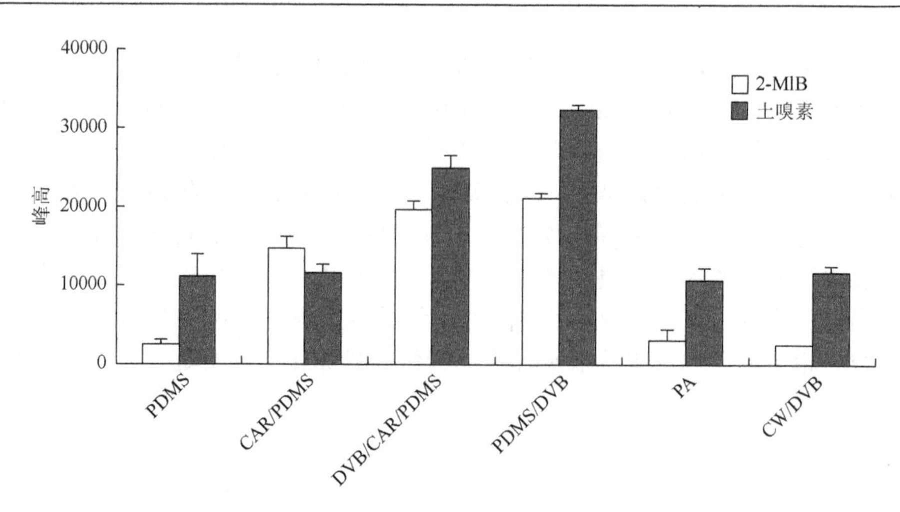

图 2-10　不同固相微萃取柱对土嗅素和 2-MIB 的萃取效果（Saito et al.，2008）

关于最适的固相微萃取条件，文献之间的差异较大。例如，Ma 等（2012）的研究中，得到的最适萃取温度为 90℃，而 Sung 等（2005）的研究则确定最适萃取温度为 50℃，两者相差较大；其他研究者所采用的最适萃取温度还有 60℃、65℃、70℃和 40℃。关于最适添加盐浓度，不同的文献中所采取的浓度也存在很大差异。例如，Chen 等（2013）所确定的最适盐添加浓度为 10%，而 Zhang 等（2005）所使用的盐添加浓度为 40%；其他研究中所采用的盐添加浓度有 5%、25%、30%和 33.3%几种。至于最适萃取时间，大多数研究为 30 min，仅 Machado 等（2011）和 Watson 等（2000）使用了不同的萃取时间，他们所采用的萃取时间分别为 40 min 和 60 min。解吸温度和解吸时间为另外两个重要的操作参数，文献报道的解吸温度和时间分别为 200～265℃和 1～5 min。萃取时搅拌，可加速待测物质在气液两相中的平衡。因此，在萃取时，往往对待测样品进行磁力搅拌。至于搅拌速度，不同的参考文献所报道的大小不同，所选用范围为 500～1100 r/min，而有些文献没有给出具体的搅拌速度。如上所述，不同参考文献中的固相微萃取操作条件不同，甚至差别很大。这与不同参考文献中所涵盖的异味化学物质数量可能有一定关联，但最重要的是固相微萃取的实际萃取效果主要取决于上述萃取参数的组合。因此，其萃取参数组合能够满足分析要求即可，主要体现在：①目标物质的线性要好，决定系数（coefficient of determination）一般要达到 0.99 以上；②待测目标物质的标准添加回收率要好，即回收率一般为 60%～120%（Liu et al.，2010；2011）；③待测目标物质的检测限要满足要求，即一般低于其异味阈值。从表 2-10 不难看出，所有参考文献中固相微萃取方法的回收率和检测限分别为 60%～122%和 0.02～73 ng/L，分析方法基本满足待测目标物质的要求。就回收率而言，仅有两种异味物质［顺-3-已烯基乙酸酯

（*cis*-3-hexenyl acetate）和反, 顺-2, 6-壬二烯醛（*trans*, *cis*-2, 6-nonadienal）］的回收率稍高，其对应的最高回收率分别为 158%和 134%。就检测下限而言，有少部分文献报道的方法过高。例如，在 Machado 等（2011）的工作中，2-MIB 的检测限为 20 ng/L，而该物质的异味阈值仅为 2.5～18 ng/L（Young et al.，1996），中国和日本的饮用水水质标准也仅为 10 ng/L（刘则华等，2016）。Machado 等（2011）所报道的方法中，2-MIB 的检测下限有些偏高。与土嗅素和 2-MIB 异味物质不同，二甲基多硫异味物质的萃取不能够使用 DVB/CAR/PDMS 柱，主要原因在于该柱对二甲基多硫的吸附能力极强，在任何解吸温度条件下，二甲基多硫都不能够从纤维柱完全解吸出来，残留在萃取柱的二甲基多硫可对下一个样品的分析造成影响；因为 PDMS 柱对二甲基多硫的吸附不存在解吸难的问题，所以适合用于对二甲基多硫的萃取（Kristiana et al.，2010）。

需要指出的是，顶空固相微萃取方法还可以直接测定污泥等固相环境样品。随着自动化技术的进步，固相微萃取已实现了在线自动萃取和进样，Parinet 等（2011）用在线自动固相微萃取测定了土嗅素、2-MIB 和其他两种异味化学物质。虽然有关在线自动固相微萃取结合 GC-MS 分析方法的文献不多，但预计在不久的将来会不断得到普及。除固相微萃取方法外，样品前处理还包括液相微萃取（liquid phase microextraction，LPME）、固相萃取（solid phase extraction，SPE）、吹扫捕集（purge and trap，PT）、液液萃取（liquid liquid extraction，LLE）、闭环捕集分析（closed loop stripping analysis，CLSA）、搅拌吸附萃取（stir bar sorptive extraction，SBSE）、Ambersorb 572 吸附脱附（Ambersorb 572 absorption）等方法。

与固相微萃取相对应，同时开发了液相微萃取。固相微萃取的萃取柱对待测目标物质的萃取效果有着最重要的影响，而影响液相微萃取萃取效果的最重要影响因素为萃取有机溶剂。针对土嗅素、2-MIB、IBMP 和其他两种异味物质，Yu 等（2014）得出在已烷、异辛烷、甲苯、乙基苯和邻二甲苯五种有机溶剂中，邻二甲苯的萃取效果最好（图 2-11）。Ma 等（2011）则得出环已烷对土嗅素和 2-MIB 的萃取效果要优于甲苯（图 2-12）。Xie 等（2007）发现在 1-丁醇、1-戊醇、1-已醇和 1-辛醇 4 种有机溶剂中，1-已醇对土嗅素和 2-MIB 的萃取效果最好。Cortada 等（2011）得出四氯乙烯对土嗅素和 2-MIB 的萃取效果要优于溴仿。不难得出，上述邻二甲苯、1-已醇、环已烷和四氯乙烯的物理化学性质相差较大，但均显示了对土嗅素和 2-MIB 等异味化学物质的良好萃取性能。为方便选择较为适宜的有机萃取溶剂，需满足如下几点要求：①萃取有机溶剂应该对待测目标物质有良好的溶解性能，以确保足够高的浓缩倍数和较少的萃取时间。②有机溶剂要具有一定的黏度。若黏度太低，萃取溶剂将很难悬浮在进样针底部；若黏度太大，进行液相微萃取操作时比较难操作；更为严重的是，进样后溶剂会黏附在毛细管的内壁，从而影响待测目标物质的有效分离。③萃取溶剂的挥发性较低，从而在萃取时尽可能地避免溶剂的损失。④当萃取为中空纤维液相微萃取时，所选溶剂还必须与中空纤维的材质兼容，且在水中的溶解度要小。影响液相微萃取的性能参数主要还有萃取溶剂体积、萃取时间、盐浓度及搅拌速度等。与固相微萃取一样，液相微萃取的方式也可分为溶液直接萃取和顶空萃取两种。

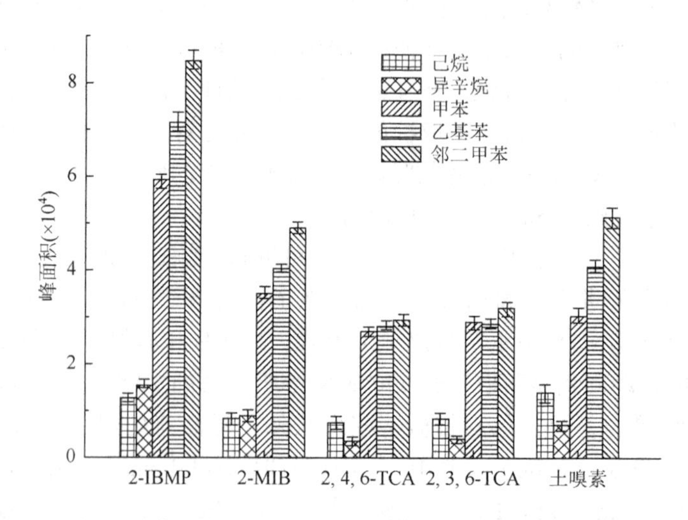

图 2-11　五种不同有机溶剂对五种异味化学物质的萃取效果（Yu et al.，2014）

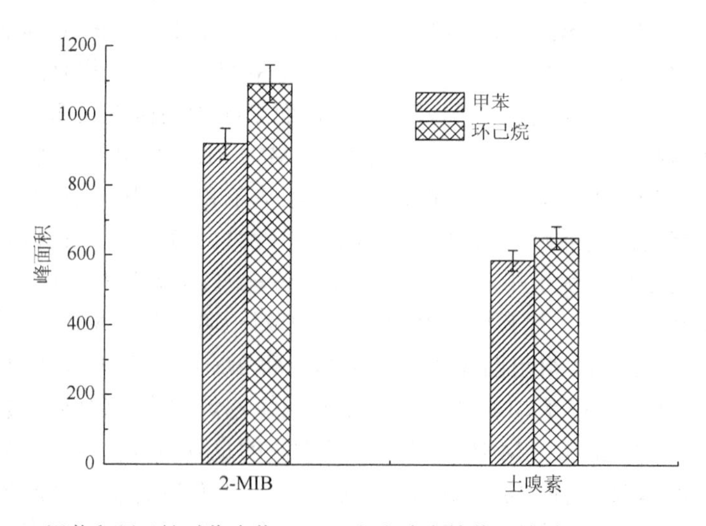

图 2-12　甲苯和环己烷对化合物 2-MIB 和土嗅素的萃取效果（Ma et al.，2011）

固相萃取技术最早可以追溯到 1949 年，当时有研究者用活性炭来富集河水中的有机物，并用乙醚将有机物从活性炭中进行洗脱和分级（Liska，2000）。固相萃取技术已有近 70 年的历史，是最为广泛使用的有机物富集前处理技术。Ma 等（2007）研究用 LC-18 固相柱来浓缩饮用水等环境水样，洗脱溶剂为 2 mL 乙酸乙酯；标准添加回收实验显示土嗅素和 2-MIB 的回收率分别仅为 37.7%～51.3%和 43.6%～62.4%，且重复性较差。Ma 等（2007）的研究结果似乎说明固相萃取技术不太适合应用于土嗅素和 2-MIB 等异味化学物质的浓缩前处理。Sun 等（2012）用 C_{18} 固相柱来浓缩土嗅素、2-MIB、IBMP、2, 4, 6-TCA 和 IPMP 等 5 种异味化学物质；在甲醇、乙酸乙酯和二氯甲烷这三种有机溶剂中，甲醇的洗脱效果最好；当用 3 mL 甲醇洗脱时，5 种待测目标化学物质的回收率为 96.7%～107%，且可重复性好，相对标准偏差在 8%以内。上述两个研究结果不一致的可能原因在于：①Sun 等（2012）在进行待测目标物质洗脱时依靠的是重力洗脱，无额外的负压操作，也没有对固相柱进行干燥处理；因为异味化学物质一般为较易挥发的有机化合物，因此上述两个样品的前处理步骤尽量避免了异味化学物质的挥发性损失，从而保证了优良的标准添加回收率；②不同的有机溶剂和用量对洗脱的效果有很大的影响，前者使用 2 mL 乙酸乙酯，后者使用 3 mL 甲醇。因 Sibali 等（2010）和 Wright 等（2014）的研究中，固相柱在用有机溶剂洗脱前分别进行了 20 min 和 30 min 的干燥，标准添加回收率显示待测目标化合物的回收率很好（分别为 90%～97.3%和 82%～100%），所以 Ma 等（2007）的研究中土嗅素和 2-MIB 的回收率不好的问题可能不是因为异味化学物质损失，而是因为洗脱溶剂没有很好地将待测目标物质洗脱。Ikai 等（2003）将固相萃取和顶空进样结合来测定土嗅素和 2-MIB，极大地发挥了 SPE 的作用，得到的回收率分别为 104%和 105%，检测下限均为 0.1 ng/L。

封闭捕集分析（closed loop stripping analysis，CLSA）和吹扫捕集（purge and trap）是另两个重要的样品浓缩前处理技术。前者最早由 Grob 等（1973）提出，其工作原理是用惰性气体把分析物从水相中吹出来，并将分析物吸附到某种固体吸附剂上，然后用二硫化碳把半挥发性或挥发性的有机物洗脱出来后进行分析。吹扫捕集最早也可追溯到 20 世纪 70 年代（Fitzgerald et al.，1974；Grote and Westendorf，1979），其工作原理与封闭捕集分析有些类似，即首先用惰性气体将分析物从样品中吹脱出来并吸附在捕集器上，然后将捕集器加热，再用氦气将吸附在捕集器上的分析物解吸出来。从表 2-10 中整理的有关封闭环吹脱分析和吹扫捕集的参考文献不难看出，这两种样品前处理方法的回收率和检测下限两个指标均较好，是用来分析异味化学物质的两种重要手段。

为提高待测目标化学物质的最低检测限，除了样品浓缩前处理外，还可以大体积进样（Backe et al.，2011；Busetti et al.，2012；Zhang et al.，2006）。不同于基于液相色谱的大体积进样仅限于液体，基于气相色谱的大体积进样既包括液体大体积进样，也包括气体大体积进样。液体大体积进样主要基于程序升温气化（programmable temperature vaporizing，PTV）技术，该技术发展于 20 世纪 80 年代（Grob et al.，1985；Engewald et al.，1999）。PTV 进样通常包括如下几个过程：①样品进样及有机溶剂消除；②选择分流或者不分流让待测定目标化学物质进入气相分离柱；③待测目标化学物质在毛细管柱上的有效分离。为了上述程序顺利进行，需要注意如下两点：①排气结束时间要在进样口温度开始加热、释放待测目标物之前；②吹扫时间必须先于柱温箱开始加热使待测目标物进入分离柱之前。溶剂种类、进样口升温速率、进样体积和分离柱压力等因素均可以影响分析效果。Zhang 等（2006）在进行土嗅素、2-MIB 和其他 4 种异味化学物质分析时对上述影响因素进行了优化；为减少样品的损失，待测目标物质的沸点应该比有机溶剂的沸点高出 100℃左右，图 2-13 对比了二甲醚、二氯甲烷、丙酮、己烷和甲醇这 5 种有机溶剂对待测目标物质响应值的影响，确定了二氯甲烷为最佳有机溶剂；图 2-14 反映了进样口升温速率对待测目标物响应值的影响，在升温速率为 200℃/min 以上时，对目标物的响应值影响很小，但进一步升高到 400℃/min 后，有些待测目标物质会发生降解；图 2-15 反映了不同进样量条件对异味化学物质响应值的影响，结果表明随着进样量的增加，异味化学物质的响应值不断增加，当进样量达到 100 μL 后，增加速率明显减少；柱压不但会影响异味化学物质在分离柱上的保留时间，而且可以影响它们的响应值，图 2-16 为不同柱压条件对异味化学物质响应值的影响，不难得出柱压为 14 psi 时效果最好；基于上述优化的操作条件，以及全自动的连续液液萃取样品前处

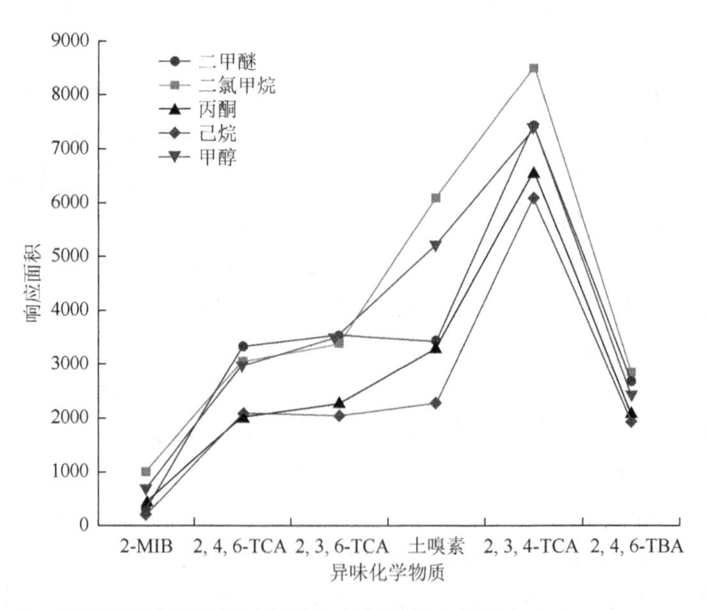

图 2-13　五种不同有机溶剂目标异味化学物质的响应值（Zhang et al.，2006）

理技术，异味化学物质的检测下限可低至 0.035～0.34 ng/L。上述基于气体大体积进样主要针对半挥发或者挥发性的物质，即样品环在一定压力下经快速顶空取样，然后在程序压力下进样。Nakamura 等（2005）利用气体大体积进样（进

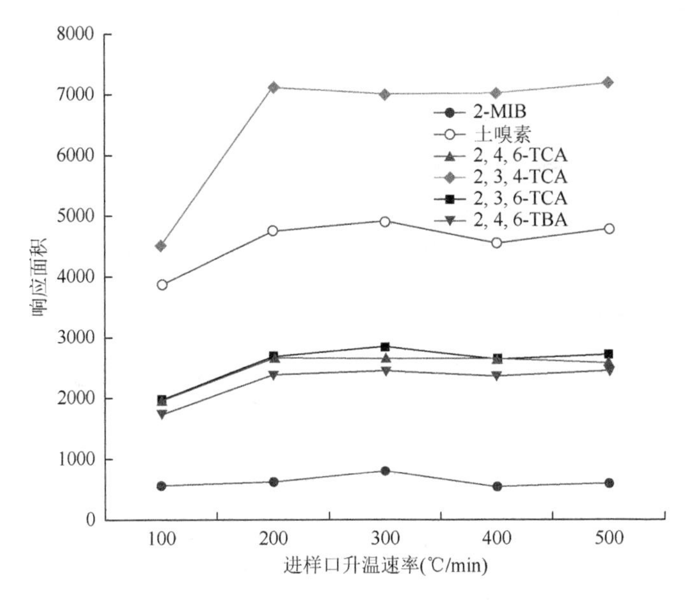

图 2-14　不同进样口升温速率条件下目标异味化学物质响应值的变化（Zhang et al.，2006）

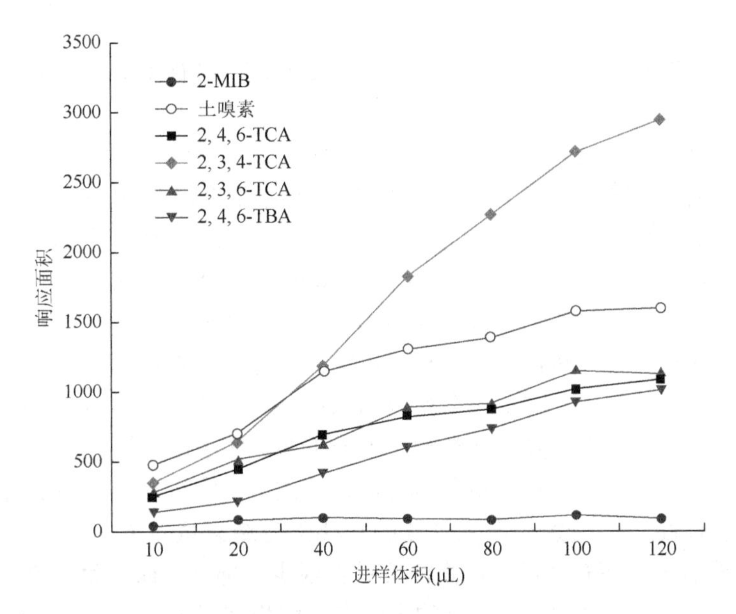

图 2-15　不同进样体积对异味化学物质响应值的影响（Zhang et al.，2006）

样量 3 mL）对土嗅素和 2-MIB 进行了测定，他们所报道的回收率分别为 93.9%和 96.6%，而相对应的最低检测限则分别为 0.14 ng/L 和 0.36 ng/L，分析效能可与固相微萃取等样品前处理技术媲美。因省去了耗时较长的样品前处理，在分析大量的环境样品时具有不少的优势。

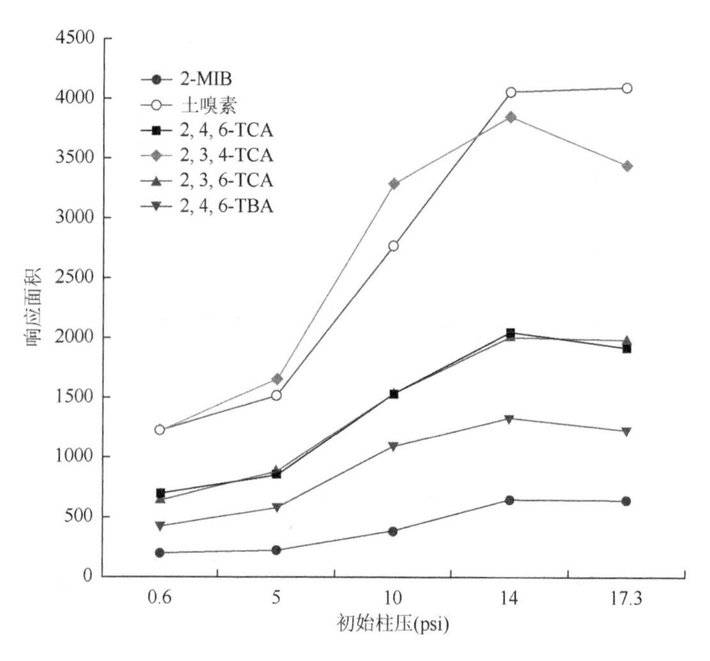

图 2-16　不同初始柱压条件下目标异味化学物质响应值的变化（Zhang et al.，2006）

需要指出的是藻类的细胞内可能存在大量天然源异味化学物质。例如，秦皇岛某水库暴发的土嗅素异味事件，监测到的土嗅素浓度最高达 7100 ng/L，进一步调查研究得出，蓝绿藻 *Anabaena spiroides* 是此次土嗅素异味事件的主因，而其细胞内的土嗅素含量占 85%以上（Yu et al.，2009）。该研究结果与其他一些研究结果类似（Rosen et al.，1992；Rashash et al.，1997；Zhang et al.，2009a）。虽然蓝绿藻等生物细胞内的异味化学物质和水体中的异味没有直接关系，但这些藻类死去后，细胞内的异味化学物质便会释放到水体中从而造成水体异味。因此，准确测定藻类等生物细胞内的异味化学物质十分重要。为了区分溶液和细胞内的土嗅素含量，Li 等（2010）用 1.2 μm 的滤纸将水样过滤，将过滤液中测定的土嗅素浓度认定为溶解性的土嗅素，而未过滤的水样测定结果认定为总土嗅素浓度。从图 2-17 不难看出，溶解性的土嗅素浓度只占很少一部分。徐立蒲（2009）的研究结果也显示水样是否过滤对所测定的土嗅素浓度相差很大，但对 2-MIB 的测定浓度无影响（表 2-11）。为此，我国台湾环保事务主管部门还制定了基于固相微萃取结合气相色谱-质谱联用来测定水中土嗅素和 2-MIB 的标准方法。神门利之等（2015）研究发现为有效获得藻类细胞内的土嗅素，萃取温度必须为 60℃以上，最好将萃取温度设为 80℃；当为固相萃取时，需将水样在 80℃条件下保持 30 min 之后再进行固相萃取操作。

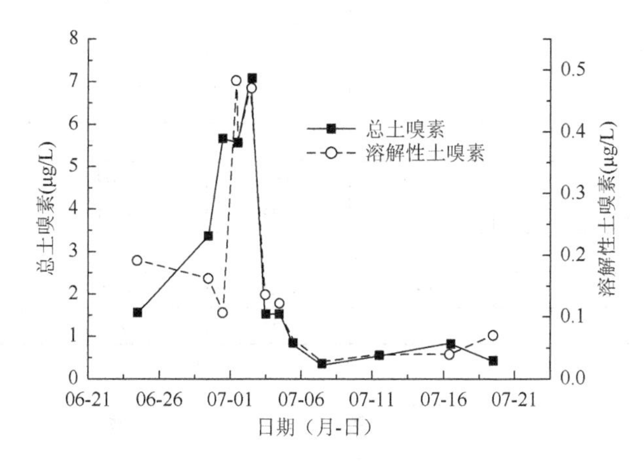

图 2-17　水样中溶解性土嗅素和总土嗅素浓度变化（Li et al.，2010）

表 2-11　过滤去除浮游藻类措施对异味物质测定结果的影响（徐立蒲，2009）

样品编号	0.45 μm 膜过滤	2-MIB（ng/L）	土嗅素（ng/L）
池塘水 1	有	14.6	19.8
	无	14.6	36.9
池塘水 2	有	4.1	9.0
	无	4.4	20.4

除了样品的前处理方法和化学仪器外，水样的基本特性也会影响异味化学物质的测定。Hsieh 等（2012）发现水样 pH 的大小对土嗅素和 2-MIB 的测定有重要影响；在酸性（pH = 2.5）条件下，用 SPME + GC/MS、PT + GC/MS 和 LLE + GC/MS 三种分析方法所测得的 2-MIB 浓度分别是其在中性条件下所测得的 87%、16%和 37%；从表 2-12 不难看出，萃取温度越高，pH 的大小对异味化学物质的分析结果影响越大。为了提高萃取效率，固相微萃取时的萃取温度一般设定较高，因此在进行水样分析时需要注意 pH 的影响。Lin 等（2003）还发现残留氯对水样中土嗅素和 2-MIB 的测定会产生重要影响。从图 2-18 和表 2-13 不难看出水样中残留氯的浓度越高，对 2-MIB 和土嗅素测定的结果影响就越大，尤其是在低浓度的条件下影响更大；同时该研究结果也说明，为了减少残留氯对测定结果的影响，脱氯操作是一个比较有效的方法。

表 2-12　不同固相微萃取温度及 pH 条件下土嗅素和 2-MIB 的峰面积相对响应值变化
（Hsieh et al.，2012）

异味化学物质的相对响应值				
异味化学物质	2-MIB		土嗅素	
pH 调节方式	HCl	抗坏血酸	HCl	抗坏血酸
$T=60$℃				
pH = 5	1.03	1.03	1.06	1.07
pH = 3	0.21	0.17	0.89	0.77
$T=45$℃				
pH = 5	0.90	0.90	1.09	0.98
pH = 3	0.30	0.33	0.84	0.80
$T=25$℃				
pH = 5	0.82	0.81	0.98	1.03
pH = 3	0.54	0.55	0.97	0.91

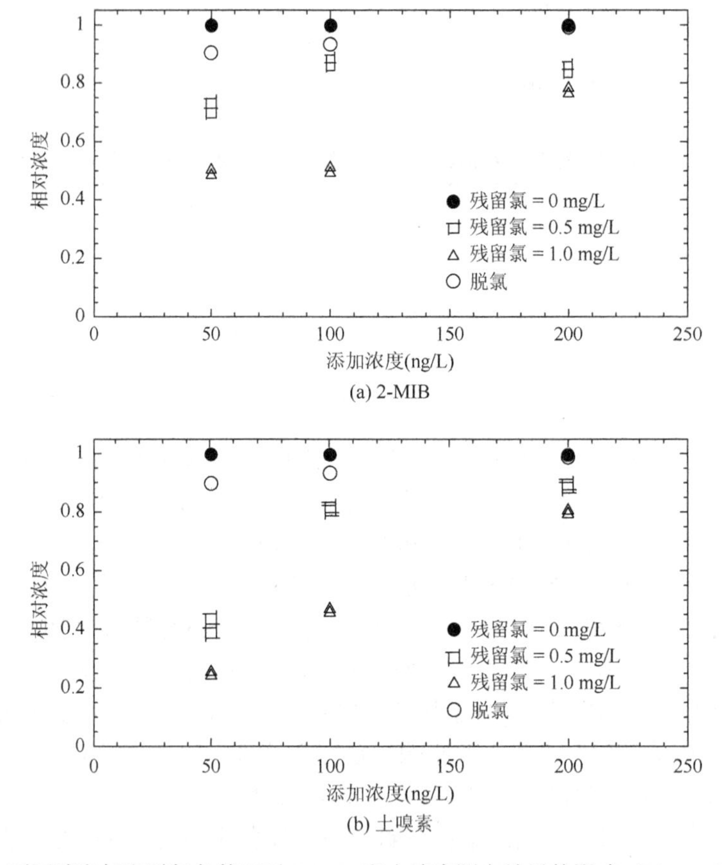

图 2-18　不同残留氯和脱氯条件下对 2-MIB 和土嗅素测定结果的影响（Lin et al.，2003）

表 2-13　不同残留氯浓度条件下对 2-MIB、土嗅素和甲基叔丁基醚（MTBE）的影响
（Lin et al.，2003）

固相微萃取柱类型	DVB/CAR/PDMS		PDMS/DVB		CAR/PDMS		
异味化学物质	土嗅素	2-MIB	土嗅素	2-MIB	土嗅素	2-MIB	MTBE
异味化学物质浓度	200 ng/L						
残留氯浓度 0 mg/L	1	1	1	1	1	1	1
残留氯浓度 0.5 mg/L	0.89	0.88	0.89	0.90	0.93	0.88	0.89
残留氯浓度 1 mg/L	0.81	0.78	0.81	0.85	0.88	0.83	0.73
脱氯	0.99	0.99	0.97	0.97	0.97	0.97	1.00
异味化学物质浓度	50 ng/L						
残留氯浓度 0 mg/L	1	1	1	1	—	—	—
残留氯浓度 0.5 mg/L	0.41	0.72	0.80	0.77	—	—	—
残留氯浓度 1 mg/L	0.26	0.50	0.55	0.64	—	—	—
脱氯	0.90	0.90	0.97	0.97	—	—	—

2.5　我国天然源饮用水异味事件及原因解析

2007 年至 2015 年，我国发生了 6 次主要天然源饮用水异味事件，且发生地范围较广，北至内蒙古，南至上海。以下就我国发生的这 6 次天然源饮用水异味事件进行简单的概述和原因分析。

2.5.1　内蒙古金海水库异味事件

金海水库是一个调蓄水库，位于内蒙古自治区呼和浩特市南二环昭君路出口 25 km 处的二道凹村，是呼和浩特市城区利用黄河源水最重要的水源地之一。该水库水面整体近似为正方形，长宽均为 1500 m，面积约为 227 万 m^2，平均水深 5 m。其中城市供水的库容为 920 万 m^3，死库容为 340 万 m^3，总库容为 1260 万 m^3。引黄入呼供水工程工艺路线为：取水泵站→预沉系统→加压泵站→金海调蓄水库→金河净水厂→呼和浩特市市区。金海调蓄水库中的水由 2 根 DN1800 mm、长度为 16.74 km 的管道通过重力由压流输水到金河水厂，设计流量为 2.55 m^3/s（郭琦等，2013）。

2011 年冬季，冰雪覆盖的金海水库发生了鱼腥味的异味事件。值得注意的是，济南和郑州也发生了鱼腥味的饮用水异味问题，这些地区均使用黄河水作为饮用水水源（Zhao et al.，2013）。为了找到引起上述异味的原因物质，从而为处理对策提供重要参考，Zhao 等（2013）于 2011 年 12 月中旬到 2012 年 2 月中旬对金海水库进行了现场实地调查。如图 2-19 所示，取样点共 13 个。在冰块下 0～0.5 m 处取水样，将水样分成三份，分别用来测定水样异味特性、藻类计数和异味物质分析。用来藻类计数的水样加入 5 mL 鲁氏碘液（Lugol's iodine solution）固定，其他水样用 10 mL 氯化汞来抑制生物生长。装水样瓶为带密封瓶盖的棕色玻璃瓶。水样在 4℃保存条件下快速运送至实验室分析。异味特征采用嗅味层次分析法，具体方法采用美国 APHA 的标准方法 2170。藻类计数采用 20 倍物镜显微镜观察计数。异味化学物质用固相微萃取 + GC-MS 测定，分析了正己醛、2-辛烯醛、壬醛、2, 6-壬二烯醛、正庚醛、2, 4-庚二烯醛、2, 4-癸二烯醛、苯甲醛和 *β*-环柠檬醛九种异味化学物质。

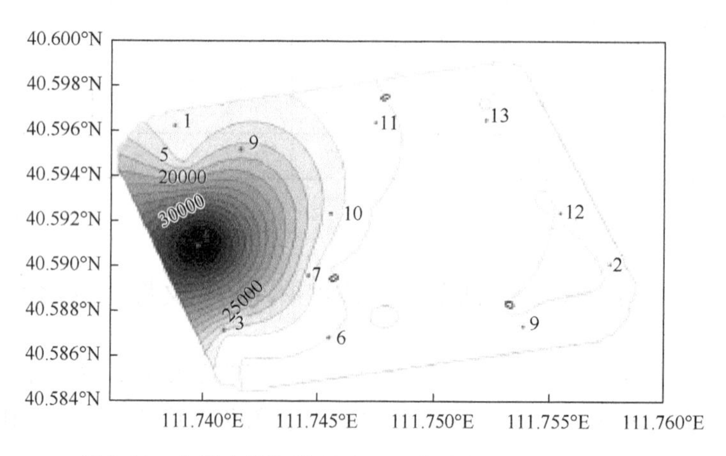

图 2-19　金海水库取样点（1～13）（Zhao et al.，2013）

其中，1 为饮用水原水取样点；2 为死水区；3 为水库黄河水进水点附近

上述研究结果发现水样中存在二原子种属小环藻（*Cyclotella* sp.）和直链藻（*Melosira* sp.），以及金藻（*Chrysophyte* sp.）种的锥囊藻（*Dinobryon* sp.），其中锥囊藻是最丰富的藻，且锥囊藻的细胞密度与水体异味存在很强的相关性（图 2-20）。异味化学物质的浓度变化趋势如图 2-21 所示，浓度最高的为正己醛，其测定的最高浓度为 12.289 μg/L，该浓度是其异味阈值 4.5 μg/L 的 3 倍，但最低时不足 1 μg/L；2, 4-庚二烯醛的最高浓度为 3.23 μg/L，与该物质的异味阈值（5 μg/L）接近，且该物质的浓度与锥囊藻的丰度存在显著的相关性（图 2-22，$n = 28$，$p < 0.01$）。由于 2, 4-庚二烯醛的最高浓度仅为 3.23 μg/L，低于其异味阈值。因此，金海水库所发生的鱼腥味水体异味事件不应该单纯由 2, 4-庚二烯醛导致，而是由正己醛、正庚醛、2, 4-癸二烯醛和 2, 4-庚二烯醛等异味物质混合作用的结果。

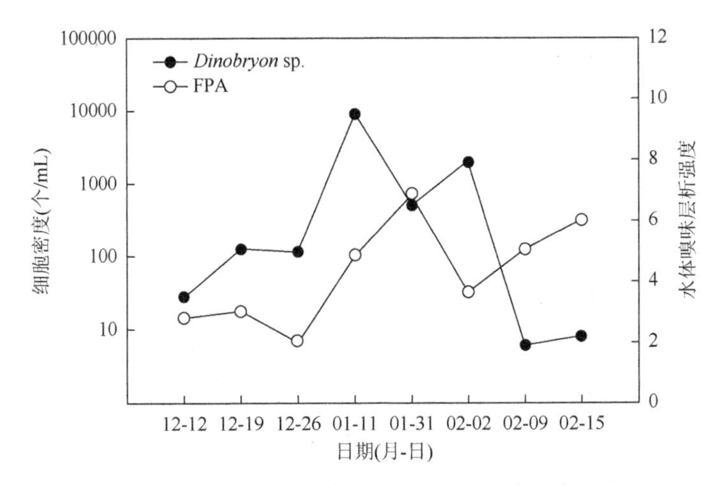

图 2-20　金海水库中锥囊藻细胞密度与水体嗅味层析强度的变化趋势（Zhao et al.，2013）

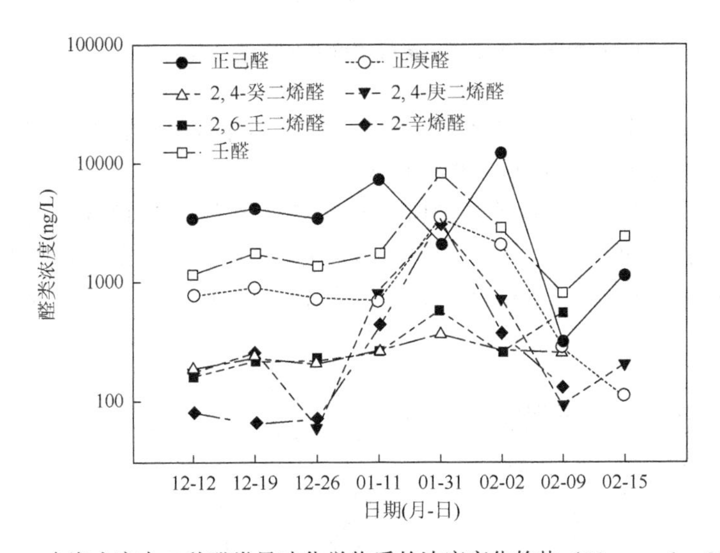

图 2-21　金海水库中 7 种醛类异味化学物质的浓度变化趋势（Zhao et al.，2013）

2.5.2　内蒙古画匠水库天然源水体异味事件

画匠水库位于内蒙古包头市，是包头市主要饮用和工业水源地，其水源来自黄河。包头段黄河流量平均值为 818.6 m^3/s，最大和最小流量值分别为 5450 m^3/s 和 43 m^3/s，水深 1.4～9.1 m。画匠水库面积 8×10^5 m^2，库容 3.2×10^6 m^3，水力停留时间 15 d。包头的气候特点是冬季寒冷且时间长。每年 12 月初至来年 3 月初近 4 个月的时间里，画匠水库处于冰封状态，平均水温 1℃。在冰封期，作为地表水源的画匠水库结冰约为 20 d 后开始，供应的居民家里的自来水中有较强的霉

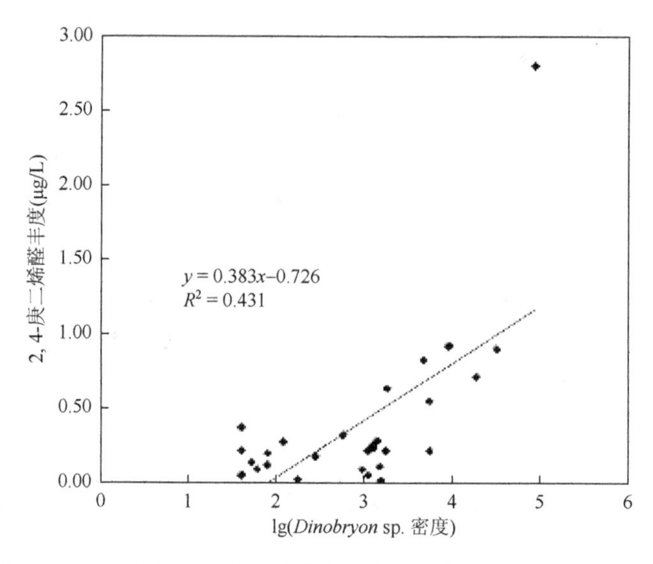

图 2-22　锥囊藻和 2, 4-庚二烯醛丰度的相关性（Zhao et al.，2013）

味、土腥味和鱼腥味，其嗅味化学物质浓度超过其异味阈值的 24 倍。由于饮用水有异味，自来水供应量减少为 10×10^4 m^3/d。

为探明异味原因，王锐等（2014）于 2012 年 9 月至 2013 年 4 月在画匠水库进行了调查采样，布设采样点 1 个（图 2-23）。采样口距离提升泵站 B 取水口 100 m，采样深度分别为 1.5 m、2.5 m 和 4.5 m，取混合水样进行测定。水样基本水质指标

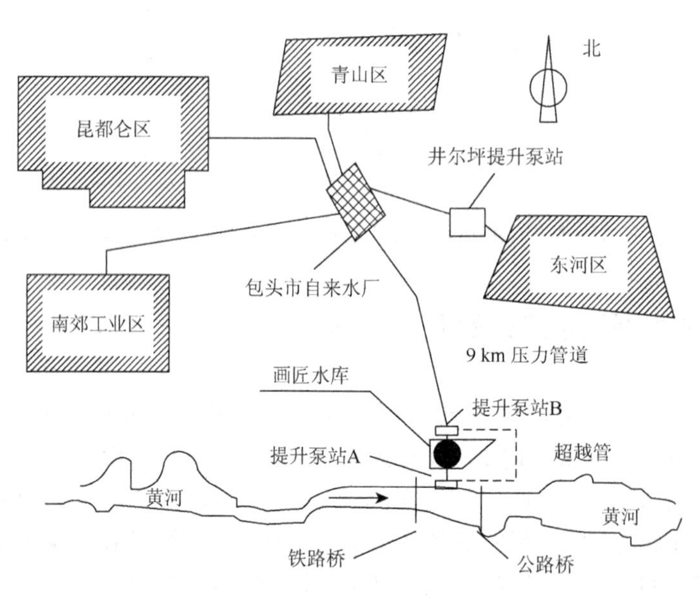

图 2-23　画匠水库采样点（王锐等，2014）

为：水温 7℃，浊度 36 NTU，色度 14，NO_3^--N 2.7 mg/L，NH_4^+-N 0.98 mg/L，UV_{254} 0.125，碱度 202.5，COD_{Mn} 2.1 mg/L。表 2-14 是画匠水库中所观察到的主要藻类，不难得出蓝绿藻为优势种属。

表 2-14　画匠水库水中藻类种属表（王锐等，2014）

藻类门	藻类种属	合计
绿藻门	小球藻属、鼓藻属、球囊藻属、栅藻属、纤维藻属、衣藻属、新月藻属、卵囊藻属、顶棘藻属、团藻属、弓形藻属、多芒藻属、四角藻属、拟球藻属	14
蓝藻门	腔球藻属、棒条藻属、鱼腥藻属、颤藻属、念珠藻属、色球藻属、微囊藻属、螺旋藻属	8
硅藻门	脆杆硅藻、针杆藻属、小环藻属、星杆藻属、舟形藻属、筛网藻属	6
金藻门	黄群藻属、锥囊藻属、鱼鳞藻属、金囊藻属、单边金藻属	5
隐藻门	隐藻属、素隐藻属	2
黄藻门	绿囊藻属、拟气球藻属、小黄丝藻属	3
裸藻门	裸藻属、囊裸藻属	2
甲藻门	多甲藻属、角甲藻属	2

图2-24显示了画匠水库的水温、光照强度及土嗅素和2-MIB的浓度变化趋势。从 11 月 15 日到来年 2 月 20 日，气温为−20～−5℃，平均气温−11.1℃。水温保持在 1～2℃，进入冬季后，画匠水库冰层厚度从 0.2 m 增加到 0.55 m。在 12 月到来年 2 月，一直保持在 0.55 m 这一最高值，之后随着气温的回暖冰面逐步融化。包头市秋冬季的光照强度变化显著，为 83～707 W/m^2。由于冰面和水面的反射，冰下透射光照强度为 70～636 W/m^2，平均光照强度为 114.8 W/m^2，最低值为 12 月的 70.57 W/m^2。Naes 等（1985）确认在实验室光照 2.5～15 W/m^2 条件下，蓝藻（cyanobacterium）仍能代谢产生土嗅素。这说明即使在寒冷的冬季画匠水库仍具备适合藻类代谢产生异味物质的光照条件。通常光照强度大，水温高将有利于水

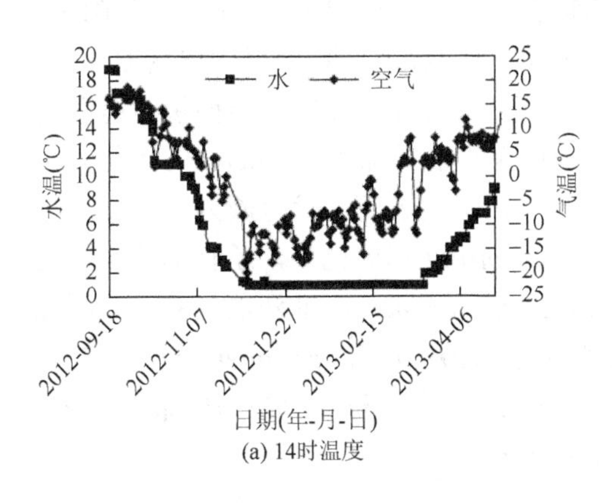

(a) 14时温度

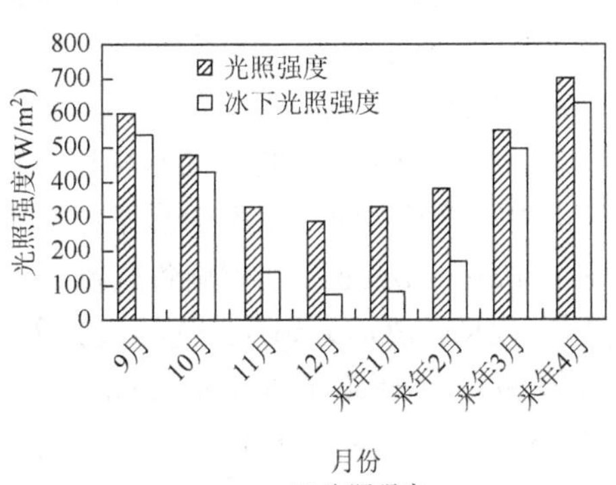

(b) 光照强度

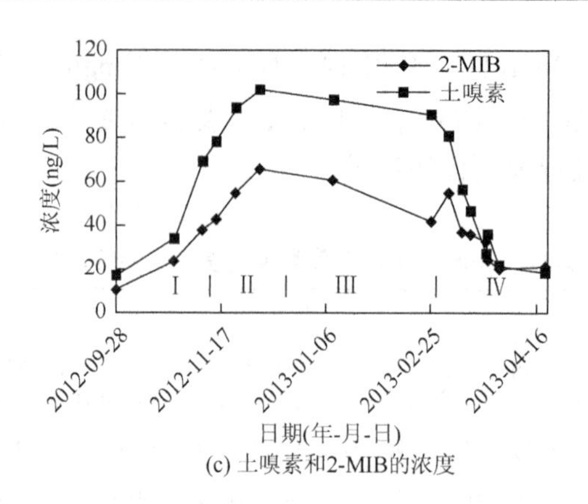

(c) 土嗅素和2-MIB的浓度

图 2-24　画匠水库 14 时的温度、光照强度及土嗅素和 2-MIB 浓度变化趋势（王锐等，2014）

库中藻类生成土嗅素和 2-MIB。有趣的是，画匠水库中土嗅素和 2-MIB 浓度上升及高浓度日期恰恰是气温极低、水库结冰时段。水库中土嗅素和 2-MIB 的浓度大小是一个动态变化过程，其浓度水平不仅取决于藻类的生产水平，还取决于它们的降解速度和挥发速度。当水温低时，藻类源土嗅素和 2-MIB 的生产能力下降，但因为水库水面冰封，这两种物质的挥发受到极大抑制，因此水库水中土嗅素和 2-MIB 的浓度不降反升。

2.5.3　河北省洋河水库天然源异味事件

洋河水库位于河北省秦皇岛市抚宁县大湾子村北，是洋河干流上一座大（Ⅱ）型水利枢纽工程，担负着秦皇岛市区的工业和生活用水的重任。洋河水库总库容 3.58 亿 m^3，平均深度 5.7 m，平均水库面积 13 km^2。在 2007 年夏季，供水系统产生明显的疑似土嗅素导致的泥土异味。经研究发现此次饮用水异味主要与水库内蓝藻的暴发有关。为研究该水库中蓝藻的特征和其主要代谢产物，Li 等（2010）于 2007 年 6 月 25 日至 8 月 24 日对洋河水库进行了现场调查。用聚丙烯瓶取 0.1～0.5 m 处表层水，并将水样迅速送达该市的实验室，1 h 内完成用显微镜对蓝藻的计数。用来测定异味物质的水样用棕色玻璃瓶保存，并加入 10 mg/L 的氯化汞以防止生物降解。洋河水库中暴发蓝藻水华时，如图 2-25 所示优势藻为一些微胞藻属（*Microsystis* sp.）和螺旋鱼腥藻（*Anabaena spiroides*）。此外，还有部分零星的颤藻（*Oscillatoria* sp.）、变异直链藻（*Melosira varians*）、星杆藻（*Asterionella formosa*）、小环藻（*Cyclotella* sp.）、克罗脆杆藻（*Fragilaria crotonensis*）、尖针杆藻（*Synedra acus*）、盘星藻（*Pediastrum* simplex）、小球藻（*Chlorella* sp.）、角甲藻（*Ceratium hirundinella*）和团藻属（*Volvox* sp.）。

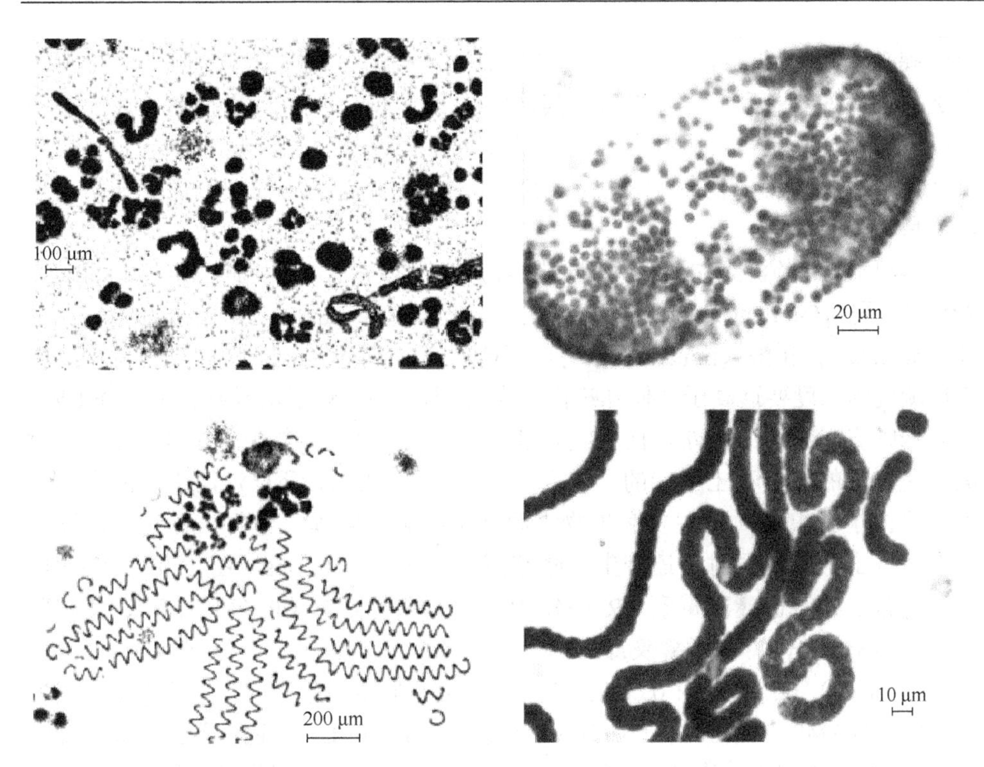

图 2-25　洋河水库 2007 年 6～8 月期间优势蓝藻的显微镜照片；螺旋鱼腥藻为优势蓝藻，另一个优势藻为混合的微胞藻属（主要为铜绿微囊藻）（Li et al.，2010）

优势藻类微胞藻属和螺旋鱼腥藻的动态变化趋势如图 2-26 所示，很明显可以划分为两个阶段。第一个阶段为螺旋鱼腥藻的快速增长和衰退期，快速增长从 6 月 20 日（藻密度 500 个/mL）开始到 7 月 2 日达到最大值（70000 个/mL），之后迅速减少，至 7 月 9 日已下降到 1000 个/mL。在此期间，微胞藻属的增长没有螺

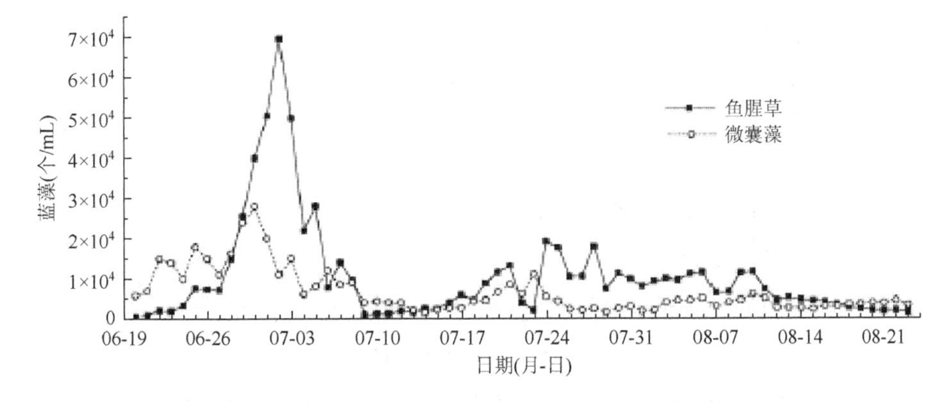

图 2-26　洋河水库中螺旋鱼腥藻和微胞藻属的变化趋势（Li et al.，2010）

旋鱼腥藻那么明显，细胞密度在 1800～2800 个/mL 之间变化。在第二个阶段，螺旋鱼腥藻的增长和衰退比较慢，其峰值仅为 19300 个/mL，而微胞藻属的细胞密度基本保持稳定，在大部分时间内螺旋鱼腥藻的密度大于微胞藻属。8 月 10 日之后，螺旋鱼腥藻的细胞密度持续减少，之后微胞藻属的细胞密度开始高于螺旋鱼腥藻。

洋河水库中检测到的天然源异味化学物质有土嗅素、β-环己烯醛（β-cyclocitral）、β-紫罗兰酮（β-ionone）、樟脑（camphor）、己醛（hexanal）、辛醇（octanol）、壬醛（nonanal）、壬醇（nonanol）、D, L-薄荷醇（D, L-menthol）等，但前两种物质所检测到的浓度要远高于其他异味化学物质。因 β-环己烯醛的异味特征为香烟味，其异味阈值高达 19.3 μg/L，而土嗅素呈土霉味，及其异味阈值低至 4 ng/L，同时螺旋鱼腥藻的暴发和土嗅素的产生高度关联（图 2-27），所以洋河水库的土霉味主要来源于土嗅素，而主要微生物来源则是螺旋鱼腥藻。值得一提的是，洋河水库呈现土霉味的同时，还产生一些蓝藻毒素（cyanotoxins，图 2-28）。溶解性的四种蓝藻毒素微囊藻毒素 RR（MC-RR）、微囊藻毒素 LR（MC-LR）、鱼腥藻毒素 a（anatoxin-a）和微囊藻毒素 YR（MC-YR），其最高浓度分别为 1.56 μg/L、0.544 μg/L、0.106 μg/L 和 0.066 μg/L。在我国的最新国家标准《生活饮用水卫生标准》（GB 5749—2006）中，MC-LR 的限定值为 1 μg/L。上述检测到的最高微囊藻毒素 LR（MC-LR）浓度为 0.544 μg/L，低于生活饮用水卫生标准的 1 μg/L，但需要注意的是，蓝藻细胞内的胞内浓度远高于其溶解性的浓度，其相对应的浓度分别可达 70.1 μg/L、24.6 μg/L、0.184 μg/L 和 3.716 μg/L。除鱼腥藻毒素 a 外，其

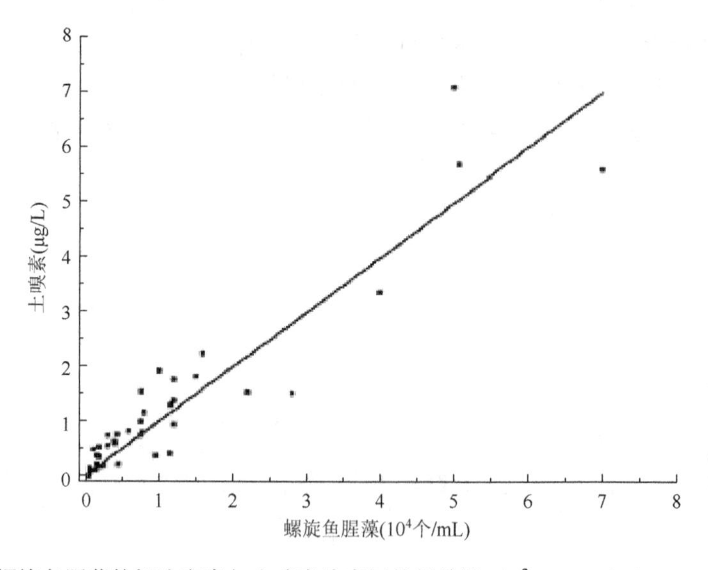

图 2-27　螺旋鱼腥藻的细胞密度与土嗅素浓度间的相关性（$R^2 = 0.912$）（Li et al.，2010）

他三种蓝藻毒素细胞内的浓度是溶解性浓度的 45 倍以上。因藻细胞内的微囊藻毒素 LR（MC-LR）浓度是我国生活饮用水卫生标准的二十几倍，因此在自来水处理工艺过程中应多关注藻细胞内藻毒素的溶出问题。

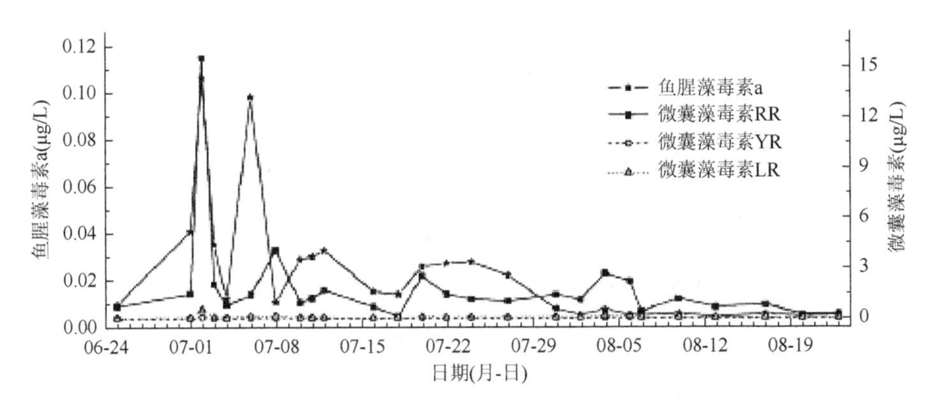

图 2-28　洋河水库取水口位置溶解性蓝藻毒素的变化趋势（Li et al.，2010）

2.5.4　北京密云水库天然源水体异味问题

密云水库位于北京市东北部 100 km 的郊区，其最初的功能是防洪、灌溉和养鱼。作为北京市重要的饮用水水源之一的官厅水库因水质恶化，从 1997 年起已停止向北京供水，密云水库开始成为北京市的主要饮用水水源地。密云水库的总库容 43.75 亿 m^3，水库覆盖水域面积 188 km^2。如图 2-29 所示，密云水库主要有如下几个特征：南部深水区（south deep region，SDR）和西部深水区（west deep region，WDR）这两个地区的平均水深达 20 m，最深可达 36 m；北部浅水区（north shallow region，NSR），平均水深 6 m，最高 10 m；东北的浅水区（north east shallow region，NESR）的水深可从北部的不到 1 m 变化到南部的 14 m。白河（Bai River）和潮河（Chao River）是密云水库的两个主要支流，年贡献流量分别为 1.1 亿 m^3 和 2.03 亿 m^3。因水体持续产生 2-MIB 水体异味，Su 等（2015）从 2009～2012 年对密云水库进行了长达 4 年的现场采样调查。共选择 29 个采样点。2009 年开始调查之初，共选取 8 个采样点（MY01～08）；从 2009 年 9 月开始新增加 11 个取样点，即 MY09～19；从 2012 年开始又增加 10 个取样点，即 MY20～29。每个取样点取三个水样，即表层水（0.1～0.5 m 处取样）；中层水（浅水区域 5 m 处取样或深水区域 8 m 处取样）；底层水（沉淀层取样或者于 15 m 处取样）。在采样现场对基本水质参数［水温、溶解氧（DO）、pH、电导率、盐度、叶绿素Ⅱ-α（chlorophy II-α）和透明度］进行了测定。水质参数的测定结果如表 2-15 所示。

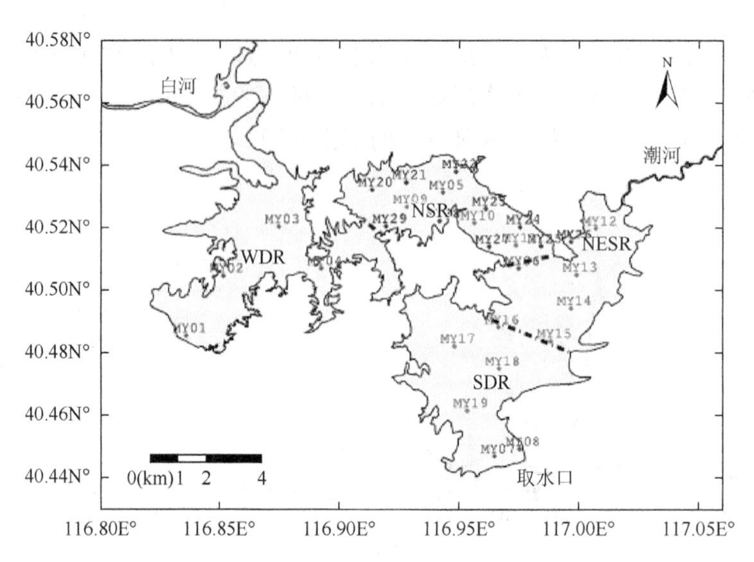

图 2-29　密云水库特征及采样点（Su et al.，2015）

常规采样点为 MY01～08；其他采样点为 MY09～29；NSR：北部浅水区；NESR：东北部浅水区；WDR：西部深水区；SDR：南部深水区

表 2-15　2009～2012 年密云水库水质参数随季节性变化趋势（平均值±标准偏差）（Su et al.，2015）

水质参数	5 月	6 月	7 月	8 月	9 月	10 月	11 月
水深（m）	136.7±0.07	136.7±0.02	137.1±0.44	136.8±0.61	136.8±0.32	136.6±0.13	136.6±0.11
水温（℃）	16.9±2.0	22.8±1.7	24.9±2.3	27.0±0.9	22.6±1.9	16.7±2.2	10.9±1.9
总溶解性磷（μg/L）	14±3	10±3	7±7	5±9	6±3	11±3	18±7
PO_4^{3-}-P（μg/L）	10±2	7±1	4±2	2±2	5±2	8±2	11±1
总溶解性氮（μg/L）	1075±250	873±178	741±198	702±197	793±239	1065±282	912±223
NO_3^--N（μg/L）	652±225	503±166	340±182	332±172	290±124	469±198	492±274
NO_2^--N（μg/L）	100±48	73±31	79±45	70±38	82±44	90±40	110±34
NH_4^+-N（μg/L）	59±51	54±18	161±62	182±76	223±90	262±107	201±46
总溶解性氮与总溶解性磷的比值	80.5±26.1	96.1±28.6	197.1±143.3	410.4±265.3	144.8±68.7	130.2±339.3	57.2±280
透明度（m）	2.7±1.5	2.3±1.0	2.1±1.0	2.1±0.7	2.0±0.6	2.5±0.9	2.9±0.9
叶绿素Ⅱ-α（μg/L）	3.1±1.5	7.1±3.0	7.9±2.1	5.5±2.7	4.5±4.1	3.3±2.7	1.6±1.0
DO（mg/L）	—	9.4±0.4	9.1±0.7	9.1±0.64	8.6±0.5	9.1±0.9	10.6±0.9
pH	8.5±0.1	7.2±0.5	9.5±0.5	8.7±0.3	8.7±0.6	8.4±0.2	9.3±0.9

用光学显微镜观察密云水库中产 2-MIB 的蓝藻为颤藻属（*Oscillatoria* sp.）还是浮游蓝丝藻（*Planktothrix* sp.）存在难度，即便使用 16S rRNA 分子生物技术也未能清晰地区分具体是颤藻属还是浮游蓝丝藻。最后，根据该蓝藻的丝状物形状和尺寸及生长特性，将该蓝藻确定为浮游蓝丝藻。浮游蓝丝藻的生物量具有明显的季节性。每年的 3～7 月，浮游蓝丝藻的生物量水平较低，平均为 7100 个/L。虽然在 8 月生物量有所增长，平均密度在 94000 个/L 左右，但浮游蓝丝藻的最高值通常出现在 9 月或 10 月，平均密度在 370000 个/L，之后蓝丝藻的生物量再次减少。每年的 3～7 月，浮游蓝丝藻的检出率为 10%，北部浅水区和西部深水区的检出率要比东北浅水区和南部深水区的略高；每年的 8 月，东北浅水区、南部深水区和北部浅水区的检出率上升明显，检出率高达 60%～80%，但西部深水区的检出率仍保持在 25%的低水平；9 月南部深水区的检出率从 60%上升到 75%，但其他区域的检出率没有什么变化。2-MIB 的浓度变化也呈季节性变化特性，即每年的 5～7 月 2-MIB 的值始终在异味阈值以下，在 9 月达到最高值，到 11 月之后又恢复到异味阈值以下。不难得出密云水库的 2-MIB 异味问题和浮游蓝丝藻的暴发密切相关。因此，很有必要探究密云水库浮游蓝丝藻的最适栖息地。

密云水库的水域面积很大（188 km^2），大部分水域的水深高达 20～30 m。因此，很难通过在不同区域采样来决定浮游蓝丝藻的栖息地。基于 2-MIB 主要来自蓝藻，以及其生物降解慢的特点，可通过 2-MIB 的分布趋势来大致估算浮游蓝丝藻的主要栖息地。7 月，对于北部浅水区的水样，底部 2-MIB 的浓度高于表层水的比例高达 73%，但在其他水域无显著性差异（$p>0.05$）。然而此期间内 2-MIB 的浓度低（平均浓度仅为 5.8 ng/L±0.54 ng/L），很难反映不同水域位置间的差异。9 月，2-MIB 的平均浓度上升到 44 ng/L±33 ng/L，也出现了很明显的空间分布差异。具体如下：北方浅水区域最高（67 ng/L±37 ng/L），其次为东北部浅水区（48 ng/L±26 ng/L），然后为南部深水区域（37 ng/L±25 ng/L），西部深水区域最低（12 ng/L±8.7 ng/L）。在此期间，所有水域的底层 2-MIB 浓度均明显地高于表层水，尤其是北部浅水区和东北部浅水区最为明显。2-MIB 的浓度在 10 月后有所降低，平均浓度为 21 ng/L±12 ng/L。针对北部浅水区的水样，底层 2-MIB 的浓度大于表层水的比例高达 87%，但对于东北浅水区和南部深水区，其相应的比例仅为 33%。11 月后，2-MIB 的平均浓度进一步减少至 9 ng/L±4.1 ng/L。在此期间，表层水中 2-MIB 的浓度大于底层水的区域为南部深水区域和西部深水区域；北部浅水区域和东北部浅水区域则显示为底层水的 2-MIB 浓度高于表层水。在整个期间西部深水区域所产生的 2-MIB 可忽略不计。根据上述 2-MIB 的空间分布特性，不难得出浮游蓝丝藻最适的栖息地为北部浅水区和东北部浅水区。南部深水区所测定到的 2-MIB 可能是由于水流从北部浅水区域的传输作用，而非来自该区域内的浮游蓝丝藻。

图 2-30 是北部浅水区和东北部浅水区在 2012 年 9 月期间浮游蓝丝藻的分布特性。不难看出每个位置的浮游蓝丝藻密度均大于 100000 个/L，平均浓度为 440000 个/L。高浓度浮游蓝丝藻发生在水深不高于 6 m 的地区，但在水深为 8 m 的地方也观察到了浮游蓝丝藻。总的来说有高达 83%的采样点，其底层的浮游蓝丝藻丰度要高于表层水。

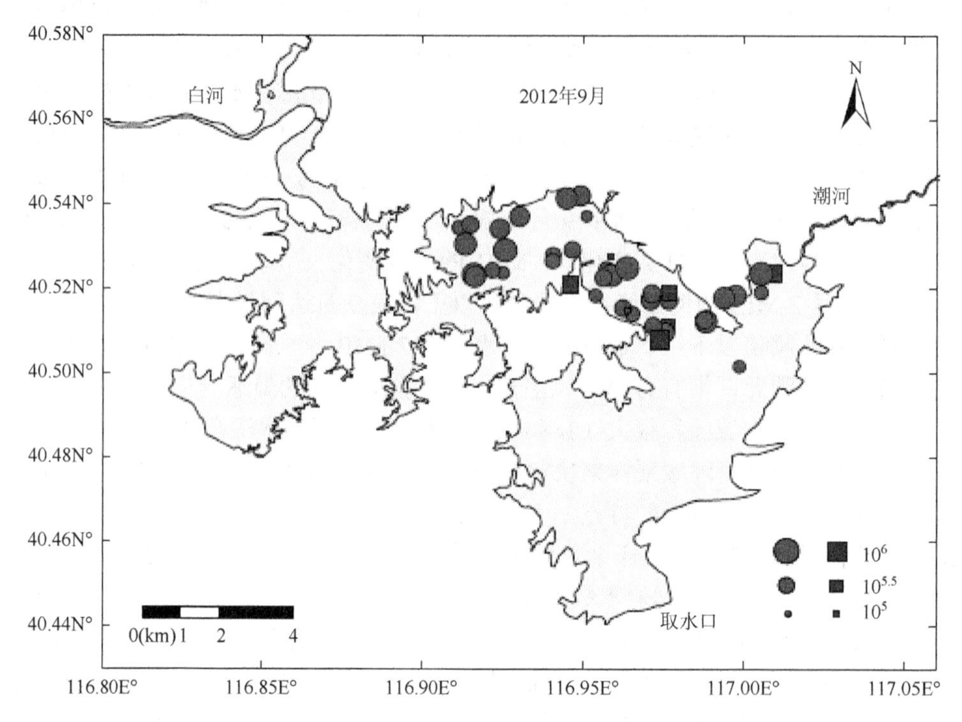

图 2-30 2012 年 9 月期间浮游蓝丝藻在北部浅水区和东北部浅水区的分布特性（Su et al.，2015）

圆圈表示浮游蓝丝藻的丰度特性为底部＞中部＞表层；方形则表示为底层＜中层＜表层

2-MIB 的浓度与浮游蓝丝藻的密度之间存在关联。除蓝丝藻的密度外，其他环境因素也可以影响 2-MIB 的产生。根据 10%、50%和 90%分位回归分析，可得出如下几个方程：

$$c_1 = 132.2\exp\left[-\frac{(\lg\rho - 6.658)^2}{1.679}\right] \quad (10\%) \qquad (2\text{-}1)$$

$$c_2 = 88.84\exp\left[-\frac{(\lg\rho - 6.712)^2}{1.544}\right] \quad (50\%) \qquad (2\text{-}2)$$

$$c_3 = 24.5\exp\left[-\frac{(\lg\rho - 6.843)^2}{1.802}\right] \quad (90\%) \qquad (2\text{-}3)$$

式中，ρ 代表浮游蓝丝藻的密度（个/L）；c_1、c_2 和 c_3 分别表示在不同分位数（10%、50%和 90%）下所对应的 2-MIB 浓度（ng/L）。为使 2-MIB 的浓度值低于其异味阈值，需使浮游蓝丝藻的细胞密度控制在 400000 个/L 以下。同时因浮游蓝丝藻的最适栖息地为浅水区，因此，提升密云水库的水深可能也是控制 2-MIB 的一种手段。

2.5.5 江苏无锡天然源水体异味问题

江苏无锡是位于太湖北岸的一个大城市，同时也是长江口岸的心脏，人口 200 多万人（2007 年数据）。2007 年 5 月 28 日上午，城市居民发现自来水显微黄色，且具有污水异味。当天下午水厂工程师们发现饮用水源入口处数百平方米的太湖湖面已经变成褐色（brown）且有味道，该区域的水被称为“黑水团”。由此可以判断，无锡市居民所反映的自来水异味的原因是太湖水水质的恶化。无锡市共三座大型自来水厂，即中桥（Zhongqiao）水厂、雪浪（Xuelang）水厂和锡东（Xidong）水厂，处理能力分别为 60 万 m^3/d、25 万 m^3/d 和 30 万 m^3/d，均以太湖水为饮用水源。

为查明此次饮用水异味的具体原因，Zhang 等（2010）对太湖水（取水口）的水质进行了现场调查。测定参数主要有化学需氧量（COD_{Mn}）、氨氮（NH_4^+-N）、溶解氧（DO）、藻浓度及挥发性有机物等（表 2-16）。不难看出饮用水出现异味时，水源水的水质发生了恶化。COD_{Mn}、NH_4^+-N 和浑浊度的值都比平时高，而 DO 值很低。对比发现，5 月 28 日后 COD_{Mn} 和浑浊度的值差不多升高了一倍，DO 值接近于 0，而 NH_4^+-N 增加了 10～20 倍。挥发性有机物的测定结果显示硫醇和硫醚的浓度极高。例如，二甲基硫醚（DMS）和甲硫醇（MeSH）的测定浓度分别高达 93.9 μg/L 和 204 μg/L。同时，这些硫化物的异味特征也和自来水的异味相符，表明此次饮用水异味的原因物质和这些硫化物高度相关。6 月 2 日取样时，取样点的 DO 已上升到 5 mg/L 左右，二甲基硫醚和甲硫醇已经差不多完全消失，取而代之的是二甲基二硫（DMDS）和二甲基三硫（DMTS），对应浓度分别为 46.1 μg/L 和 17.2 μg/L。β-环己烯醛的源水浓度从第一次测得的 8.14 μg/L 上升到 6 月 2 日的 21 μg/L。虽然 β-环己烯醛的异味阈值很高，但是第二次测定的浓度已经略高于其异味阈值。因 β-环己烯醛在自来水处理厂的处理过程中部分被去除，因而对饮用水异味的贡献较小。藻类代谢最常见的两种异味化学物质土嗅素和 2-MIB 在源水中也有检出，但其浓度均低于 10 ng/L，因而不是此次饮用水异味的原因物质。根据异味化学物质的分析结果，采用的应急处理方案为：在源水口投加 3～5 mg/L 高锰酸钾，自来水厂入口处的混合池加

30～50 mg/L 的粉末活性炭。经应急处理后的饮用水水质指标符合国家标准《生活饮用水卫生标准》（GB 5749—2006）的要求；微囊藻毒素的浓度也远低于国家标准（1 μg/L）。分析得知，此次饮用水异味事件是由复合因素导致的，即工业废水的偷排和生活废水处理不完全所引起的蓝藻快速死亡和降解，最终导致上述异味化学物质的产生。

表 2-16 无锡市发生饮用水异味时源水中测定的有机物及其异味特性（Zhang et al.，2010）

化合物	浓度（μg/L）		异味特性	异味阈值
	5 月 30 日	6 月 2 日		
硫化氢（H_2S）	+	ND	臭鸡蛋味（rotten eggs）	0.62 ng/L（空气）
甲硫醇（MeSH）	204/ + + +	ND	烂洋葱味（rotten onions）	0.15 ng/L（空气）
二甲基硫醚（DMS）	93.9/ + + +	0.01/ +	烂卷心菜或者水藻味（rotten cabbage or algae）	8.3 ng/L（空气）
二甲基二硫（DMDS）	2.51/ + +	46.1/ + + +	纸浆厂或者烂卷心菜味（pulp mill or rotten cabbage）	9.2 ng/L（空气）；0.2～5 μg/L（水）
二甲基三硫（DMTS）	ND	17.17/ + + +	烂洋葱味（rotten onions）	10 ng/L（水）
二甲基四硫（$CH_3S_4CH_3$）	ND	+	蒜或者海草味（garlic or seaweed）	—
β-环己烯醛	8.14/ + +	21/ + +	烟草味（tobacco）	19 μg/L（水）
甲苯	0.46/ + +	0.44/ + +	—	—
2-MIB	ND	ND	霉味（musty）	9 ng/L（水）
土嗅素	ND	ND	泥土味（earthy）	4 ng/L（水）
多硫化物	+	NT	—	—
3, 5-二叔丁基苯酚	+	NT	—	—
吲哚及其衍生物	+ +	NT	腐败味（septic）	300 μg/L（水）
1-己醛	+	NT	生菜心味（lettuce heart）	4.5 μg/L（水）
1-辛醛	+	NT	—	—
3-己酮	+	NT	—	—
环己酮	+	NT	—	—
微囊藻毒素 LR	7.59	0.73	—	—
微囊藻毒素 RR	9.43	0.60	—	—

注：“+”表示微量；“ + + ”表示大量；“ + + + ”表示特别多；ND 表示 not detected（没有检测到）；NT 表示 not tested（没有测定）；“—”表示 not available（不可提供）

2.5.6 上海黄浦江天然源水体异味问题

黄浦江是上海市的重要饮用水源之一，长期以来季节性的饮用水异味问题多发生在夏秋两季，主要呈现霉味（musty）或者腐败味（septic）。源水中 2-MIB 的浓度最高可达 150 ng/L，但其产生的原因尚不清楚。为探明原因，Sun 等（2013）花了 1 年左右的时间对现场进行了全面调查。用 SPME + GC-MS 对水样进行了异味化学物质的分析。分析的目标物质包括土嗅素、2-MIB、2-异丙基-甲氧基吡嗪（IPMP）、2-异丁基-甲氧基吡嗪（IBMP）和 2, 4, 6-三氯苯甲醚（TCA）五种异味化学物质。与此同时，用光学显微镜对藻类进行了计数测定。此外，应用异味层析分析法对水样的异味强度进行了分析。

在所测定的异味化学物质中，仅检测到 2-MIB 和土嗅素两种异味化学物质，而且土嗅素的浓度均低于 6 ng/L，很明显黄浦江的水体异味的原因物质为 2-MIB。如图 2-31 所示，调查水样中 2-MIB 的浓度与异味强度有较强的一致性，即高异味强度（3.5～5.3）和高浓度的 2-MIB（28.6～71.0 ng/L）主要发生在 7～9 月的夏季（平均水温 25℃）。

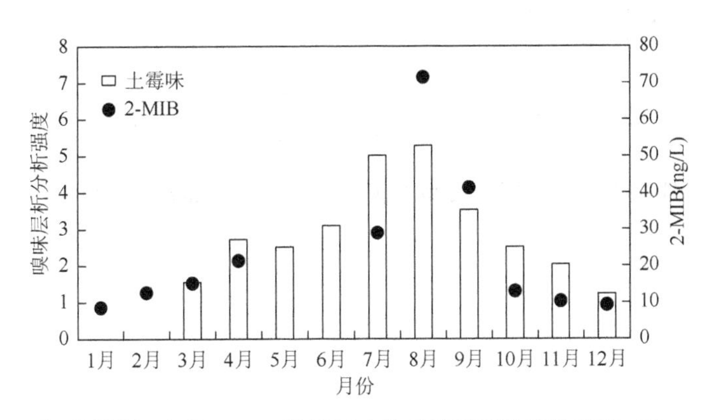

图 2-31 2009 年度黄浦江水的 2-MIB 浓度和水体异味强度的变化趋势（Sun et al.，2013）

水样中共观察到了 3 种蓝藻、11 个二原子藻和 6 个绿色植物等，其中呈丝状的席藻（*Phormidium* sp.）为主要藻类。该席藻的直径为 3～5 μm，长 1.0～2.5 μm，内含颗粒状内容物，头顶呈钝圆形、似锥形或圆锥形。16S rRNA 基因分析发现，黄浦江的优势席藻属于 *Phormidium tergestinum*。夏秋季黄浦江中席藻的细胞密度情况如表 2-17 所示，所占藻类比例高达 84%～93%。对比 2-MIB 浓度和席藻细胞密度发现，两者之间具有较好的线性关系（图 2-32）。进一步研究结果表明，2-MIB 异味物质的主要产生地点不是主要的干流河道，而是靠近黄浦江入口处的一些小的支流。

表 2-17　黄浦江水样中席藻和总藻的细胞密度变化趋势（Sun et al.，2013）

水样日期	细胞密度（个/mL）		席藻比例（%）
	席藻	总藻	
7 月 9 日	1470	1590	92
7 月 22 日	968	1150	84
8 月 6 日	5470	5980	91
9 月 8 日	843	909	93
9 月 24 日	1034	1108	93
10 月 13 日	320	378	85

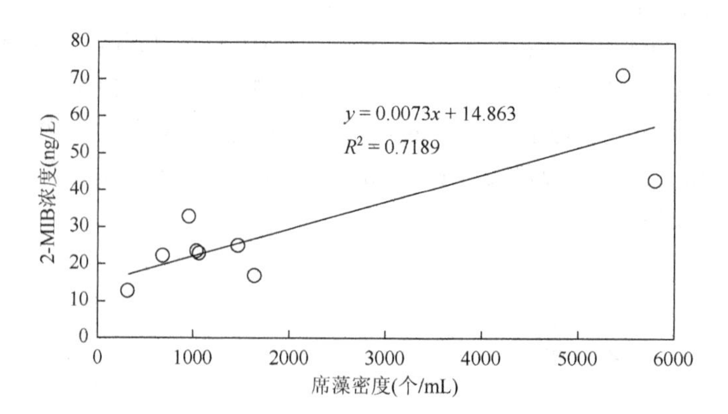

图 2-32　席藻密度和 2-MIB 浓度的相关性（Sun et al.，2013）

第3章　工业源异味化学物质

相对于天然源异味化学物质，工业源异味化学物质不仅数目更多，且危害更大。天然源异味化学物质主要是影响饮用水的口感，基本不会对人体的健康产生危害，而工业源异味化学物质所造成的饮用水异味有时会严重损害人体健康。工业源饮用水异味既可能来自工业源直接污染，也有可能来自工业源化学物质的代谢产物。本章重点介绍主要的工业源异味化学物质和相应的处理对策。

3.1　优先工业源异味化学物质

依据 Scholar Google 及主要学术数据库，对工业源异味化学物质进行了全面整理。整理的信息包括：物质的中英文对照、CAS 号、是否属于生活饮用水 106 项指标、化学分子式、嗅觉阈值、味觉阈值、溶解度、K_{OW}、沸点、饱和蒸气压、异味特征、毒性、化学分析方法、表面水体浓度、去除工艺等参数。一共收集 573 种工业源异味化学物质（具体见广东粤海水务股份有限公司的水体异味化学物质数据库 http://odor.guangdongwater.com）。因为篇幅关系，在此仅列出 142 种优先工业源异味化学物质。

优先工业源异味化学物质的确定应该结合它们的生产量或使用量，以及异味阈值等参数，但由于这些异味化学物质的使用量数据缺乏，此次确定的优先工业源异味化学物质主要以其异味阈值为依据，即异味阈值低于 10 μg/L 的列为优先异味化学物质，共 137 种。再加上近期我国报道过的 5 种饮用水异味化学物质：糠醛、2-叔丁基苯酚、2, 4-二叔丁基苯酚、4-叔丁基苯酚和 4-丁基苯酚，总计 142 种，具体见表 3-1。在这些优先工业源异味化学物质中，含硫类化合物的异味阈值低，多在 1 μg/L 以下，共 21 种。其中，乙硫醇、正丁基硫醇、己硫醇和甲硫醇的异味阈值分别低至 7.5 ng/L、12 ng/L、15 ng/L 和 24 ng/L。可用作食用香精的天然吡嗪类化合物的异味阈值也很低。2-乙氧基-3-甲基吡嗪、2, 3-二甲基-5-乙基吡嗪、2-乙基-2, 5-二甲基吡嗪、2-乙基-3, 6-二甲基吡嗪、5-乙基-2-甲基吡嗪、2-甲氧基-3-仲丁基吡嗪和 2-甲氧基-3-甲基吡嗪的异味阈值分别为 0.8 μg/L、1 μg/L、1 μg/L、0.4～5 μg/L、10 μg/L、1×10^{-6} μg/L 和 0.003～0.007 μg/L。其中，2-甲氧基-3-甲基吡嗪的异味阈值与典型的天然源异味化学物质 2-MIB 和土嗅素相当，而 2-甲氧基-3-仲丁基吡嗪的异味阈值则比 2-MIB 和土嗅素低 3 个数量级。这

表 3-1　工业源优先异味化学物质

序号	中文	英文	CAS 号	溶解度（mg/L）	沸点（℃）	饱和蒸气压（mmHg[①]）	异味特征	嗅觉阈值（μg/L）	味觉阈值（μg/L）	毒性	用途	主要分析方法	106 项
1	乙醛	acetaldehyde	75-07-0	5.37×10^4	18.6	965	刺鼻的	8.7～34	—	中毒	制备乙酸、酸酐、丁醛等重要化工原料	GC；GC-MS	否
2	苯乙酮	acetophenone	98-86-2	2400	202	0.299	甜、杏仁味	3.9～6800	—	中毒	重要有机合成中间体及增塑剂	GC-MS	否
3	丙烯腈	acrylonitrile	107-13-1	9.92×10^4	77.3	97.1	大葱和大蒜刺鼻味	3.9～19000	—	高毒	重要有机合成中间体	GC-MS	是[a]
4	丙烯基氯	allyl chloride	107-05-1	2700	41.6	417	大葱和大蒜刺鼻味	8.9	—	中毒	合成原料	GC	否
5	烯丙基硫醇	allyl mercaptan	870-23-5	7400	68.4	152	强烈的大蒜味	0.05	—	—	医药	GC-MS	否
6	二烯丙基硫醚	allyl sulphide	592-88-1	6600	141.5	7.3	大蒜、洋葱、辣椒刺鼻味	0.22	—	中毒	日用和香料	GC-MS	否
7	二烯丙基二硫	diallyl disulfide	2179-57-9	4800	185	0.976	大蒜味	0.22	—	高毒	食用香料，医药中间体	GC-MS	否
8	1-戊硫醇	amyl mercaptan	110-66-7	1100	126.3	14.2	不愉快的；腐败的	0.3	—	高毒	合成	GC-MS	否
9	仲乙酸戊酯	sec-amyl acetate	626-38-0	4400	130.5	9.68	甜味；香蕉味；油脂味	1.7	—	—	重要有机合成原料	GC-MS	否
10	砷化氢	arsine	7784-42-1	—	—	—	大蒜味	0.35	—	剧毒	半导体工业	分光光度法	否
11	苄硫醇	benzyl mercaptan	100-53-8	8.1×10^{-4}	195.3	0.591	大蒜味；韭菜味	0.2～2.6	—	高毒	香料	GC-MS	否
12	苯甲醛	benzaldehyde	100-52-7	2100	178.7	0.974	苦味；愉快的	0.18～4.3	—	中毒	重要有机合成原料	GC-MS	否

① $1mmHg = 1.33322\times10^2Pa$

续表

序号	中文	英文	CAS 号	溶解度（mg/L）	沸点（℃）	饱和蒸气压（mmHg）	异味特征	嗅觉阈值（μg/L）	味觉阈值（μg/L）	毒性	用途	主要分析方法	106 项
13	联苯	biphenyl	92-52-4	22	258	0.0227	溶剂味	0.5	—	中毒	重要有机合成原料	GC-MS	否
14	溴	bromine	7726-95-6	1400	58.8	190	漂白粉味；刺鼻的	6.3	—	中毒	阻燃剂重要组分	滴定法	否
15	1, 3-丁二烯	1, 3-butadiene	106-99-0	650	–4.4	2100	瓦斯味	1.4	—	中毒	重要有机合成原料	GC-MS	否
16	正丁基硫醇	*n*-butyl mercaptan	109-79-5	0.0023	98.2	46.3	大蒜味；臭鼬味	0.012	—	中毒	有机合成中间体	GC-MS	否
17	丁醛	butylaldehyde	123-72-8	1.4×10^4	77.6	96	甜；水果；香蕉；腐败的	9～39	—	中毒	重要化工原料	GC-MS	否
18	丙烯酸正丁酯	*n*-butyl acrylate	141-32-2	4000	145.9	4.75	胶水	7.8	—	中毒	树脂，橡胶等中间体	GC-MS	否
19	丁基苯	*n*-butyl benzene	104-51-8	8.1	183.5	1.05	—	8.5	—	低毒	有机合成	GC-MS	否
20	丁酸丁酯	*n*-butyl butyrate	109-21-7	1900	165	1.91	—	4.8	—	中毒	食品香精及有机合成	GC-MS	否
21	丁酸异丁酯	isobutyl butyrate	539-90-2	2000	156.3	2.91	有苹果和菠萝似水果香气和甜味	1.6	—	低毒	食用香料	GC-MS	否
22	异丁胺	isobutylamine	78-81-9	1×10^6	67.7	144	氨气味	1.5	—	高毒	生产农药等中间体	GC-MS	否
23	异戊酸异丁酯	isobutyl isovalerate	589-59-3	1100	171	1.43	—	5.2	—	低毒	食用香料	GC-MS	否
24	丁酸	butyric acid	107-92-6	1×10^6	164.3	1.35	酸的；汗臭的	0.19	—	中毒	食用香料及重要精细化工品	GC	否

续表

序号	中文	英文	CAS 号	溶解度（mg/L）	沸点（℃）	饱和蒸气压（mmHg）	异味特征	嗅觉阈值（μg/L）	味觉阈值（μg/L）	毒性	用途	主要分析方法	106 项
25	叔丁基异硫酸酯	*t*-butylisothio cyanate	590-42-1	630	141.6	7.26	汽油味	1.67	—	—	杀虫剂原料	GC-MS	否
26	乙酸仲丁酯	sec-butyl acetate	105-46-4	9400	112.6	21.6	—	2.4	—	中毒	有机溶剂	GC-MS	否
27	2-异丁基噻唑	isobutylthiazole	18640-74-9	8200	182.7	1.09	强烈番茄香	2～3.5	—	—	食用香精	GC-MS	否
28	二硫化碳	carbon disulfide	75-15-0	380	46.2	352	蔬菜/硫化	0.39	—	中毒	制造黏性纤维、玻璃纸等原料；制造农药原料	GC-MS	否
29	邻氯甲苯	*o*-chlorotoluene	95-49-8	34	158.97	3.77	—	6.9	—	中毒	重要化工原料	GC-MS	否
30	邻甲酚	*o*-cresol	108-39-4	2.3×10^4	202.3	0.207	甜；焦油；杂酚油	0.28～650	—	高毒	染料和农药的中间体	GC-MS	否
31	间甲酚	*m*-cresol	95-48-7	2.5×10^4	191	0.379	甜；焦油；杂酚油	0.1～680	—	高毒	除草剂中间体	GC-MS	否
32	对甲酚	*p*-cresol	106-44-5	2.2×10^4	—	0.211	粪便	0.054～55	5500	高毒	杀菌剂，有机合成中间体	GC-MS	否
33	丁烯基硫醇	crotyl mercaptan	5954-72-3	4.80×10^3	101.3	40.9	臭鼬味	0.03	—	—	医药中间体	—	否
34	异丙苯	cumene	98-82-8	43	152.4	4.48	辛辣；芳香	0.8～100	—	中毒	有机合成中间体	GC-MS	否
35	环己烯	cyclohexene	110-82-7	84	93.7	80.7	甜/芳香	0.39	—	中毒	有机合成中间体	GC-MS	否
36	二苯并呋喃	dibenzofuran	132-64-9	0.45	287	4.40×10^{-3}	杂酚油	—	2～4	—	用于医药，消毒剂，防腐剂，染料；合成树脂及高温润滑剂等的原料	GC-MS	否

续表

序号	中文	英文	CAS号	溶解度（mg/L）	沸点（℃）	饱和蒸气压（mmHg）	异味特征	嗅觉阈值（μg/L）	味觉阈值（μg/L）	毒性	用途	主要分析方法	106项
37	1, 2-二乙基苯	*o*-diethyl benzene	135-01-3	9	183.5	1.05	刺激性气味	9.4	—	低毒	有机合成中间体	GC-MS	否
38	1, 4-二乙基苯	*p*-diethyl benzene	105-05-5	7.3	183.1	1.07	—	0.39	—	低毒	解析剂	GC-MS	否
39	二乙基硫醚	diethyl sulfide	352-93-2	1.1×10^4	94.4	54.2	臭；大蒜	0.033	—	高毒	用于有机合成，用作特定溶剂，以及金银电镀等	GC-MS	否
40	二甲硫醚	dimethyl sulfide	75-18-3	4.5×10^4	29.5	647	腐败的；包菜味	0.3～1	—	中毒	溶剂和农药中间体	GC-MS	否
41	二苯醚	diphenylether	101-84-8	44	258.3	0.0223	愉快/天竺葵	0.015	0.015～0.6	中毒	有机合成	LC-MS/MS	否
42	1, 2-苯并噻唑	1, 2-benzothiazole	272-16-2	810	146.4	5.87	—	10～980	—	—	—	GC-MS	否
43	十二醛	dodecanal	112-54-9	33	242.2	0.0344	甜；蜡酯柑橘；草药	2	—		香料和有机合成中间体	GC-MS	否
44	丙烯酸乙酯	ethyl acrylate	140-88-5	1.8×10^4	99.5	38.2	酸；刺鼻的	0.38	—	中毒	主要用于合成树脂的原料，并用于涂料、纺织、皮革等工业	GC-MS	否
45	乙基苯	ethyl benzene	100-41-4	110	136.2	9.21	芳香	29	1.6～3.2	中毒	有机合成及溶剂	GC-MS	是[b]
46	丁酸乙酯	ethyl butyrate	105-54-4	8500	122.4	13.9	水果；黄油；成熟水果	1	—	低毒	溶剂及香料等	GC-MS	否
47	庚酸乙酯	ethyl heptanoate	106-30-9	850	188.3	0.602	强烈的；水果；酒味	2.2	—	—	有机合成，溶剂，香料，制酒工业用	GC-MS	否

续表

序号	中文	英文	CAS 号	溶解度（mg/L）	沸点（℃）	饱和蒸气压（mmHg）	异味特征	嗅觉阈值（μg/L）	味觉阈值（μg/L）	毒性	用途	主要分析方法	106 项
48	己酸乙酯	ethyl hexanoate	123-66-0	1900	167.9	1.66	强烈的；水果；酒；苹果；香蕉；菠萝	1	—	中毒	有机合成及食品添加剂	GC-MS	否
49	乙硫醇	ethyl mercaptan	75-08-1	9900	34.7	537	泥土；硫化物	0.0075	—	中毒	农药中间体，警戒气	GC-MS	否
50	丙酸乙酯	ethyl propionate	105-37-3	1.8×10^4	95.9	44.5	强烈的；水果；朗姆酒味	10	—	低毒	酯类溶剂，有机合成，调味剂	GC-MS	否
51	戊酸乙酯	ethyl valerate	539-82-2	3900	145.9	4.75	强烈的；水果；苹果	1.5	—	—	食品加香剂和有机合成	GC-MS	否
52	异戊酸乙酯	ethyl isovalerate	108-64-5	4400	200.5	7.85	类似苹果香蕉香气；酸甜气味	0.013	—	低毒	食用香精	GC-MS	否
53	2-乙氧基-3-甲基吡嗪	2-ethoxy-3-methylpyrazine	32737-14-7	3.5×10^4	181.3	1.17	—	0.8	—	—	食用香精	GC-MS	否
54	2, 3-二甲基-5-乙基吡嗪	ethyl dimethyl pyrazine	15707-34-3	1.85×10^5	190.7	0.74	—	1	—	—	香精	GC-MS	否
55	2-乙基-3, 5-二甲基吡嗪	2-ethyl-3, 5-dimethylpyr-azine	13925-07-0	1.96×10^5	188.8	0.814	威士忌烧花生味	1	—	—	食品添加剂	GC-MS	否
56	2-乙基-3, 6-二甲基吡嗪	2-ethyl-3, 6-dimethylpyr-azine	27043-05-6	—	188	—	威士忌烧花生味	0.4～5	—	—	食品添加剂	GC-MS	否

续表

序号	中文	英文	CAS号	溶解度（mg/L）	沸点（℃）	饱和蒸气压（mmHg）	异味特征	嗅觉阈值（μg/L）	味觉阈值（μg/L）	毒性	用途	主要分析方法	106项
57	5-乙基-2-甲基吡啶	5-ethyl-2-methylpyridine	104-90-5	1.0×10^{5}	176	1.5	酸/刺鼻的	10	—	高毒	医药中间体	GC-MS	否
58	2-甲氧基-3-仲丁基吡嗪	2-methyoxy-3-sec-butyl pyrazine	24168-70-5	620	230.5	0.0995	坚果；胡椒；新鲜豆类	1×10^{-6}	—	—	日用及食用香精	GC-MS	否
59	2-甲氧基-3-甲基吡嗪	2-methoxy-3-methylpyrazine	2847-30-5	7.8×10^{4}	159.3	327	榛子香气	0.003～0.007	—	—	食用香料	GC-MS	否
60	2-甲氧基-4-乙烯基苯酚	2-methoxy-4-vinylphenol	7786-61-0	2300	245	0.0188	强烈辛香；炒花生气味	3	—	—	食用香料	GC-MS	否
61	异丁酸甲酯	methyl isobutyrate	547-63-7	2×10^{4}	93	50.4	苹果、菠萝香；杏子甜	1.9	—	低毒	食用香料	GC-MS	否
62	异丁酸乙酯	ethyl 2-methypropanoate	97-62-1	9400	112.6	21.6	水果香味	0.1	9400	中毒	用于有机合成和香料工业，也可用作溶剂	GC-MS	否
63	异丁酸己酯	hexyl isobutyrate	2349-07-7	450	195.7	0.413	强烈的水果芳香	6～13	—	—	食用香料	GC-MS	否
64	异丁酸辛酯	octyl 2-methyl propanoate	109-15-9	98	231.9	0.0609	凉爽草本香	6	—	—	食用香料	GC-MS	否
65	异丁酸内酯	propyl isobutyrate	644-49-5	4400	135.1	7.85	水果	2	—	—	—	GC-MS	否
66	玫瑰醚	rose oxide	16409-43-1	1100	196.7	0.551	甜味	0.5	—		—	GC-MS	否
67	α-甜橙醛	α-sinensal	17909-77-2	160	335.5	1.19×10^{-4}	柑橘果香	0.05	—		—	GC-MS	否

续表

序号	中文	英文	CAS 号	溶解度（mg/L）	沸点（℃）	饱和蒸气压（mmHg）	异味特征	嗅觉阈值（μg/L）	味觉阈值（μg/L）	毒性	用途	主要分析方法	106 项
68	叔丁基硫醇	tert-butyl mercaptan	75-66-1	3000	67	160	异臭味	0.1	—	中毒	是有机磷杀虫剂特丁硫磷的中间体	GC-MS	否
69	硫代甲酚	thiocresol	26445-03-4	—	—	—	腐臭/臭鼬	0.1	—	—	—	GC-MS	否
70	对甲乙苯	*p*-ethyltoluene	622-96-8	30	161.7	2.93	—	8.3	—	—	—	GC-MS	否
71	己硫醇	hexyl mercaptan	111-31-9	520	152.3	4.5	泥土	0.015	—	高毒	食用香料	GC-MS	否
72	丙酸己酯	hexyl propionate	2445-76-3	850	189.9	0.557	果香味	8	—	—	食用香料	GC-MS	否
73	2-甲基丁酸乙酯	ethyl 2-methylbutyrate	7452-79-1	4400	135.1	7.85	苹果皮；菠萝皮	0.3	—	—	食用香料	GC-MS	否
74	3-甲硫基丙酸乙酯	ethyl 3-methylthio-propionate	13327-56-5	1.5×10^4	200.5	0.324	洋葱；似水果甜香味	7	1500	—	食用香料	GC-MS	否
75	庚酸甲酯	methyl heptanoate	106-73-0	1900	171	1.43	—	4	—	—	有机合成及香料合成	GC-MS	否
76	丁香油酚	eugenol	97-53-0	1800	255	0.0104	强烈丁香；辛香	6～30	—	中毒	食用香料及杀虫剂	GC-MS	否
77	乙酸香叶酯	geranyl acetate	105-87-3	570	247.5	0.0256	苹果；玫瑰油和薰衣草混合香	9	—	—	食用香精	GC-MS	否
78	丙酸香叶酯	geranyl propionate	105-90-8	270	282.4	0.00336	果香和玫瑰香气息；微苦	10	—	—	食用香料	GC-MS	否
79	正庚烷	heptane	142-82-5	4.7	98.8	45.2	石油臭	7.3	—	中毒	溶剂及有机合成原料	GC	否

续表

序号	中文	英文	CAS 号	溶解度（mg/L）	沸点（℃）	饱和蒸气压（mmHg）	异味特征	嗅觉阈值（μg/L）	味觉阈值（μg/L）	毒性	用途	主要分析方法	106 项
80	六氯丁二烯	hexachlorobutadiene	87-68-3	2.9	230.5	0.0993	松脂	6	—	高毒	重要溶剂及合成橡胶原料	GC-MS	否
81	六氯环戊二烯	hexachlorocyclopentadiene	77-47-4	1.6	242.8	0.0518	刺激性气味	1～7.7	—	高毒	用来制取有机氯杀虫剂、艾氏剂、狄氏剂、氯丹及耐燃塑料	GC-MS	否
82	六氯乙烷	hexachloroethane	67-72-1	15	186.8	0.895	樟脑香味	10	—	中毒	有机合成原料	GC-MS	否
83	环戊二烯	cyclopentadiene	542-92-7	860	41.5	418	—	6	—	高毒	树脂	GC-MS	否
84	正癸醇	*n*-decanol	124-18-5	0.065	174.9	1.58	—	0.77	—	低毒	合成纤维	GC-MS	否
85	癸醛	decanal	112-31-2	150	209	0.207	愉快香味	0.4	—	—	用作有机合成和香料	GC-MS	否
86	丁二酮	diacetyl	431-03-8	1.69×10^5	88	62.3	强烈气味	0.05	—	高毒	食用香料和香精	GC-MS	否
87	庚醇	heptanol	111-70-6	3400	176.9	0.325	油脂；辛辣；柑橘香气	4.8	—	中毒	溶剂及有机合成原料	GC-MS	否
88	正己烷	hexane	110-54-3	16	68.5	151	汽油味	6.4	—	低毒	有机合成及溶剂	GC	否
89	正己醛	hexanal	66-25-1	3100	127.9	10.9	苹果香；油脂；青草	0.28	—	低毒	合成香料	GC-MS	否
90	乙酸己酯	hexyl acetate	142-92-7	1900	171.5	1.39	浓郁果香	2	—	中毒	食用香料及有机合成	GC-MS	否
91	茚	indene	95-13-6	280	181.6	1.15	—	0.26～1	—	中毒	用于合成树脂、杀虫剂及用作溶剂	GC-MS	否
92	异丙醚	isopropyl ether	108-20-3	1.2×10^4	152	68.3	甜/醚类特殊香气	0.8	—	低毒	溶剂和有机合成	GC-MS	否

续表

序号	中文	英文	CAS 号	溶解度（mg/L）	沸点（℃）	饱和蒸气压（mmHg）	异味特征	嗅觉阈值（μg/L）	味觉阈值（μg/L）	毒性	用途	主要分析方法	106 项
93	乙基葫芦巴内酯	maple furanone	698-10-2	3.4×10^{4}	316.4	3.47×10^{-5}	未熟青水果香味	10^{-9}	—	—	食用香料	GC-TOF	否
94	2-甲基丙烯醛	methacrolein	78-85-3	4.5×10^{4}	68	142	强烈刺激性臭味	8.5	—	中毒	制造树脂	GC-MS	否
95	3-甲硫基丙醛	methional	3268-49-3	2.7×10^{4}	168.2	1.64	恶臭	0.2	—	中毒	食用香料	GC-MS	否
96	丙烯酸甲酯	methyl acrylate	96-33-3	4×10^{4}	80.2	86.3	辛辣	2.1	—	中毒	合成树脂	GC-MS	否
97	甲基烯丙基硫醚	methyl ally sulfide	10152-76-8	1.8×10^{4}	88.6	68.4	—	0.14	—	—	—	GC-MS	否
98	异戊酸甲酯	methyl isovalerate	556-24-1	9400	116.5	18.2	药草和水果香	2.2	—	中毒	食用香料	GC-MS	否
99	甲硫醇	methyl mercaptan	74-93-1	2×10^{4}	−1.4	1900	不愉快气味	0.024	—	高毒	用作有机合成中间体，主要用于合成材料、农药和医药等方面	GC-MS	否
100	2-甲基丁酸甲酯	methyl 2-methyl butyrate	868-57-5	9400	112.6	21.6	刺激性的水果香；新鲜生梨、热带水果香	0.25	—	—	食用香料	GC-MS	否
101	2-甲基丁基乙酸酯	2-methyl butyl acetate	624-41-9	4400	135.1	7.85	香蕉和苹果气味	5	—	—	食用香料	GC-MS	否
102	2-甲基丁醛	2-methyl butyraldehyde	96-17-3	7400	92～93	49.3	强烈刺激性；咖啡和可可	1～25000	—	—	食用香料	GC-MS	否

续表

序号	中文	英文	CAS 号	溶解度（mg/L）	沸点（℃）	饱和蒸气压（mmHg）	异味特征	嗅觉阈值（μg/L）	味觉阈值（μg/L）	毒性	用途	主要分析方法	106 项
103	对甲基苯乙酮	4-methylacetophenone	122-00-9	1300	211	0.187	水果；花；强烈的山楂香	0.027	—	—	有机合成	GC	否
104	偏三甲苯	1, 2, 4-trimethylbenzene	95-63-6	32	170.8	1.92	—	0.26～120	—	中毒	有机化工原料，生产医药染料与合成树脂	GC-MS	否
105	1-甲基萘	1-methyl naphthalene	90-12-0	36		0.0518	似萘气味	2.5～170	—	中毒	食用香精；用作表面活性剂、减水剂、分散剂、药物等有机合成的原料	GC-MS	否
106	2-甲基萘	2-methyl naphthalene	91-57-6	36	239.9	0.0605	—	3～40	—	高毒	溶剂及医药中间体	GC-MS	否
107	壬烷	nonane	111-84-2	0.31	151.7	4.63	—	1.3	—	低毒	溶剂及有机合成	GC-MS	否
108	辛烷	octane	111-65-9	1.3	126.4	14.2	—	1.7	—	低毒	溶剂及有机合成	GC-MS	否
109	1-辛烯-3-酮	1-octen-3-one	4312-99-6	2000	177	1.06	—	5×10^{-6}	—	—	食用香料	GC-MS	否
110	二氟化氧	oxygen difluoride	7783-41-7	2.37×10^{5}	—	—	—	0.28	—	剧毒	氟化反应	荧光	否
111	1-戊烯-3-酮	1-penten-3-one	1629-58-9	1.9×10^{4}	104.3	31.1	呈香辣、醚香、胡椒、大蒜、芥菜、洋葱等强烈刺激性气味	1～1.3	—	高毒	食用香料	GC-MS	否
112	3-戊烯-2-酮	3-penten-2-one	625-33-2	2.4×10^{4}	122	14.2	—	1.5	—	—	食用香料	GC-MS	否

续表

序号	中文	英文	CAS 号	溶解度（mg/L）	沸点（℃）	饱和蒸气压（mmHg）	异味特征	嗅觉阈值（μg/L）	味觉阈值（μg/L）	毒性	用途	主要分析方法	106 项
113	2-正戊基呋喃	2-pentyl furan	3777-69-3	290	169.7	2.02	—	6	—	中毒	食用香料	GC-MS	否
114	2-戊基吡啶	2-pentylpyri-dine	2294-76-0	1.9×10^4	210.4	0.279	小牛肉香	0.6	—	—	食用香料	GC-MS	否
115	苯硫醇	phenyl mercaptan	108-98-5	360	169.1	2.07	恶臭	0.28	—	剧毒	食用香料和医药中间体	GC-MS	否
116	α-蒎烯	alpha-pinene	80-56-8	8.9	157.9	3.49	有松萜特有的气味	6	—	中毒	用作制合成树脂、香樟醇等的原料；香料	GC-MS	否
117	磷化氢	phosphine	7805-51-2	0.0004	−73	—	洋葱；芥末；鱼腥	0.2	—	剧毒	集成电路制造	GC-MS	否
118	丙醛	propanal	123-38-6	2.8×10^4	49.3	299	甜；乙醚；绿色咖啡；窒息性刺激气味	9.5～80	—	中毒	主要用于制备醇酸树脂、橡胶促进剂和防老剂、除草剂、杀虫剂、防霉剂、丙酸、丙醇、丙胺	GC-MS	否
119	丙酸	propionate	79-09-4	1×10^6	141.7	4.23	酸	10～28000	—	中毒	化工原料	GC	否
120	叔丁基异硫酸酯	tert-butyl isothiocyante	590-42-1	630	141.6	7.26	汽油味	1.67	—	—	杀虫剂合成中间体	GC-MS	否
121	三甲胺	trimethyla-mine	75-50-3	2×10^4	2.8	1720	鱼腥；刺鼻；氨气味	0.2	—	中毒	用于农药、染料、医药及有机合成等	GC-MS	否
122	十一醛	undecanal	112-44-7	72	226.1	0.0832	甜；石蜡柑橘；草药	5	—	—	化妆品原料	GC-MS	否
123	2-十一酮	2-undecanone	112-12-9	240	230.8	0.0978	有柑橘类、油脂和芸香似香气	7	—	—	—	GC-MS	否

续表

序号	中文	英文	CAS号	溶解度（mg/L）	沸点（℃）	饱和蒸气压（mmHg）	异味特征	嗅觉阈值（μg/L）	味觉阈值（μg/L）	毒性	用途	主要分析方法	106项
124	乙烯基甲苯	vinyl toluene	25013-15-4	—	168	—	香水	42	2～8	中毒	重要化工原料	GC	否
125	4-羟基苯乙烯	4-vinylphenol	2628-17-3	2500	206.2	0.168	—	10	—	—	—	GC-MS	否
126	二溴苯酚	2-bromophenol	95-56-7	3300	194.5	0.315	酚/碘	—	0.03	中毒	有机合成中间体	GC-MS	否
127	2, 4-二溴苯酚	2, 4-dibromophenol	615-58-7	730	238.5	0.0274	酚	—	4	—	有机合成中间体	GC-MS	否
128	2, 6-二溴苯酚	2, 6-dibromophenol	608-33-3	1700	256.6	0.00949	碘仿	5.00×10^{-4}	5.00×10^{-4}	—	有机合成中间体	GC-MS	否
129	2, 4, 6-三溴苯酚	2, 4, 6-tribromophenol	118-79-6	760	286.8	0.0015	碘仿；味甜	—	0.6	—	反应型阻燃剂	GC-MS	否
130	2-氯苯酚	2-chlorophenol	95-57-8	2400	174.9	0.875	医药	0.36	0.14	高毒	农药及医药中间体	GC-MS	否
131	4-氯苯酚	4-chlorophenol	106-48-9	2100	220	0.0783	不愉快气味	10～20	39～62	高毒	农药及医药中间体	GC-MS	否
132	2, 4-二氯苯酚	2, 4-dichlorophenol	120-83-2	440	210	0.136	酚臭	5.4	0.98	中毒	重要有机合成中间体	GC-MS	否
133	2, 6-二氯苯酚	2, 6-dichlorophenol	87-65-0	520	220	0.0828	—	5.9	0.0062	中毒	重要有机合成中间体	GC-MS	否
134	单氯苯	monochlorobenzene	108-90-7	86	131.7	11.2	甜；杏仁味	30	10	中毒	有机化工品	GC-MS	否
135	4-氯-2-甲基苯酚	4-chloro-2-methylphenol	1570-64-5	1000	223	0.0581	—	62	2.5	中毒	有机合成中间体	GC-MS	否
136	4-氯-3-甲基苯酚	4-chloro-3-methylphenol	59-50-7	980	235	0.0335	苯酚味	2.5	2.5	中毒	有机合成中间体	GC-MS	否

续表

序号	中文	英文	CAS 号	溶解度（mg/L）	沸点（℃）	饱和蒸气压（mmHg）	异味特征	嗅觉阈值（μg/L）	味觉阈值（μg/L）	毒性	用途	主要分析方法	106 项
137	2-氯-4-甲基苯酚	2-chloro-4-methylphenol	6640-27-3	1100	195.5	0.298	—	0.15	＜0.05	—	有机合成中间体	GC-MS	否
138	糠醛	furfural	98-01-1	6600	161.8	2.23	杏仁；特殊香味	35000	—	高毒	用作有机合成的原料，也用于合成树脂、清漆、农药、医药、橡胶和涂料等	GC-MS	否
139	2-叔丁基苯酚	2-tert-butyl-phenol	88-18-6	2300	223	0.074	—	—	—	高毒	有机合成原料	GC-MS	否
140	2, 4-二叔丁基苯酚	2, 4-di-tert-butylphenol	96-76-4	—	263.5	5.57×10^{-3}	越橘	200	—	—	染料中间体	GC-MS	否
141	4-叔丁基苯酚	4-tert-butyl-phenol	98-54-4	—	237	0.0361	—	—	—	中毒	有机合成原料	GC-MS	否
142	4-丁基苯酚	4-*n*-butylphenol	1638-22-8	—	248	5.57×10^{-3}	—	—	—	—	有机合成原料	GC-MS	否

a. 0.1 mg/L；

b. 0.3 mg/L

些食品添加剂虽然使用量较低，但由于其异味阈值极低，仍可能是造成饮用水异味的元凶之一。例如，Yu 等（2009）在广州和上海的饮用水源水中检出了二甲基三硫，浓度分别高达 3963 ng/L 和 3665 ng/L，高出其异味阈值的 2 倍以上。虽然二甲基三硫的产生一般与藻类的死亡和微生物的厌氧降解密切相关（Yu et al.，2009；Zhang et al.，2010），但其随食品行业废水排放而进入水体的作用同样不可忽视。

3.2　工业源异味化学物质致饮用水异味概述

工业源异味化学物质所导致的饮用水异味主要有两种途径：①直接污染饮用水水源；②在管道输送过程中所引起的二次污染。前者主要是工业废物的泄漏，且多为突发事件；后者主要包括饮用水管道破裂而混入化学物质、消防管道水回流及管道自身的渗出等。本部分主要对饮用水水源的工业化学物质污染和塑料管饮用水输水系统的异味进行系统的概括。

3.2.1　工业源异味化学物质致饮用水异味事件

近年来我国饮用水异味事件频发，其中有不少是工业源化学物质的污染所致。2013 年 12 月至 2014 年 1 月，浙江省杭州市暴发自来水异味事件，水体呈现塑料、油漆和农药的异味，受影响居民人口超过 120 万人，后经查明是工业废水的偷排引起的，基本确定异味元凶为化学物质邻叔丁基苯酚。2014 年 1 月，山西省天镇县的饮用水受到当地的糠醛厂排污的污染，出现臭味，约 20 万人受到影响。同年 2 月，上海市崇明区的饮用水呈现塑料、橡胶的异味，受影响人口 70 余万，原因是饮用水源水中挥发酚浓度超标。不限于中国，一些发达国家也发生过不少工业源异味化学物质污染事件，表 3-2 整理了世界上一些工业源异味化学物质饮用水污染事件。

表 3-2　世界工业源异味化学物质饮用水污染事件

时间	地点	原因	污染物质	受影响人口	人体健康是否受到影响	持续时间	参考文献
1979 年 7 月	美国宾夕法尼亚州蒙哥马利	管道泄漏	三氯乙烯	500 人	是	—	（Landrigan et al.，1987）
1981 年	美国宾夕法尼亚州匹兹堡	管道渗入	七氯，氯丹	300 人	否	27 天	（Pacific Northwest Section of the American Water Works Association，1995）

续表

时间	地点	原因	污染物质	受影响人口	人体健康是否受到影响	持续时间	参考文献
1986年4月	美国北卡罗来纳州霍普米尔斯	管道渗入	七氯，氯丹	23户人	否	3天	（Watts Regulator，1998）
1986年11月	瑞士巴塞尔	火灾	大量农药、染料和溶剂（1300 t以上）	约1200万人	是	—	（Capel et al.，1988）
1987年	美国新泽西州霍桑	管道渗入	七氯	63人	否	—	（Pacific Northwest Section of the American Water Works Association，1995）
1991年7月	美国加利福尼亚州北部	火车车厢泄漏	大于1.8 t的威百亩（metam sodium）	大于846人	是	—	（Bowler et al.，1994）
1991年	美国犹他州尤因塔高地	管道渗入	三甲基氯；2, 4-滴；麦草畏	2000家	是	—	（U. S. EPA，2001）
1995年	美国新墨西哥州图克姆卡里	管道渗入	甲苯和酚等	—	是	—	（U. S. EPA，2001）
1997年	美国北卡罗来纳州夏洛特	管道渗入	苯等	29街区	—	—	（Pacific Northwest Section of the American Water Works Association，1995）
2002年	意大利东北部	新管道安装	切削油污染	4个街区人口	—	数月	（Rella et al.，2003）
2005年	美国爱达荷州博伊西	—	三氯乙烯	117人	是	—	（Casteloes et al.，2015）
2005年11月	中国吉林省	化工厂爆炸泄漏	硝基苯、苯、苯胺等（>100 t）	—	—	一个多月	（Zhang et al.，2011）
2005年	加拿大多伦多	管道泄漏	乙二醇单丁醚（2-butoxyethanol）	32000人	是	7天	（Casteloes et al.，2015）
2012年	美国威斯康星州杰克逊	管道泄漏	石油	50人	否	30天	（Casteloes et al.，2015）
2013年3月	美国俄勒冈州波特兰	—	萘	—	—	—	（Casteloes et al.，2015）
2014年1月	美国西弗吉尼亚州查尔斯顿	罐破裂	煤化学液体（主要成分：4-甲基环己基甲醇）	30万人	是	9天	（Whelton et al.，2015）
2014年12月	美国华盛顿州哥伦比亚特区	—	石油产品	370人	否	3天	（Casteloes et al.，2015）
2015年	美国蒙大拿州格伦代夫	管道破裂	原油	6000人	是	5天	（Casteloes et al.，2015）

续表

时间	地点	原因	污染物质	受影响人口	人体健康是否受到影响	持续时间	参考文献
2015 年	美国犹他州尼布利	罐车泄漏	柴油	5000 人	否	1 天	（Casteloes et al., 2015）
2015 年	加拿大魁北克省	管道破裂	柴油	23 万人	否	2 天	（Casteloes et al., 2015）

3.2.2　工业源异味化学物质致饮用水异味的影响

天然源异味化学物质仅影响饮用水源水的口感，而工业源异味化学物质还会影响人体健康。以近期发生的一个典型化学污染事件为例来说明。2014 年 1 月 9 日上午，位于美国西弗吉尼亚州的自由化学有限公司（Freedom Industrial Inc.）发生了泄漏事件。有近 38 t 的工业煤处理液体从化学储存罐流入西弗吉尼亚州的埃尔克河，该河是某自来水公司的唯一饮用水水源，该自来水公司供水能力为 5000 万加仑/天（1 加仑＝3.78543L），提供给西弗吉尼亚州州政府 15%的人口，共 30 万人。该公司最初称泄漏化学物质主要是 4-甲基环己烷甲醇（4-methylcyclohexanemethanol，4-MCHM），但 12 天后该公司披露称泄漏液中也含有吹脱的丙二醇苯醚（stripped propylene glycol phenyl ether，stripped PPH），具体组成见表 3-3。化学物质泄漏事件发生时，自来水需求量为 4300 万加仑/天，若切断饮用水水源，可供水库存量不足 3 h。下午 4 点污染物质已被检测到进入了自来水供水系统，并使自来水呈现欧亚甘草味（licorice odour），下午 5 点 50 分州政府宣告紧急状态，并向整个受影响地区下达了“自来水不能够使用”的命令。事件发生后的 12 小时 46 分，美国总统奥巴马宣告此泄漏事件为美国的一个灾难。

表 3-3　自由化学有限公司煤化学处理液泄漏事件的主要成分（Whelton et al., 2015）

成分分类	具体组成	大致比例（%）
粗 4-甲基环己烷甲醇（crude 4-MCHM）	4-甲基环己烷甲醇（4-methylcyclohexanemethanol）	68～89
	4-甲氧基甲基环己烷甲醇[4-(methoxymethyl)cyclohexanemethanol]	4～22
	水（water）	4～10
	4-甲基环己基甲酸甲酯（methyl 4-methylcyclohexanecarboxylate）	5
	1, 4-环己烷二羧酸二甲酯（dimethyl 1, 4-cyclohexanedicarboxylate）	1

续表

成分分类	具体组成	大致比例（%）
粗 4-甲基环己烷甲醇（crude 4-MCHM）	甲醇（methanol）	1
	1, 4-环己烷二甲醇（1, 4-cyclohexanedimethanol）	1～2
吹脱的丙二醇苯醚（stripped PPH）	丙二醇苯醚（propylene glycol phenyl ether，PPH）	—
	二丙二醇苯醚（dipropylene glycol phenyl ether，DiPPH）	—

泄漏事件发生 10 天后，“自来水不能够使用”的命令尚未解除，居民的自来水管网基本保持静止状态，只允许厕所和消防用水。如图 3-1 所示，泄漏液的重

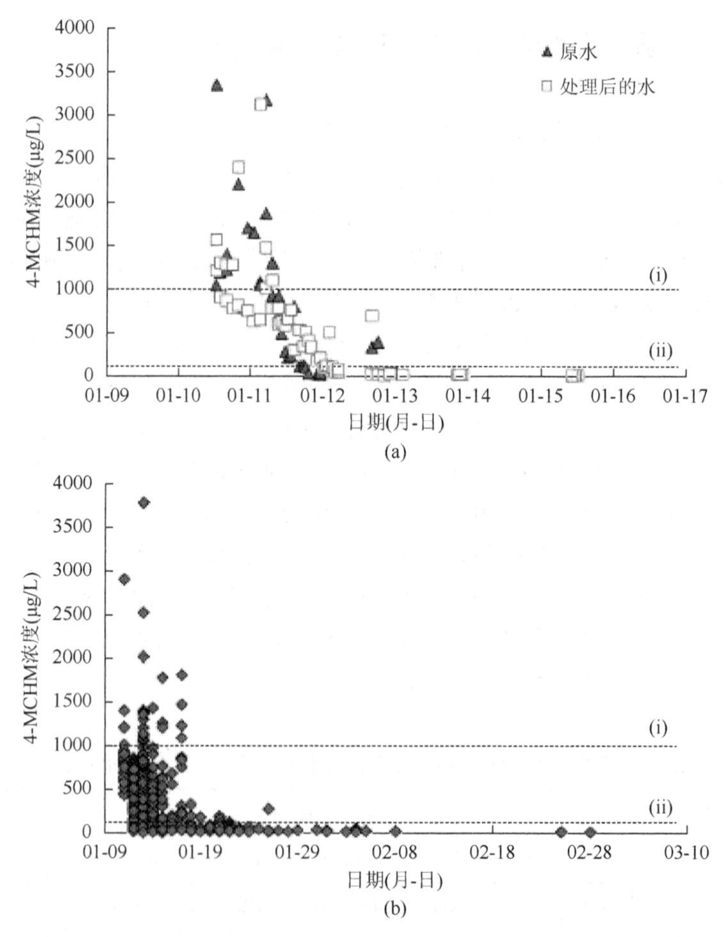

图 3-1　泄漏事件发生后自来水厂和管网中 4-MCHM 的浓度随时间变化趋势（Whelton et al.，2015）

（a）自来水厂；（b）自来水管网；（i）美国疾病控制和预防中心的限制浓度（1000 μg/L）；（ii）西弗吉尼亚测试评价项目的限制浓度（120 μg/L）

要化学成分 4-MCHM 在自来水厂的最高检出浓度为 3350 μg/L，而在输水管网中的最高检出浓度为 3773 μg/L。在少量水样中也检测到了 PPH 和 DiPPH，检出浓度分别为 11 μg/L 和 10 μg/L。根据上述物质的自来水筛选浓度水平（表 3-4），4-MCHM 的健康风险要明显高于 PPH 和 DiPPH。在自来水中 4-MCHM 的存在浓度远高于 PPH 和 DiPPH，是对人体有健康风险的主要物质。

表 3-4　泄漏液中几种主要化学物质的筛选浓度水平（Whelton et al.，2015）

污染物名称	CDC（2014 年 1 月）	WVTAP（2014 年 3 月）
4-甲基环己烷甲醇（4-MCHM，μg/L）	1000	120
丙二醇苯醚（PPH，μg/L）	1200	850
二丙二醇苯醚（DiPPH，μg/L）	1200	250
暴露时长（d）	14	28
最易敏感人群	1 岁小孩	喝奶粉婴儿
暴露途径	经口	经口、呼吸和皮肤

注：CDC 表示 Centers for Disease Control and Prevention（美国疾病控制和预防中心）；WVTAP 表示 West Virginia Testing Assessment Project（西弗吉尼亚测试评价项目）；基于有限的毒性数据，2014 年 1 月西弗吉尼亚州政府在基于 CDC 筛选浓度水平和安全因数为 100 的基础上，将州政府的 4-MCHM 筛选浓度水平定为 10 μg/L

泄漏事件发生后，不少居民出现了一些明显的不良症状，如表 3-5 所示。

表 3-5　泄漏事件发生后居民所出现的一系列症状情况（Whelton et al.，2015）

调查人口及症状	调查时间						
	调查 1 2014 年 1 月	调查 2 2014 年 1 月	调查 3 2014 年 2 月	调查 4 2014 年 3 月	调查 5 2014 年 3 月	调查 6 2014 年 4 月	调查 7 2014 年 7 月
调查人口	80 户	80 户	10 户	356 人	60 人	499 人	171 户
皮肤刺激（%）	—	40.3	—	—	—	63.2	53.9
皮疹（%）	12.5	47.6	40	28.5	21.6	—	43.6
皮肤瘙痒（%）	—	—	10	19.8	60.0	—	—
眼睛发炎（%）	12.5	25.3	10	14.6	13.3	26.4	5.1
恶心（%）	31.3	21.0	30	37.9	—	26.42	12.8
呕吐（%）	0	13.7	10	28.2	8.3	—	5.1
腹痛（%）	6.3	—	—	24.4	8.3	27.0	5.1
腹泻（%）	6.3	16.3	0	24.4	5.0	—	12.8
非特异性喉咙痛（%）	—	9.4	—	14.9	8.3	—	10.3

续表

调查人口及症状	调查时间						
	调查 1 2014 年 1 月	调查 2 2014 年 1 月	调查 3 2014 年 2 月	调查 4 2014 年 3 月	调查 5 2014 年 3 月	调查 6 2014 年 4 月	调查 7 2014 年 7 月
咳嗽（%）	—	6.9	—	12.7	15.0	—	15.4
头晕（%）	18.8	—	40	—	—	25.2	7.7
头痛（%）	12.5	13.7	30	21.9	11.7	—	10.3
其他（%）	12.5	—	80	—	—	14.1	23.1

注：部分调查者出现了多种症状，因此每一列的数值之和大于 100%；“—”表示症状无法描述

3.2.3 微量工业源化学物质致饮用水异味

1. 工业污水微污染物致饮用水异味

工业源异味化学物质的泄漏往往导致水源水中污染化学物质的浓度处于较高水平。由于传统自来水工艺去除效率十分有限，这些污染物不但使自来水产生异味，同时还会对人体健康产生不良影响。有些工业源异味化学物质的异味阈值非常低，即使在微量水平也会产生异味。例如，二环戊二烯（dicyclopentadiene）是一种重要的化学中间体，可用于制造农药、橡胶、胶带、稳定剂、干燥油、胶黏剂、印刷油墨、阻燃树脂、不饱和聚酯树脂等（Ventura et al.，1997）。它的异味阈值为 10～25 ng/L，已被证实是欧洲一些地区地下水异味的主要原因物质，而其具体来源是垃圾填埋场的渗滤液污染（Ventura et al.，1997；Boleda et al.，2007）。3, 5-二甲基-2-甲氧基吡嗪（3, 5-dimethyl-2-methoxypyrazine）呈酸抹布味，其异味阈值低至 0.4 ng/L，主要来源于切削液乳化液及其处理污水的排放（Ventura et al.，2010）。丁二酮（2, 3-butanedione）呈甜黄油味，是人造黄油等的重要食品添加剂，其异味阈值为 50 ng/L（Diaz et al.，2004；Rigler and Longo，2010）。Diaz 等（2004）在西班牙略夫雷加特河（Llobregat River）和巴塞罗那的自来水中均检测到了丁二酮，该物质被证实是水体异味的元凶。后续研究推测，丁二酮是由河流上游的造纸厂废水处理厂排放，并可能来源于生产空气过滤器的抗湿混合物的热降解（Boleda et al.，2007）。除此之外，一些工业生产活动也会产生异味阈值极低的副产物。例如，1, 3-二噁烷相关的化合物（1, 3-dioxane related compounds）是树脂生产的副产物，这些副产物是 20 世纪 90 年代水体环境发生恶臭和异味的主要原因（Quintana et al.，2016）。这些由工业污水微污染引起的自来水异味问题，虽然对人体健康影响不大，但其浓度水平极低，很难快速准确测定，因而也颇为棘手。为对此类微污染有一个全面的了解，作者对相关研究做了一个系统的整理，具体见表 3-6。

表 3-6 工业源微污染化学物质致水体异味一览表

序号	化合物中文	化合物英文	CAS 号	异味特征	嗅味阈值（ng/L）	检出浓度（ng/L）		具体原因	参考文献
						源水	自来水		
1	3, 5-二甲基-2-甲氧基吡嗪	3, 5-dimethyl-2-methoxypyrazine	92508-08-2	humid（湿臭味），earthy（泥土味），sour dish-cloths（酸抹布味），potato bin（土豆垃圾桶味）	0.4	840	3	污水处理水	（Ventura et al., 2010）
2	双环戊二烯	dicyclopentadiene	77-73-6	—	10～25	ND～8390	NA	垃圾渗滤液污染	（Ventura et al., 1997）
3	2-乙基-5, 5-二甲基-1, 3-二噁烷	2-ethyl-5, 5-dimethyl-1, 3-dioxane（2EDD）	768-58-1	sickening（恶臭味），latex paint（乳胶漆味），varnish（清漆味），olive oil（橄榄油味），sweet fruity（甜水果味），green apple（青苹果味）	5～10	25～658	约 1040	树脂工业生产废水	（Quintana et al., 2016）
4	2-乙基-4-甲基-1, 3-二氧戊烷	2-ethyl-4-methyl-1, 3-dioxolane	4359-46-0	sickening（恶臭味），latex paint（乳胶漆味），varnish（清漆味），olive oil（橄榄油味），sweet fruity（甜水果味），green apple（青苹果味）	5～10	—	—	树脂工业生产废水	（Quintana et al., 2016）
5	2, 5, 5-三甲基-1, 3-二噁烷	2, 5, 5-trimethyl-1, 3-dioxane	766-33-6	—	—	423～1007	约 5697	树脂工业生产废水	（Quintana et al., 2016）
6	丁二酮	2, 3-butanedione（diacetyl）	431-03-8	sweet-butter（甜黄油味）	50	720～26000	＜80	污水处理水	（Diaz et al., 2004）

注：ND 表示未检出；NA 表示不可提供（无）

2. 自来水塑料管的渗漏

自20世纪80年代以来，塑料管已被开始应用于自来水输送管网系统，且占有率在不断增加。丹麦自2002年开始要求新使用的饮用水管管材必须采用聚乙烯管。该年度聚乙烯管的比例占整个自来水管材的16%，而且每年有0.8%～1.5%的旧输水管材用新的聚乙烯管所取代（Kelley et al.，2014）。据相关统计，2015～2020年全球塑料管的市场年增长率预计为6.8%，塑料管的增长动力主要表现为基础设施开发、建筑开发、旧管改造，以及城市化和人口的大量增长。其中用于自来水管网的增长率仅次于污水管材（Lucintel，2015）。相比于传统的管网材质，如铸铁、钢筋混凝土和铜等，塑料管具有材质轻、易于安装和成本低等优点。然而，随着塑料管在自来水系统中的广泛使用，从管中渗出的有机化合物可对自来水的水质产生不利影响，主要表现在以下几个方面：①增加自来水的有机物浓度，即总有机碳（total organic carbon，TOC）值升高；②使自来水产生异味；③对人体的健康可产生潜在的不利影响。

为检验塑料管的有机物渗出水平，欧盟和美国均出台了标准化的溶出试验，如EN-1420-1、prEN-15768和NSF1 standard 61等标准。如图3-2所示，整个溶出试验包括塑料管的预清洗和渗出试验两部分。在欧洲一些国家，自来水在管路中的滞留时间一般为3天，因此在做相关模拟试验时，所设计的自来水管网接触时间为72 h，最后取样测定自来水中有机物的含量和溶出的各种有机化合物的浓度水平。为模拟塑料管随时间的溶出特性，可不断重复上述溶出试验（预清洗步骤省略）。在评价温度和淋浴条件的影响时，可将自来水的测试温度相应提高。Loschner等（2011）对不同塑料管进行了溶出试验，结果如表3-7所示。在聚乙烯（polyethylene，PE）、聚丙烯（polypropylene，PP）、聚丁烯（polybutylene，PB）和聚氯乙烯等管材中，共测出23种已知有机化合物，其中有异味的化合物超过11种。2, 4-二叔丁基苯酚是检出率最高的带异味渗出化合物，与其他研究者的结果一致（Kelley et al.，2014；Ryssel et al.，2015；Skjevrak et al.，2003）。除聚丁烯管的部分渗出物浓度水平接近或略高出其对应异味阈值外，其他异味渗出物的浓度水平都远低于其异味阈值。渗出试验结果说明，因使用上述管材导致自来水产生异味的可能性较低。然而，Kelley等（2014）的研究却显示出不同结果，新使用的交联聚乙烯（cross-linked polyethylene，PEX）塑料管材均会使自来水产生异味，异味特征为化学、消毒剂、水果、塑料和发霉味。如图3-3的结果所示，随着时间的推移，异味强度不断减少，但30天后仍高于美国环境保护署的规定（TON＞3）。虽然多种异味化学物质的浓度水平远低于其对应的异味阈值，但它们的累积效应可使自来水产生异味。此外，PEX管材中还可以检测出2-乙氧基-2-甲基丙烷（2-ethoxy-2- methylpropane，ETBE），其相应的异味阈值为2 μg/L（van Wezel et al.，

2009)。Durand 和 Dietrich(2007)在对 PEX 管材为期一年的渗出试验中发现，ETBE 的检出浓度水平为 23～100 μg/L，这一结果表明 ETBE 是从塑料管中渗出的可致异味的重要有机化学物质，而且持续时间比较长。甲基叔丁基醚（methyl *tert*-butyl ether，MTBE）是另一种重要的可渗出异味化学物质，美国环境保护署对饮用水中的建议限值为 20～30 μg/L。Skjevrak 等（2003）在 27 h 的渗出试验中发现，甲基叔丁基醚可从 PEX 管中渗出，最高浓度可达 47.6 μg/L。

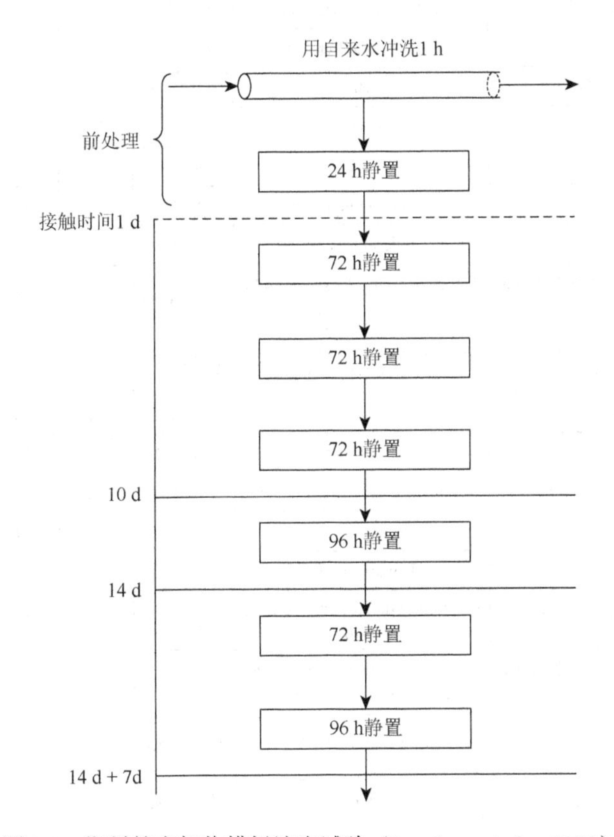

图 3-2　塑料管有机物模拟溶出试验（Loschner et al.，2011）

表 3-7　不同塑料管可渗出的有机化合物（Loschner et al.，2011）

塑料管材质	有机化合物中文	有机化合物英文	CAS 号	最大渗出浓度水平（μg/L）		有无异味	异味阈值（μg/L）
				冷水（23℃）	热水（60℃）		
PE	2, 4-二叔丁基苯酚	2, 4-di-*tert*-butylphenol	96-76-4	3.7	—	有	200
	环十二酮	cyclododecanone	830-13-7	4.1	—	有（麝香味）[a]	—

续表

塑料管材质	有机化合物中文	有机化合物英文	CAS号	最大渗出浓度水平（μg/L）		有无异味	异味阈值（μg/L）
				冷水（23℃）	热水（60℃）		
PE-RT	2, 6-二叔丁基对苯醌	2, 6-di-*tert*-butyl-*p*-benzoquinone	719-22-2	—	2.1	—	—
	2, 4-二叔丁基苯酚	2, 4-di-*tert*-butylphenol	96-76-4	—	2.8	有	200
PE-Xa	2, 4-二叔丁基苯酚	2, 4-di-*tert*-butylphenol	96-76-4	26	—	有	200
	3-甲基-3-丁烯-1-醇	3-methylbut-3-en-1-ol	763-32-6	3.0	—	—	—
PE-Xb	1-辛醇	1-octanol	111-87-5	—	16	有	130
	辛酸	octanoic acid	124-07-2	2.1	41	有	500
	癸酸	decanoic acid	334-48-5	—	17	有	100
	2, 4-二叔丁基苯酚	2, 4-di-*tert*-butylphenol	96-76-4	10	31	有	200
	月桂酸	dodecanoic acid	143-07-7	2.7	30	有	160
	7, 9-二叔丁基-1-氧杂螺[4.5]十-6, 9-二烯-2, 8-二酮	7, 9-di-*tert*-butyl-1-oxaspiro[4.5] deca-6, 9-diene-2, 8-dione	82304-66-3	—	＞67	—	—
	3-（3, 5-二叔丁基-4-羟基苯基）丙酸甲酯	methyl 3-(3, 5-di-*tert*-butyl-4-hydroxyphenyl) propionate	6386-38-5	15	31	—	—
PE-Xc	乙酸叔丁酯	*tert*-butyl acetate	540-88-5	9.6	9.1	有	71
	苯乙酮	acetophenone	98-86-2	—	3.2	有	600
	2, 6-二叔丁基对苯醌	2, 6-di-*tert*-butyl-*p*-benzoquinone	719-22-2	3.1	8.3	—	—
	2, 4-二叔丁基苯酚	2, 4-di-*tert*-butylphenol	96-76-4	—	4.6	有	200
	正辛基醚	1-oxtoxyoctane	629-82-3	—	2.2	—	—
	3, 5-二叔丁基-4-羟基苯甲醛	3, 5-di-*tert*-butyl-4-hydroxybenzal dehyde	1620-98-0	—	4.8	—	—
	7, 9-二叔丁基-1-氧杂螺[4.5]十-6, 9-二烯-2, 8-二酮	7, 9-di-*tert*-butyl-1-oxaspiro[4.5] deca-6, 9-diene-2, 8-dione	82304-66-3	24.6	＞83	—	—
	3-（3, 5-二叔丁基-4-羟基苯基）丙酸甲酯	3-(3, 5-di-*tert*-butyl-4-hydroxyphenyl) propanoic acid	20170-32-5	—	12.7	—	—
PP	2-甲基-1-丁醇	2-methyl-1-butanol	137-32-6	—	3.8	有	230[b]
	甲苯	toluene	108-88-3	—	2.8	有	42
	2, 3-二甲基-1-丁醇	2, 3-dimethyl-1-butanol	19550-30-2	—	2.1	有	1010[b]
	4-甲基-2-庚酮	4-methyl-2-heptanone	6137-06-0	—	3.5	—	—
	2或4-乙基苯甲醛	2 or 4-ethyl-benzaldehyde	22927-13-5/ 4748-78-1	—	8.0	—	—
	2, 4-二叔丁基苯酚	2, 4-di-*tert*-butylphenol	96-76-4	6.1	13	有	200
	3, 5-二叔丁基-4-羟基苯甲醛	3, 5-di-*tert*-butyl-4-hydroxybenzal dehyde	1620-98-0	—	2.5	—	—
PB	2, 4-二叔丁基苯酚	2, 4-di-*tert*-butylphenol	96-76-4	113	＞368	有	200
	7, 9-二叔丁基-1-氧杂螺[4.5]十-6, 9-二烯-2, 8-二酮	7, 9-di-*tert*-butyl-l-oxaspiro[4.5] deca-6, 9-diene-2, 8-dione	82304-66-3	8.4	＞136	—	—

续表

塑料管材质	有机化合物中文	有机化合物英文	CAS 号	最大渗出浓度水平（μg/L）		有无异味	异味阈值（μg/L）
				冷水（23℃）	热水（60℃）		
PB	3-(3, 5-二叔丁基-4-羟基苯基)丙酸甲酯	methyl 3-(3, 5-di-*tert*-butyl-4-hydroxyphenyl) propanoic	20170-32-5	—	17.3	—	—
PVC-c	2-乙基己醇	2-ethylhexanol	104-76-7	—	5.0	—	270
	邻苯二甲酸二丁酯	dibutylphthalate	84-74-2	2.1	3.2	—	—

注：PE 表示 polyethylene（聚乙烯）；PE-RT 表示 polyethylene raised temperature resistance（耐高温聚乙烯）；PE-Xa 表示 polyethylene cross-linked by peroxides（过氧化物交联聚乙烯）；PE-Xb 表示 polyethylene cross-linked by silanes（硅烷交联聚乙烯）；PE-Xc 表示 polyethylene cross-linked by electron beam processing（电子簇加工交联聚乙烯）；PP 表示 polypropylene（聚丙烯）；PB 表示 polybutylene（聚丁烯）；PVC-c 表示 polyvinyl chloride post chlorinated（氯化聚丙烯）；

a. Sorokowska et al.，2016；

b. Chasetrette et al.，1996

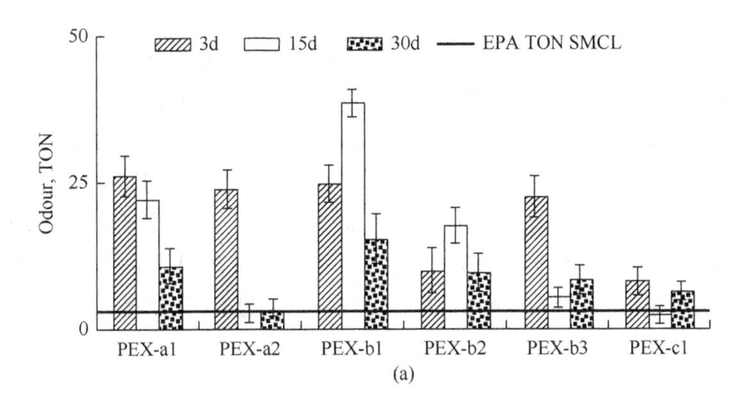

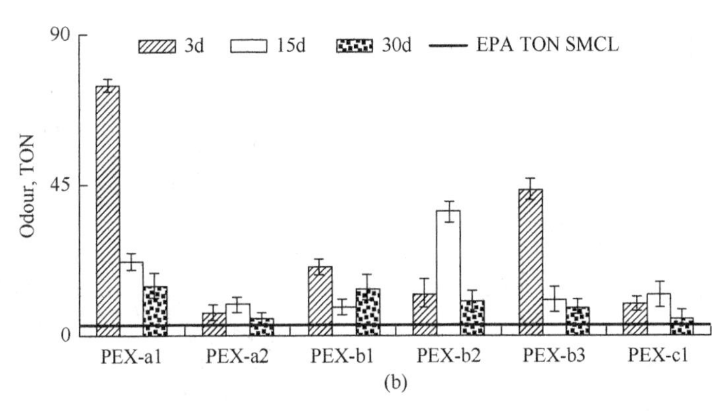

图 3-3　不同使用时间长度条件下自来水的异味强度变化情况（Loschner et al.，2011）

（a）无消毒剂；（b）2 mg/L 的自由氯。图中“Odour，TON”代表气味强度；“EPA TON SMCL”代表美国环境保护署规定的异味限制

值得注意的是，有些从塑料管中渗出的有机化合物既是异味化学物质，也是环境干扰化学物质（Yuan et al.，2016）。环境干扰化学物质因其可能对环境造成严重危害（生物雄性雌性化），自 20 世纪 90 年代以来已得到广泛的关注。随着研究的不断深入，环境干扰化学物质的范畴已包括天然/合成雌激素、天然/合成雄激素、植物雌激素、霉菌类雌激素及工业化学物质等（Liu et al.，2009；2015）。为确保居民生活饮用水的水质安全，我国和日本的最新饮用水水质标准已经对部分环境干扰化学物质进行了限值规定（刘则华等，2016；Yuan et al.，2018）。因此，除了异味问题外，还应关注从塑料管中渗出的有机化合物是否会对人体造成健康危害。以下用 2, 4-二叔丁基苯酚来说明这个问题。

在所有塑料管中可渗出的有机化合物中，2, 4-二叔丁基苯酚的检出率最高，除聚氯乙烯塑料管外，它几乎存在于所有塑料管中（Loschner et al.，2011）。如图 3-4 所示，2, 4-二叔丁基苯酚是亚磷酸酯或磷酸酯类抗氧化剂（如抗氧化剂 168）的中间体。2, 4-二叔丁基苯酚的异味阈值较高，达 200 μg/L。如表 3-8 所示，2, 4-二叔丁基苯酚从大部分塑料管材中渗出的浓度水平远低于其异味阈值，只有从聚丁烯管中渗出的浓度高于其异味阈值。到目前为止，还未有关于 2, 4-二叔丁基苯酚对鱼类等生物的内分泌干扰特性的研究数据。为方便比较，可将 2, 4-二叔丁基苯酚的浓度换算成雌激素活性当量浓度。如表 3-8 所示，2, 4-二叔丁基苯酚的雌激素当量浓度为 0.004～>5.5 ngE2/L。Soares 等（2009）的研究表明，当雌激素当量浓度水平为 0.27 ngE2/L（测定化学物质为 EE2）时，可使斑马鱼鱼卵孵化率降低，并影响幼鱼早期的器官发育。2, 4-二叔丁基苯酚从塑料管中渗出进入自来水的雌激素当量浓度（图 3-5），有 26.7%高于 0.27 ngE2/L，其中最高值是 0.27 ngE2/L

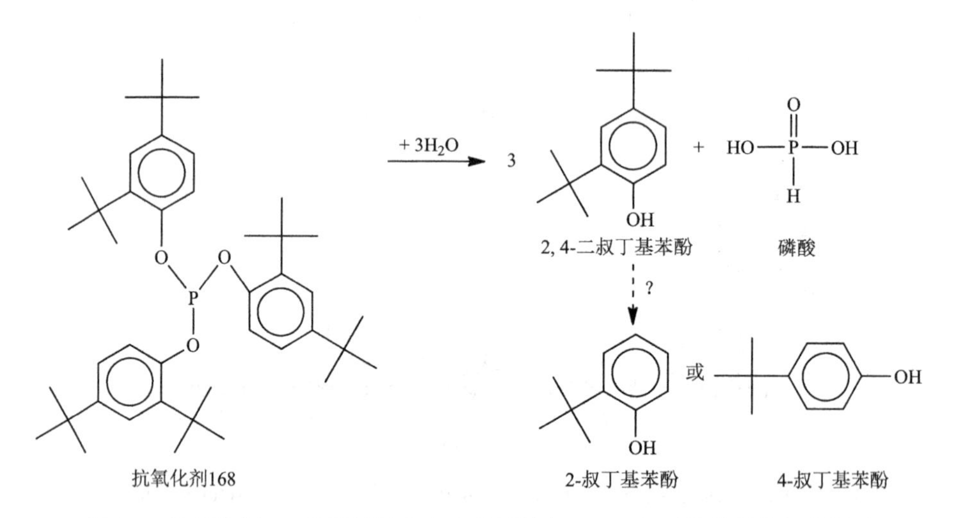

图 3-4　抗氧化剂 168 的降解是自来水塑料管中 2, 4-二叔丁基苯酚的主要来源（Loschner et al.，2011）

的 19.2 倍。换言之，当自来水中的 2, 4-二叔丁基苯酚浓度为 90 μg/L 时，其对应的雌激素活性当量是雌激素活性当量 0.27 ngE2/L 的 5 倍，但该值还不及其异味阈值的一半。因此，不仅要关注从饮用水塑料管中渗出的 2, 4-二叔丁基苯酚的异味问题，更应该关注其对人体健康的潜在危害。除此之外，2-叔丁基苯酚、4-叔丁基苯酚也具有一定的雌激素活性（Liu et al.，2017）。因此，应全面关注塑料管中可渗出有机化合物的雌激素活性问题。

表 3-8　塑料管渗出试验中可从自来水中检测到的 2, 4-二叔丁基苯酚的浓度

序号	管材	使用时间（d）[a]	检出浓度（μg/L）	雌激素当量浓度（ngE2/L）	经饮用水的人均暴露量[ngE2/(d·人)][b]	参考文献
1	PE	30	3.7（23）[c]	0.06	0.12	（Loschner et al.，2011）
2	PE-RT	30	2.8（60）	0.04	0.08	（Loschner et al.，2011）
3	PE-Xa	30	26（23）	0.39	0.78	（Loschner et al.，2011）
4	PE-Xb	30	10（23）；31（60）	0.15；0.47	0.3；0.94	（Loschner et al.，2011）
5	PE-Xc	30	4.6（60）	0.07	0.14	（Loschner et al.，2011）
6	PP	30	6.1（23）；13（60）	0.09；0.2	0.18；0.4	（Loschner et al.，2011）
7	PB	30	113（23）；＞368（60）	1.7；＞5.5	3.4；＞11	（Loschner et al.，2011）
8	PE-Xc	3	0.5（37）	0.01	0.02	（Ryssel et al.，2015）
9	HDPE	3	约 5（室温）	约 0.08	约 0.16	（Skjevrak et al.，2003）
10	PE-Xa	9	约 0.68（室温）	约 0.01	约 0.02	（Lund et al.，2011）
11	PE-Xb	9	约 2.2（室温）	约 0.03	约 0.06	（Lund et al.，2011）
12	PE-Xc	9	约 2.9（室温）	约 0.04	约 0.08	（Lund et al.，2011）
13	PB	9	344.9（室温）	5.2	10.4	（Lund et al.，2011）
14	PE-Xc	150	0.37（室温）	0.01	0.02	（Lund et al.，2011）
15	PE-Xb	150	0.27（室温）	0.004	0.01	（Lund et al.，2011）

a. 模拟渗出时间；

b. 基于人均消耗 2 L 水；

c. 括号中数字表示水温（℃）

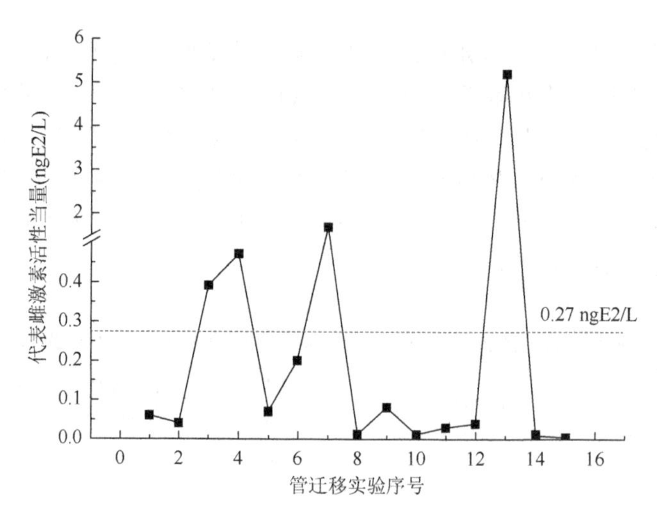

图 3-5　不同塑料管中渗出的 2, 4-二叔丁基苯酚当量浓度水平（Liu et al.，2017）

3.3　工业源化学物质致饮用水异味的对策思考

工业源异味化学物质污染所造成的影响巨大。例如，2005 年中国吉林省松花江硝基苯污染事件、2007 年的无锡市水体异味事件及 2014 年美国西弗吉尼亚州煤化学处理液泄漏事件，都造成了非常大的社会影响。如何避免污染事件发生并将发生后的危害减小到最低显得尤为关键。以下就我国在水体污染应急方面的经验加以阐述。

据中国国家统计局年鉴，过去十五年（2000～2014 年）我国共发生 15747 件突发事件，平均每年发生近 1050 起，其中与水体污染相关的突发事件占近 50%。我国高频度突发事件发生的原因主要是：过度追求经济发展而不顾安全生产，工厂不合理的选址，环境保护方面资金投入不足，以及宽松的环境保护政策。随着我国经济的不断发展和对环境保护的日益重视，我国的环境突发事件正不断减少（图 3-6）。为更好地保护环境，全国人民代表大会于 2007 年 8 月颁发了包含饮用水应急处理方案的突发事件应急预案体系。在该方案中，当一个特殊的应急事件发生时，共包含四个层次的响应，即国家层次、省级层次、市级层次及县级层次。

省一级的住房和城乡建设厅/委员会/局及当地政府的住房和城乡建设局负责自来水处理设施的布局，指导自来水厂的运行和应急饮用水的供应。相关城市建设部门负责自来水供给相关事务（包含应急处理）。住房和城乡建设部也为自来水应急供给制定了预案，在该预案中将 24 h 内影响 5 万家庭用水的事件设定为 1 级。当地的环境保护部门负责水资源质量的监测、水资源的保护和污染区域的修复。环境保护部于 2009 年成立了环境应急与事故调查中心。该中心负责应急响应、信

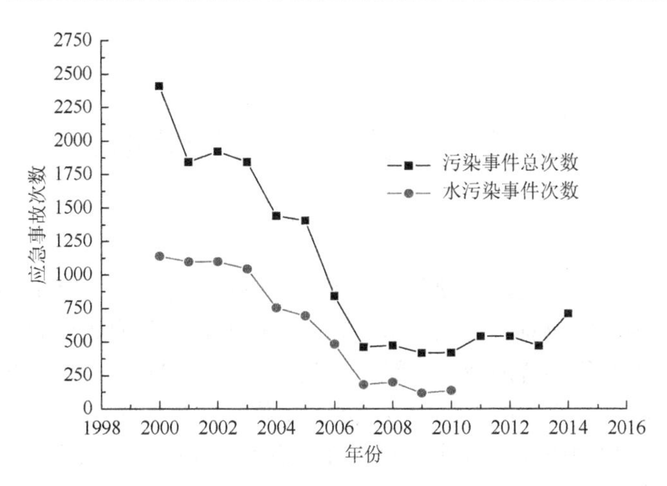

图 3-6　我国突发事件的发生状况（Zhang et al.，2011）

息传达和严重突发事件相关的预警。环境保护部也对水资源制定了相关预案。该预案中，将水质污染程度迫使城市切断水源水定义为一级，而二级定义为水质污染需要切断整个县城的水源水。省一级的水资源部门和当地的水务局负责水资源和水保护工程，如河流、湖泊、水库、渠道、灌溉和水电站。省级健康部门和当地的卫生检验科负责自来水和周边水龙头水质。当突发事件发生时，他们需要确保自来水经应急处理后能够满足生活饮用水水质标准。

当突发事件发生时，不计代价也要满足群众基本需求的水供给。一旦水质污染得到确认，当地的环境保护部门或水厂必须对水质进行全面分析。检测报告必须上报给当地政府和其他利益相关者，然后根据严重程度启动应急预案。一旦水质污染得到确认，专业的水处理公司必须尽快提供合适的方法来应对突发事件。实际上这些处理建议对政府制定正确的决策很重要。为提供合格的饮用水，合适的水处理技术必不可少。活性炭吸附、化学沉淀、气吹、化学氧化和强化消毒是几种常用的处理技术（Zhang and Chen，2009）。

第 4 章　农药源异味化学物质

农药，广义的定义是用于预防、消灭或者控制危害农业、林业的病、虫、草和其他有害生物，以及有目的地调节、控制、影响植物和有害生物代谢、生长、发育、繁殖过程的化学合成或者来源于生物、其他天然产物及应用生物技术产生的一种物质或者几种物质的混合物及其制剂。狭义上是指在农业生产中，为保障、促进植物和农作物的成长，所施用的杀虫、杀菌、杀灭有害动物（或杂草）的一类药物统称。特指在农业上用于防治病虫及调节植物生长、除草等药剂。农药的大量使用可能污染饮用水源，也可能使水体产生异味。本章重点介绍一些主要的农药源异味化学物质及其在环境中的浓度水平。

4.1　优先农药源异味化学物质

依据 Scholar Google 及主要学术数据库，对农药源异味化学物质进行了全面整理。整理的信息包括：物质的中英文对照、CAS 号、是否属于生活饮用水 106 项指标、化学分子式、嗅觉阈值、味觉阈值、溶解度、K_{OW}、沸点、饱和蒸气压、异味特征、毒性、化学分析方法、表面水体浓度、去除工艺等参数。共收集 88 种农业源异味化学物质（具体见广东粤海水务股份有限公司的水体异味化学物质数据库 http://odor.guangdongwater.com）。因为篇幅关系，在此仅列出 27 种优先农药源异味化学物质。

优先农药源异味化学物质的选定以其异味阈值为基准，其异味阈值低于 50 μg/L 即确定为优先异味化学物质，共 25 种。在此基础上，我国表面水体报道过的农药也划定为优先异味化学物质，共 2 种（指异味阈值大于 50 μg/L 的农药）。总计 27 种，具体见表 4-1。

表 4-1 农业源优先异味化学物质

序号	中文	英文	CAS 号	溶解度（mg/L）	沸点（℃）	饱和蒸气压（mmHg）	异味特征	嗅觉阈值（μg/L）	味觉阈值（μg/L）	毒性	用途	主要分析方法	106 项指标
1	艾氏剂	aldrin	309-00-2	0.044	384.9	8.75×10^{-6}	—	2～17	—	剧毒	主要用于防治地下害虫	GC-MS	否
2	莠去津	atrazine	1912-24-9	69	368.5	1.27×10^{-5}	—	9200	20	中毒	选择性除草剂，用于多种作物芽前及芽后除草	GC-MS	是
3	地乐酚	2-sec-butyl-4, 6-dinitrophenol	88-85-7	2.3×10^{4}	318.1	1.98×10^{-4}	奶油糖果味	—	32～80	剧毒	用作苯乙烯阻聚剂及农药中间体	GC-MS	否
4	胺甲萘	carbaryl	63-25-2	110	315	1.79×10^{-4}	—	37	44	中毒	用于防治稻飞虱、叶蝉、蓟马等	GC-MS	否
5	氯丹	chlordane	57-74-9	0.066	424.7	5.02×10^{-7}	—	0.5～2.5	500	高毒	有机氯杀虫剂	GC-MS	否
6	毒虫畏	chlorfenvinphos	470-90-6	58	167～170	3.9×10^{-6}	—	240	3.6	剧毒	用于水稻、玉米、甘蔗、蔬菜、柑橘、茶树等及家畜的杀虫	GC-MS/MS	否
7	1, 3-二氯丙烯	1, 3-dichlor-opropene	542-75-6	810	108.4	30.4	原油；甜味	—	40～200	高毒	用于生产杀虫剂、除草剂	GC-MS	否
8	氯化苦	chloropicrin	76-06-2	1.1×10^{4}	112	22.2	辛辣；刺鼻	37	—	高毒	是一种有警戒性的熏蒸剂，可以杀虫、杀菌、杀鼠，也可用于粮食害虫熏蒸，还可用于木材防腐、房层、船舶消毒，土壤、植物种子消毒等	GC-MS	否
9	毒死蜱	chlopyrifos	2921-88-2	1.6	375.9	1.63×10^{-5}	硫醇臭味	—	8×10^{-4}～16×10^{-4}	高毒	用于棉花、水稻、玉米、小麦及茶树等多种作物杀虫和杀螨	GC-MS	是
10	2, 4-滴	2, 4-D	94-75-7	999	345.6	2.31×10^{-5}	微弱苯酚味	20	20	高毒	用作防腐保鲜剂。可与其他消毒剂等配合使用。可有效防止柑橘类水果的蒂腐病	GC-MS	是
11	二嗪农	diazinon	333-41-5	22	353.9	7.07×10^{-5}	微弱香味	40～170	＞55	剧毒	属非内吸性杀虫剂，对鳞翅目、同翅目等多种害虫均有较好的防治效果	GC-MS	否
12	1, 2-二溴-3-氯丙烷	1, 2-dibroo-3-chloropropane	96-12-8	380	198.6	0.503	刺激性臭味	10	10	高毒	为独特的杀线虫剂和杀菌剂。但毒性较强，对老鼠经口试验发现有致癌作用，只限用于特殊场合	GC-MS	否

续表

序号	中文	英文	CAS 号	溶解度（mg/L）	沸点（℃）	饱和蒸气压（mmHg）	异味特征	嗅觉阈值（μg/L）	味觉阈值（μg/L）	毒性	用途	主要分析方法	106 项指标
13	敌草腈	dichlobenil	1194-65-6	67	279.2	4.06×10^{-3}	微弱芳香气味	40～200	—	—	是多种除草剂和杀虫剂的中间体，用于生产草克乐、除虫脲、氟幼脲等 10 余种农药，还用于染料、塑料等	GC-MS	否
14	1, 2-二氯丙烷	propylene dichloride	78-87-5	1000	94.5	53.9	甜；氯仿	10	80～120	中毒	用作溶剂和用于有机合成	GC-MS	否
15	狄氏剂	dieldrin	60-57-1	0.19	416.2	9.43×10^{-7}	—	41	—	剧毒	为接触性杀虫剂，无内吸性，有一定特效，对大多数昆虫有强触杀和胃毒的活性	GC-MS	否
16	异狄氏剂	endrin	72-20-8	0.19	416.2	9.43×10^{-7}	—	18～41	—	剧毒	—	GC-MS	否
17	七氯	heptachlor	76-44-8	0.1	392.3	5.23×10^{-6}	樟脑气味	20	—	剧毒	用于防治地下害虫及蚁类，杀虫力比氯丹强，具有触杀、胃毒和熏蒸作用，对作物无药害，对人畜毒性较小	GC-MS	是
18	环氧七氯	heptachlor epoxide	1024-57-3	0.74	425.5	4.71×10^{-7}	—	20	—	—	—	GC-MS	否
19	*β*-六六六	beta-HCH	319-85-7	7.9	288	4.16×10^{-3}	—	0.3	—	中毒	—	GC-MS	是
20	异丙隆	isoproturon	34123-59-6	120	353.2	3.64×10^{-5}	—	—	37	—	选择性除草剂。芽前、芽后施用，防除一年生禾本科杂草和阔叶杂草	GC-MS	否
21	马拉硫磷	malathion	121-75-5	300	385.1	3.9×10^{-6}	蒜臭味	40	—	高毒	属低毒非内吸性杀虫、杀螨剂，广泛用于农业和园艺，也可用作家庭卫生用药	GC-MS	是
22	2-甲基-4-氯苯氧乙酸	MCPA	94-74-6	999	327	8.42×10^{-5}	苯酚臭味	460	4.1	中毒	能有效防除阔叶草和落草科，适用于水稻、麦子等作物	GC-MS	否
23	百草枯	paraquat dichloride	1910-42-5	—	—	—	—	—	＞28	剧毒	主要用于农业和园艺除草，以及棉花、大豆等的催枯	GC-MS	否
24	五氯酚	pentachlorphenol	87-86-5	670	309.5	3.49×10^{-4}	强烈的酚味	9.3～300	8	剧毒	有机合成，用于防治白蚁钉螺等也有效	GC-MS	是

续表

序号	中文	英文	CAS 号	溶解度（mg/L）	沸点（℃）	饱和蒸气压（mmHg）	异味特征	嗅觉阈值（μg/L）	味觉阈值（μg/L）	毒性	用途	主要分析方法	106 项指标
25	2, 4, 5-三氯苯氧乙酸	2, 4, 5-T	93-76-5	327000	376.3	2.48×10^{-6}	—	14	—	高毒	—	HPLC	否
26	六氯苯	hexachlorobenzene	118-74-1	0.043	324.5	4.63×10^{-4}	略带香气味	3000	—	中毒	用作拌种杀菌剂，可防治小麦腥黑穗病和杆黑穗病。用于生产花炮，作焰火色剂。还用作五氯酚及五氯酚钠的原料	GC-MS	是
27	滴滴涕	DDT	50-29-3	0.06	401	2.64×10^{-6}	—	350	—	高毒	具有胃毒和触杀作用，属高残留农药品种，用于防治多种昆虫和卫生害虫	GC-MS	是

4.2 农药源异味化学物质在环境中的浓度

农药的大量使用可使其在环境中广泛分布，表 4-2 整理了农药源异味化学物质在环境中的报道浓度。环境中异味农药化学物质的存在浓度均较低，基本在 ng/L 级水平，远低于其异味阈值。因此，除非发生农药泄漏事件，由农药导致的水体异味问题发生概率较小。

表 4-2 农药源异味化学物质在环境中的浓度

序号	农药名称		CAS 号	嗅觉阈值(μg/L)	味觉阈值（μg/L）	水体中报道的浓度（ng/L）	参考文献
	英文	中文					
1	alachlor	甲草胺	15972-60-8	110000	33000	ND～5.7（1.7）	（薛南冬等，2006）
2	aldrin	艾氏剂	309-00-2	2～17	—	0.1～0.8；1.1～32.4	（王东红等，2007；薛南冬等，2006）
3	atrazine	莠去津	1912-24-9	9200	20	110～130	（郑唯韡等，2010）
4	chlordane	氯丹	57-74-9	0.5～2.5	500	ND～0.5；0.5～30.8	（王东红等，2007；薛南冬等，2006）
5	chlorpyrifos	毒死蜱	2921-88-2	—	0.0008～0.0016	0.3～1.89	（薛南冬等，2006）
6	DDT	滴滴涕	50-29-3	350	—	610～2620	（杨丽莉等，2008）
7	dieldrin	狄氏剂	60-57-1	41	—	0.1～0.2	（王东红等，2007）
8	endrin	异狄氏剂	72-20-8	18～41	—	0.1	（王东红等，2007）
9	heptachlor epoxide	环氧七氯	1024-57-3	20	—	0.1～0.4	（王东红等，2007）
10	hexachlorobenzene	六氯苯	118-74-1	3000	—	148～279	（金子等，1998）
11	*β*-HCH	*β*-六六六	319-85-7	0.3	—	0.1～0.4	（王东红等，2007）
12	malathion	马拉硫磷	121-75-5	40	—	100	（李定龙等，2009）
13	methoxychlor	甲氧滴滴涕	72-43-5	4700	—	0.1	（王东红等，2007）
14	pentachlorophenol	五氯酚	87-86-5	300	8	ND～113	（王东红等，2007）

第5章　消毒源异味化学物质

为保证水质安全，必须对饮用水进行消毒处理，以消灭饮用水中潜在的致病菌等微生物。常用的消毒方法有氯气、二氧化氯、氯氨、臭氧和紫外线消毒等，其中氯气消毒使用历史最为悠久，也是目前采用最多的消毒方法。从1897年英国首次使用氯气对给水管网消毒以来，氯气用于自来水消毒已有100多年的历史。不同于其他方法，氯气消毒的最大优点是氯气残留可保证自来水厂出水到管网的持久性消毒。饮用水消毒降低了致病微生物感染的比例，从而极大地提高了水质安全。然而，从20世纪70年代开始，不少研究者发现氯气消毒可产生消毒副产物（Rook，1974，1977；Glaze et al.，1979），而这些物质对人体具有致癌风险，消毒副产物的研究热潮也就此开启。消毒副产物按不同类型可分为三卤甲烷、卤乙酸、卤乙腈、卤代硝基甲烷、亚硝胺类及溴酸盐等。在这些消毒副产物中，有一些会使饮用水产生异味。本章主要介绍消毒副产物异味化学物质，以及它们形成的机理和去除方法。

5.1　优先消毒源异味化学物质

依据Scholar Google及主要学术数据库，对消毒副产物异味化学物质进行了全面整理。整理的信息包括：物质的中英文对照、CAS号、是否属于生活饮用水106项指标、化学分子式、嗅觉阈值、味觉阈值、溶解度、K_{OW}、沸点、饱和蒸气压、异味特征、毒性、化学分析方法、表面水体浓度、去除工艺等参数。共收集到68种消毒副产物异味化学物质（具体见广东粤海水务股份有限公司水体异味化学物质数据库http://odor.guangdongwater.com）。因为篇幅关系，在此仅列出28种优先消毒副产物异味化学物质。

优先消毒副产物异味化学物质的确定仍主要以其异味阈值的大小为依据，即将所有嗅觉或味觉阈值小于12 μg/L的物质选定为优先异味化学物质，共27种。此外，2, 4, 5-三氯苯酚的嗅觉阈值为63 μg/L，高于本次设定标准，但是其衍生化物质2, 4, 5-三氯苯甲醚的阈值可能会非常低，故将它列为优先异味化学物质。因此，优先消毒副产物异味化学物质总共计28种，具体见表5-1。

表 5-1　优先消毒副产物异味化学物质

序号	中文	英文	CAS 号	溶解度（mg/L）	沸点（℃）	饱和蒸气压（mmHg）	异味特征	毒性	嗅觉阈值（μg/L）	味觉阈值（μg/L）	产生来源	106 项
1	氯碘甲烷	chloroiodomethane	593-71-5	4100	109	39.3	—	—	2	—	氯气消毒	否
2	4-氯苯甲醚	4-chloroanisole	623-12-1	670	197.5	1.01	刺鼻；刺激性	中毒	<2	6.2	氯气消毒	否
3	二溴碘甲烷	dibromoiodomethane	593-94-2	900	185.9	0.935	甜；溶剂	—	2.9	—	氯气/臭氧	否
4	二氯碘甲烷	dichloroiodomethane	594-04-7	1900	132	13.2	甜；糖浆味	高毒	5.8	—	氯气/臭氧	否
5	氯二碘甲烷	chlorodiiodomethane	638-73-3	1200	81	0.736	草药；甜；溶剂	—	2.0	—	氯气/臭氧	否
6	溴二碘甲烷	bromodiiodomethane	557-95-9	730	221.5	0.159	草药；甜；溶剂	—	0.1	—	氯气/臭氧	否
7	溴氯碘甲烷	bromochloroiodomethane	34970-00-8	1400	180～190	3.56	甜；鲜草	—	5.1	—	氯气/臭氧	否
8	2, 4-二氯苯甲醚	2, 4-dichloroanisole	553-82-2	150	232	0.164	—	—	0.21	0.08	氯气消毒	否
9	1, 4-二氯苯	1, 4-dichlorobenzene	106-46-7	18	174	1.64	刺激性	中毒	—	11	氯气消毒	是
10	2, 4, 6-三氯苯甲醚	2, 4, 6-trichloroanisole	87-40-1	34	241	0.0436	—	—	8×10^{-5}	0.025	氯气消毒	否
11	2, 3, 6-三氯苯甲醚	2, 3, 6-trichloroanisole	50375-10-5	36	254.1	0.0281	—	—	0.0074～0.0245	—	氯气消毒	否
12	2, 4, 6-三溴甲醚	2, 4, 6-tribromoanisole	607-99-8	62	298	2.31×10^{-3}	—	—	$<3\times10^{-5}$	—	氯气消毒	否
13	2, 3, 4, 6-四氯苯甲醚	2, 3, 4, 6-tetrachloroanisole	938-22-7	7.4	289.2	3.87×10^{-3}	软木味	—	0.004～0.024	—	氯气消毒	否
14	2, 3, 4, 5, 6-五氯苯甲醚	2, 3, 4, 5, 6-pentachloroanisole	1825-21-4	1.5	321.5	5.6×10^{-4}	软木味	高毒	0.00041～0.004	—	氯气消毒	否
15	2-碘-4-甲基酚	2-iodo-4-methylphenol	16188-57-1	1800	208.9	0.144	医药味	—	0.003	—	氯气/臭氧	否
16	2-碘酚	2-iodophenol	533-58-4	4600	186～187	0.463	—	—	1	—	氯气/臭氧	否
17	异丁醛	isobutyraldehyde	78-84-2	15000	67.1	147	甜味	中毒	0.9～2.3	—	—	否
18	异戊醛	isovaleraldehyde	590-86-3	7400	92.5	49.3	苹果、梨味	—	0.15～2	—	—	否

续表

序号	中文	英文	CAS 号	溶解度（mg/L）	沸点（℃）	饱和蒸气压（mmHg）	异味特征	毒性	嗅觉阈值（μg/L）	味觉阈值（μg/L）	产生来源	106 项
19	苯乙醛	phenylacetaldehyde	122-78-1	1900	195	0.368	呈强烈风信子香气，低浓度时有杏仁、樱桃香味	中毒	4	—	氯气消毒	否
20	单氯苯	monochlorobenzene	108-90-7	86	131.7	11.2	甜；杏仁味	中毒	30	10	氯气消毒	否
21	对氯苯乙醛	*p*-chlorophenylacetaldehyde	4251-65-4	450	235.8	0.049	—	—	3	—	氯气消毒	否
22	1, 2, 3-三氯苯	1, 2, 3-trichlorobenzene	87-61-6	3.8	221	0.163	—	中毒	0.01～0.02	—	氯气消毒	是
23	1, 2, 4-三氯苯	1, 2, 4-trichlorobenzene	120-82-1	3.6	213.5	0.266	—	高毒	0.005	—	氯气消毒	是
24	1, 3, 5-三氯苯	1, 3, 5-trichlorobenzene	108-70-3	3.4	211.3	0.267	—	中毒	0.05	—	氯气消毒	是
25	1, 2, 4, 5-四氯苯	1, 2, 4, 5-tetrachlorobenzene	95-94-3	0.82	244.5	0.0415	强烈不愉快气味	中毒	—	—	氯气消毒	否
26	2, 4, 6-三氯苯酚	2, 4, 6-trichlorophenol	88-06-2	320	246	0.0177	强烈苯酚气味	中毒	0.001～380	＞12	氯气消毒	是
27	2, 3, 4, 6-四氯苯酚	2, 3, 4, 6-tetrachlorophenol	58-90-2	440	267.7	0.00487	强烈特殊气味	—	0.6～47	—	氯气消毒	否
28	2, 4, 5-三氯苯酚	2, 4, 5-trichlorophenol	95-95-4	93	247	0.0106	强烈苯酚气味	中毒	63	100	氯气消毒	否

5.2 消毒源异味化学物质的形成机理与控制

5.2.1 消毒源异味化学物质的形成机理

为尽可能地消灭水体中的微生物，自来水在出厂前必须经过消毒工艺处理，保证微生物水质指标达标，这是自来水安全供水的最根本要求。但在消毒的过程中同时会产生消毒副产物。消毒副产物是在用氯气等消毒处理条件下，水体中所产生的一系列化学物质的总称。这里的水体包括自来水，也包括污水经污水处理工艺处理后的出水。早在 1972 年，美国环境保护署就指出新奥尔良州的自来水中存在一些致癌的有机物，而这些有机物是氯气消毒的衍生物（Marx，1974）。Dowry 等（1975）用 GC 从新奥尔良的自来水中检测到了氯仿等 13 种挥发性氯代有机物。针对全美的自来水调查结果显示，所有的自来水都含有一定浓度的氯仿，且其浓度水平与自来水源水中的有机物含量呈正相关（Symons et al.，1975）。经过近 40 年的研究，消毒副产物的数量已经大幅增加，并在不断扩大。消毒副产物的前驱体物质可以是有机物，也可以是无机物，而消毒源异味化学物质属于消毒副产物中的一类特殊物质，且绝大多数属于有机物。如表 5-2 所示，消毒源异味化学物质的前驱体种类包括腐殖酸或富里酸、氨基酸，以及水体中的微量有机污染物等。

富里酸是最早被证实是消毒副产物异味物质的前驱体。早在 1974 年，Rook（1974）证实富里酸可以使自来水源水呈现黄色，并且它是消毒副产物氯仿的前驱体。Fukushima（1981）证实腐殖酸和氯气反应可产生氯仿和氯化苦两种消毒副产物异味物质，且生成量与腐殖酸含量及氯气投加量呈正相关。然而，pH 对上述两种消毒副产物的影响较为复杂：在 pH 为 1～10 时，氯仿的生成量随 pH 的增加而增加；当 pH 继续增加时，氯仿的产生量随之减少。与氯仿不同，在 pH 小于 8 时，氯化苦的生成量变化不大，但当 pH 继续增加时，氯化苦的生成量急剧减少（图 5-1）。为更好地表征水体中的有机物，Leenheer（1981）用 Amberlite XAD-8 树脂将有机物分成六种不同组分：疏水性碱性（hydrophobic base，HoB）组分，疏水性酸性（hydrophobic acid，HoA）组分，疏水性中性（hydrophobic neutral，HoN）组分，亲水性碱性（hydrophilic base，Hib）组分，亲水性酸性（hydrophilic acid，HiA）组分，以及亲水性中性（hydrophilic neutral，HiN）组分。Zhang 等（2009b）在上述基础上结合荧光光谱，分析了再生水中六种组分的比例和特性，并研究了氯气消毒下各组分的变化特性和产生氯代消毒副产物的能力。在六种组分中，疏水性酸性组分所占比例最大（34%），其次是亲水性中性组分，所占比例约为 23%；随

表 5-2　消毒源异味化学物质的产生条件

序号	消毒剂	有机物	消毒条件	消毒副产物	味觉阈值（μg/L）	嗅觉阈值（μg/L）	参考文献
1	hypochlorite（次氯酸）	phenol（苯酚）	C = 50 μmol/L；温度 = 20℃；反应时间 = 1 h；pH = 4～10	2-chlorophenol（2-氯苯酚）	0.14	0.36	（Onodera et al.，1984）
				4-chlorophenol（4-氯苯酚）	39	—	
				2, 4-dichlorophenol（2, 4-二氯苯酚）	0.98	2～5.4	
				2, 6-dichlorophenol（2, 6-二氯苯酚）	0.0062	3～5.9	
				2, 4, 6-trichlorophenol（2, 4, 6-三氯苯酚）	＞12	380	
2	chlorine（氯气）	benzene（苯）	C = 78.1 μg/L；pH = 7；残余氯 = 1 mg/L；T = 5℃；t = 24 h	dichlorobenzene（二氯苯）	11～200	0.0003～0.45	（Kim et al.，1997）
		ethylbenzene（乙基苯）	C = 106.2 μg/L；pH = 7；残余氯 = 1 mg/L；T = 5℃；t = 24 h	dichlorobenzene（二氯苯）	11～200	0.0003～0.45	
		styrene（苯乙烯）	C = 104.1 μg/L；pH = 7；残余氯 = 1 mg/L；T = 5℃；t = 24 h	dichlorobenzene（二氯苯）	11～200	0.0003～0.45	
		1, 3-dichloropropane（1, 3-二氯丙烷）	C = 113.0 μg/L；pH = 7；残余氯 = 1 mg/L；T = 5℃；t = 24 h	chloroform（氯仿）	800～1200	2400	
		1, 2-dichloroethane（1, 2-二氯乙烷）	C = 99 μg/L；pH = 7；残余氯 = 1 mg/L；T = 5℃；t = 24 h	1, 1, 1-trichloroethane（1, 1, 1-三氯乙烷）	160～440	970	
		phenol（苯酚）	C = 235.3 μg/L；pH = 7；残余氯 = 1 mg/L；T = 5℃；t = 24 h	2, 4-dichlorophenol（2, 4-二氯苯酚）	0.98	2～5.4	
				2, 6-dichlorophenol（2, 6-二氯苯酚）	0.0062	3～5.9	
				2, 4, 6-trichlorophenol（2, 4, 6-三氯苯酚）	＞12	380	
		2-chlorophenol（2-氯苯酚）	C = 321.5 μg/L；pH = 7；残余氯 = 1 mg/L；T = 5℃；t = 24 h	2, 4-dichlorophenol（2, 4-二氯苯酚）	0.98	2～5.4	

续表

序号	消毒剂	有机物	消毒条件	消毒副产物	味觉阈值（μg/L）	嗅觉阈值（μg/L）	参考文献
2	chlorine（氯气）	2-chlorophenol（2-氯苯酚）	C＝321.5 μg/L；pH＝7；残余氯＝1 mg/L；T＝5℃；t＝24 h	2, 6-dichlorophenol（2, 6-二氯苯酚）	0.0062	3～5.9	（Kim et al., 1997）
				2, 4, 6-trichlorophenol（2, 4, 6-三氯苯酚）	＞12	380	
				2, 4-D（2, 4-滴）	20	20	
		2, 4-dichlorophenol（2, 4-二氯苯酚）	C＝407.5 μg/L；pH＝7；残余氯＝1 mg/L；T＝5℃；t＝24 h	2, 4, 6-trichlorophenol（2, 4, 6-三氯苯酚）	＞12	380	
		1, 4-dichlorobenzene（1, 4-二氯苯）	C＝147 μg/L；pH＝6；O_3＝2 mg/L；T＝5℃；t＝2 min	toluene（甲苯）	120～160	42	
3	ozonation	styrene（苯乙烯）	C＝104.1 μg/L；pH＝6；O_3＝2 mg/L；T＝5℃；t＝2 min	benzaldehyde（苯乙醛）	—	0.18～4.29	（Kim et al., 1997）
				toluene（甲苯）	120～160	42	
4	hypochlorite（次氯酸）或 mono-chloramine（单氯胺）	饮用水源水（DOC＝1.6～11.2 mg/L）	pH＝7；T＝23℃；t＝72 h；HClO＝2 mg Cl_2/L 或者 NH_2Cl	chloroform（氯仿）	800～1200	2400	（Farre et al., 2013）
				bromoform（溴仿）	—	510	
5	hypochlorite（次氯酸）	纯水（含 3 mg/L 腐殖酸和 2 mg/L NaBr）	pH＝7.5；T＝22.5℃；HClO＝5 mg Cl_2/L；t＝1～24 h	2, 4, 6-tribromophenol（2, 4, 6-三溴苯酚）	0.6	30	（Zhai et al., 2014）
6	ClO_2＋I^-	饮用水源水	pH＝7；ClO_2＝7.5～44.4 μmol/L；I^-＝100 μg/L；T＝25℃；t＝3 d	iodoform（碘仿）	—	11	（Ye et al., 2013）
7	ClO_2＋I^-	propanoic acid（丙酸）	C＝1 mmol/L；pH＝7；ClO_2＝37 μmol/L；I^-＝25 μmol/L；T＝25℃；t＝3 d	iodoform（碘仿）	—	11	（Ye et al., 2013）
		butanoic acid（丁酸）	C＝1 mmol/L；pH＝7；ClO_2＝37 μmol/L；I^-＝25 μmol/L；T＝25℃；t＝3 d	iodoform（碘仿）	—	11	
		resorcinol（间苯二酚）	C＝1 mmol/L；pH＝7；ClO_2＝37 μmol/L；I^-＝25 μmol/L；T＝25℃；t＝3 d	iodoform（碘仿）	—	11	

续表

序号	消毒剂	有机物	消毒条件	消毒副产物	味觉阈值（μg/L）	嗅觉阈值（μg/L）	参考文献
7	ClO_2+I^-	*p*-cresol（对甲苯酚）	$C=1$ mmol/L；pH = 7；$ClO_2=37$ μmol/L；$I^-=25$ μmol/L；$T=25$℃；$t=3$ d	iodoform（碘仿）	—	11	（Ye et al., 2013）
		m-cresol（邻甲苯酚）	$C=1$ mmol/L；pH = 7；$ClO_2=37$ μmol/L；$I^-=25$ μmol/L；$T=25$℃；$t=3$ d	iodoform（碘仿）	—	11	
		hydroquinone（对苯二酚）	$C=1$ mmol/L；pH = 7；$ClO_2=37$ μmol/L；$I^-=25$ μmol/L；$T=25$℃；$t=3$ d	iodoform（碘仿）	—	11	
8	ClO_2+I^-	alanine（丙氨酸）	$C=1$ mmol/L；pH = 7；$ClO_2=37$ μmol/L；$I^-=25$ μmol/L；$T=25$℃；$t=3$ d	iodoform（碘仿）	—	11	（Ye et al., 2013）
		glutamic acid（谷氨酸）	$C=1$ mmol/L；pH = 7；$ClO_2=37$ μmol/L；$I^-=25$ μmol/L；$T=25$℃；$t=3$ d	iodoform（碘仿）	—	11	
		glycine（甘氨酸）	$C=1$ mmol/L；pH = 7；$ClO_2=37$ μmol/L；$I^-=25$ μmol/L；$T=25$℃；$t=3$ d	iodoform（碘仿）	—	11	
		phenylalanine（苯丙氨酸）	$C=1$ mmol/L；pH = 7；$ClO_2=37$ μmol/L；$I^-=25$ μmol/L；$T=25$℃；$t=3$ d	iodoform（碘仿）	—	11	
		proline（脯氨酸）	$C=1$ mmol/L；pH = 7；$ClO_2=37$ μmol/L；$I^-=25$ μmol/L；$T=25$℃；$t=3$ d	iodoform（碘仿）	—	11	
		serine（丝氨酸）	$C=1$ mmol/L；pH = 7；$ClO_2=37$ μmol/L；$I^-=25$ μmol/L；$T=25$℃；$t=3$ d	iodoform（碘仿）	—	11	
9	hypochlorite（次氯酸，含I^-）	过滤的黄浦江水（DOC = 3.83；$Br^-=0.88$ μmol/L）	pH = 7；$ClO_2=3$ mg/L；$I^-=10$ μmol/L；$T=25$℃；$t=3$ d	chloroform（氯仿）	800～1200	2400	（Zhang et al., 2016a）
				iodoform（碘仿）	—	11	
				chlorodiiodomethane（氯二碘甲烷）	—	0.2	
				bromodiiodomethane（溴二碘甲烷）	—	0.1	
				dibromoiodomethane（二溴碘甲烷）	—	2.9	

续表

序号	消毒剂	有机物	消毒条件	消毒副产物	味觉阈值（μg/L）	嗅觉阈值（μg/L）	参考文献
9	hypochlorite（次氯酸，含I^-）	过滤的黄浦江水（DOC = 3.83；Br^- = 0.88 μmol/L）	pH = 7；ClO_2 = 3 mg/L；I^- = 10 μmol/L；T = 25℃；t = 3 d	bromochloroiodomethane（溴氯碘甲烷）	—	5.1	（Zhang et al., 2016a）
				dichloroiodomethane（二氯碘甲烷）	—	5.8	
				bromodichloromethane（溴二氯甲烷）	—	70	
				chlorodibromomethane（氯二溴甲烷）	—	60	
				chloroform（氯仿）	800～1200	2400	
				iodoform（碘仿）	—	11	
	monochloramine（次氯酸，含I^-）	过滤黄浦江水（DOC = 3.83；Br^- = 0.88 μmol/L）	pH = 7；NH_2Cl = 3 mg/L；I^- = 10 μmol/L；T = 25℃；t = 3 d	dichloroiodomethane（二氯碘甲烷）	—	5.8	
				bromodiiodomethane（溴二碘甲烷）	—	0.1	
				dibromoiodomethane（二溴碘甲烷）	—	2.9	
				bromochloroiodomethane（溴氯碘甲烷）	—	5.1	
10	monochloramine（单氯胺）	dimethylamine（二甲基胺）	C = 500 nmol/L；pH = 8；t = 24 h，NH_2Cl = 2.5 mmol/L	chloroform（氯仿）	800～1200	2400	（Le Roux et al., 2012）
		3-(dimethylamino)phenol（3-二甲基氨基苯酚）	C = 500 nmol/L；pH = 8；t = 24 h，NH_2Cl = 2.5 mmol/L	chloroform（氯仿）	800～1200	2400	
11	monochloramine（单氯胺，含Br^-）	dimethylamine（二甲基胺）	C = 500 nmol/L；pH = 8；t = 24 h，NH_2Cl = 2.5 mmol/L；Br^- = 1 mmol/L	dichlorobromomethane（二氯溴甲烷）	—	70	（Le Roux et al., 2012）
				chlorodibromomethane（氯二溴甲烷）	—	60	

续表

序号	消毒剂	有机物	消毒条件	消毒副产物	味觉阈值（μg/L）	嗅觉阈值（μg/L）	参考文献
11	monochloramine（单氯胺，含 Br^-）	dimethylamine（二甲基胺）	C = 500 nmol/L；pH = 8；t = 24 h，NH_2Cl = 2.5 mmol/L；Br^- = 1 mmol/L	tribromomethane（三溴甲烷）	—	510	（Le Roux et al.，2012）
		3-(dimethylamino)phenol（3-二甲基氨基苯酚）	C = 500 nmol/L；pH = 8；t = 24 h，NH_2Cl = 2.5 mmol/L；Br^- = 1 mmol/L	dichlorobromomethane（二氯溴甲烷）	—	70	
				chlorodibromomethane（氯二溴甲烷）	—	60	
				tribromomethane（三溴甲烷）	—	510	
		1-(dimethyl-amino)pyrrole（1-二甲基氨基）吡咯	C = 500 nmol/L；pH = 8；t = 24 h，NH_2Cl = 2.5 mmol/L；Br^- = 1 mmol/L	chlorodibromomethane（氯二溴甲烷）	—	60	
				tribromomethane	—	510	
		2-(dimethyl-amino)pyridine（2-二甲基氨基吡啶）	C = 500 nmol/L；pH = 8；t = 24 h，NH_2Cl = 2.5 mmol/L；Br^- = 1 mmol/L	dichlorobromomethane（二氯溴甲烷）	—	70	
				chlorodibromomethane（氯二溴甲烷）	—	60	
				tribromomethane（三溴甲烷）	—	510	
		6-(dimethyl-amino)fulvene（6-二甲基氨基富烯）	C = 500 nmol/L；pH = 8；t = 24 h，NH_2Cl = 2.5 mmol/L；Br^- = 1 mmol/L	dichlorobromomethane（二氯溴甲烷）	—	70	
				chlorodibromomethane（氯二溴甲烷）	—	60	
				tribromomethane（三溴甲烷）	—	510	
		tri-(dimethylaminomethyl)phenol（三（二甲基氨基甲基）苯酚	C = 500 nmol/L；pH = 8；t = 24 h，NH_2Cl = 2.5 mmol/L；Br^- = 1 mmol/L	chlorodibromomethane（氯二溴甲烷）	—	60	
				tribromomethane（三溴甲烷）	—	510	

续表

序号	消毒剂	有机物	消毒条件	消毒副产物	味觉阈值（μg/L）	嗅觉阈值（μg/L）	参考文献
11	monochloramine（单氯胺，含 Br^-）	5-(dimethyl-aminomethyl)furfurylalcohol（5-二甲基-氨基甲基糠醇）	C = 500 nmol/L；pH = 8；t = 24 h，NH_2Cl = 2.5 mmol/L；Br^- = 1 mmol/L	chlorodibromomethane（氯二溴甲烷）	—	60	（Le Roux et al.，2012）
				tribromomethane（三溴甲烷）	—	510	
12	hypochlorite（次氯酸）	humic acid（腐殖酸）	C = 3 mg/L；NaClO = 5 $mgCl_2$/L；T = 21℃；t = 12 h	2, 4, 6-trichlorophenol（2, 4, 6-三氯苯酚）	＞12	380	（Pan and Zhang，2013）
13	hypochlorite（次氯酸，含溴离子）	humic acid（腐殖酸）	C = 3 mg/L；NaClO = 5 $mgCl_2$/L；T = 21℃；t = 12 h；Br^- = 1.25～50 μmol/L	2, 4, 6-tribromophenol（2, 4, 6-三溴苯酚）	0.6	30	（Pan and Zhang，2013）
14	hypochlorite（次氯酸）	humic acid（腐殖酸）	C = 2 mg/L; pH = 7.2; NaClO = 3 mg Cl_2/L；T = 20℃；t = 3 min	4-chlorophenol（4-氯苯酚）	39	—	（Roche et al.，2009）
				2, 6-dichlorophenol（2, 6-二氯苯酚）	0.0062	3～5.9	
				2, 4-dichlorophenol（2, 4-二氯苯酚）	0.98	2～5.4	
				2, 4, 6-trichlorophenol（2, 4, 6-三氯苯酚）	＞12	380	
				2, 4, 6-tribromophenol（2, 4, 6-三溴苯酚）	0.6	30	
				2, 4-dichloro-6-bromophenol（2, 4-二氯-6-溴苯酚）			
				2, 6-dichloro-4-bromophenol（2, 6-二氯-4-溴苯酚）			
				2, 6-dibromo-4-chlorophenol（2, 6-二溴-4-氯苯酚）			
				2, 4-dibromo-6-chlorophenol（2, 4-二溴-6-氯苯酚）			

续表

序号	消毒剂	有机物	消毒条件	消毒副产物	味觉阈值（μg/L）	嗅觉阈值（μg/L）	参考文献
15	hypochlorite（次氯酸）	表面水	pH = 6.5～8；NaClO = 3～6 mg/L	2, 4, 6-trichlorophenol（2, 4, 6-三氯苯酚）	>12	380	（Karlsson et al., 1995）
16	Cl_2	表面水加入苯酚	C = 26 mg/L；Cl_2 = 12 mg/L；t = 24 h	2-chlorophenol（2-氯苯酚）	0.14	0.36	（Ventura and Rivera，1986）
				4-chlorophenol（4-氯苯酚）	39	—	
				2, 4-dichlorophenol（2, 4-二氯苯酚）	0.98	2～5.4	
				2, 6-dibormophenol（2, 6-二氯苯酚）	0.0005	0.0005	
				2, 4-dibromophenol（2, 4-二溴苯酚）	4	4	
				2, 4, 6-trichlorophenol（2, 4, 6-三氯苯酚）	>12	380	
				2, 4, 6-tribromophenol（2, 4, 6-三溴苯酚）	0.6	30	
				pentachlorophenol（四氯苯酚）	30	860	
				2, 6-dibromo-4-chlorophenol（2, 6-二溴-4-氯苯酚）			
				2, 4-dibromo-6-chlorophenol（2, 4-二溴-6-氯苯酚）			
17	monochlor-amine（单氯胺）	oxytetracycline（土霉素）	C = 20 μg/L；NH_2Cl = 4 mmol/L；pH = 5～9；T = 25℃	chloroform（氯仿）	800～1200	2400	（Bi et al.，2013）
				dimethyl amine（二甲基胺）	—	290	
18	UV + 氯消毒（氯气，单氯胺，ClO_2）	iopamidol（碘帕醇）	C = 10 μmol/L；UV = 0～1788 mJ/cm^2；pH = 7；Cl_2 = NH_2Cl = ClO_2 = 100 μmol/L；T = 25℃；t = 3 d	chloroform（氯仿）	800～1200	2400	（Tian et al., 2014）
				dichloroiodomethane（二氯碘甲烷）	—	5.8	

续表

序号	消毒剂	有机物	消毒条件	消毒副产物	味觉阈值（μg/L）	嗅觉阈值（μg/L）	参考文献
18	UV＋氯消毒（氯气，单氯胺，ClO_2）	iopamidol（碘帕醇）	$C=10$ μmol/L; UV＝0～1788 mJ/cm^2; pH＝7; $Cl_2=NH_2Cl=ClO_2=100$ μmol/L；$T=25$℃；$t=3$ d	chlorodiiodomethane（氯二碘甲烷）	—	0.2	（Tian et al.，2014）
				iodoform（碘仿）	—	11	
19	UV	*N*-nitrosopyrrolidine（*N*-亚硝基吡咯烷）	$C=5$ μmol/L；UV＝1000 μW/cm^2；pH＝3.1～10.5；$t=5$ min	methylamine（甲基胺）	—	2400	（Xu et al.，2009）
				dimethylamine（二甲基胺）	—	290	
				ethylamine（乙基胺）	—	46～4300	
				diethylamine（二乙基胺）	—	470	
				n-propylamine（正丙基胺）	—	61	
20	UV	*N*-nitrosopiperidine（*N*-亚硝基哌啶）	$C=5$ μmol/L；UV＝1000 μW/cm^2；pH＝3.1～10.5；$t=5$ min	methylamine（甲基胺）	—	2400	（Xu et al.，2009）
				dimethylamine（二甲基胺）	—	290	
				diethylamine（二乙基胺）	—	470	
				n-propylamine（正丙基胺）	—	61	
				butylamine（丁基胺）	—	6200	
21	hypochlorite（次氯酸）	phenylalanine（苯丙氨酸）	$C=1.65$ g/L；NaClO＝0.4 mol/L；pH＝7.0；$T=0$℃；$t=10$ min	phenylacetonitrile（苯乙腈）	—	0.6	（Ma et al.，2016）
				phenylacetaldehyde（苯乙醛）	—	4～30	
				benzyl chloride（苄基氯）	—	44	
22	hypochlorite（次氯酸）	valine（缬氨酸）	$C=1$ μmol/L；NaClO＝0.5～100 μmol/L；pH＝6～10；$T=4$℃或20℃；$t=5$～1440 min	isobutylraldehyde（异丁醛）	—	0.9～2.3	（Froese et al.，1999）
		leucine（亮氨酸）	$C=1$ μmol/L；NaClO＝0.5～100 μmol/L；pH＝6～10；$T=4$℃或20℃；$t=5$～1440 min	isovaleraldehyde（异戊醛）	—	0.15～2.0	
		isoleucine（异亮氨酸）	$C=1$ μmol/L；NaClO＝0.5～100 μmol/L；pH＝6～10；$T=4$℃或20℃；$t=5$～1440 min	2-methylbutyraldehyde（2-甲基丁醛）	—	12.5	

续表

序号	消毒剂	有机物	消毒条件	消毒副产物	味觉阈值（μg/L）	嗅觉阈值（μg/L）	参考文献
22	hypochlorite（次氯酸）	phenylalanine（苯丙氨酸）	C = 100 μmol/L；NaClO = 0.5～100 μmol/L；pH = 6～10；T = 4℃或20℃；t = 5～1440 min	phenylacetaldehyde（苯乙醛）	—	4～30	（Froese et al.，1999）
23	hypochlorite（次氯酸）	aspartate（天冬氨酸）	C = 0.1 mmol/L；pH = 7.3；Br^- = 10 mg/L；T = 25℃；t = 3 d	chloroform（氯仿）	800～1200	2400	（Dong et al.，2016）
				dichlorobromomethane（二氯溴甲烷）	—	70	
				chlorodibromomethane（氯二溴甲烷）	—	60	
				tribromomethane（三溴甲烷）	—	510	
24	hypochlorite（次氯酸）或单氯胺，含I^-	地下水	TOC = 2.5～2.7 mg/L；pH = 7.7；HClO 或单氯胺 = 1.5 mg Cl_2/L；I^- = 200 μg/L；T = 20℃；t = 6～24 h	chloroform（氯仿）	800～1200	2400	（Karpel Vel Leitner et al.，1998）
				dichlorobromomethane（二氯溴甲烷）	—	70	
				chlorodibromomethane（氯二溴甲烷）	—	60	
				iodoform（碘仿）	—	11	
25	hypochlorite（次氯酸）	phenylalanine（苯丙氨酸）	C = 1 mmol/L; pH = 6.3; Cl/N = 0.5～2; t = 24 h	*N*-chlorophenylalanine（氯苯丙氨酸）	—	—	（Freuze et al.，2004）
				phenylacetaldehyde（苯乙醛）	—	4～30	
				phenylacetonitrile（苯乙腈）	—	0.6	
				N-chlorophenylacetaldimine（氯苯乙二胺）	—	3	
26	hypochlorite（次氯酸）	valine（缬氨酸）	C = 1 μg/L；NaClO = 2 mg Cl_2/L；t = 2 h	isobutylaldehyde（异丁醛）	—	0.9～2.3	（Freuze et al.，2005）
				isobutyronitrile（异丁腈）	—	430	
				N-chloroisobutyraldimine（氯异丁基二胺）	—	0.20	

续表

序号	消毒剂	有机物	消毒条件	消毒副产物	味觉阈值（μg/L）	嗅觉阈值（μg/L）	参考文献
26	hypochlorite（次氯酸）	leucine（亮氨酸）	C = 1 μg/L；NaClO = 2 mg Cl_2/L；t = 2 h	isovaleraldehyde（异戊醛）	—	0.15～2.0	（Freuze et al.，2005）
				isovaleronitrile（异戊腈）	—	210	
				N-chloroisovaleraldimine（氯异戊二胺）	—	0.25	
27	hypochlorite（次氯酸）	glycine	C = 340 μmol/L；NaClO = 170～1700 μmol/L；pH = 7；T = 25℃	cyanogen chloride（氯化氰）	—	2（air）	（Lee et al.，2006）
28	hypochlorite（次氯酸）	alanine（丙氨酸）；arginine（精氨酸）；asparagine（天冬酰胺）；cysteine（半胱氨酸）；glutamine（谷氨酰胺）；glutamic acid（谷氨酸）；glycine（甘氨酸）；histidine（组氨酸）；isoleucine（异亮氨酸）；leucine（亮氨酸）；lysine（赖氨酸）；methionine（甲硫氨酸）；phenylalanine（苯丙氨酸）；proline（脯氨酸）；serine（丝氨酸）；threonine（苏氨酸）；tryptophan（色氨酸）；tyrosine（酪氨酸）；valine（缬氨酸）	C = 10 mg TOC/L；NaClO = 10 mg Cl_2/mg TOC；T = 20℃；t = 4 d；pH = 7	chloroform（氯仿）	800～1200	2400	（Hong et al.，2009）
29	hypochlorite（次氯酸）	alanine（丙氨酸）	C = 1 mmol/L；Cl/N = 1；pH = 4～10；T = 23℃；t = 5 d	acetaldehyde（乙醛）	—	8.7～34	（Chu et al.，2009）
				chloroacetaldehyde（氯乙醛）	—	3（air）	
				chloroform（氯仿）	800～1200	2400	
30	hypochlorite（次氯酸）	valine（缬氨酸）	C = 1 mmol/L；Cl/N = 4；T = 室温	isobutyraldehyde（异丁醛）	—	0.9～2.3	（Brosillon et al.，2009）
				isobutyronitrile（异丁腈）	—	430	
				N-chloroisobutaldimine（氯异丁基胺）	—	0.2	
		leucine（亮氨酸）	C = 1 mmol/L；Cl/N = 4；T = 室温	isovaleraldehyde（异戊醛）	—	0.15～2.0	
				isovaleronitrile（异戊腈）	—	210	
				N-chloroisovaleraldimine（氯异戊二胺）	—	0.25	

续表

序号	消毒剂	有机物	消毒条件	消毒副产物	味觉阈值（μg/L）	嗅觉阈值（μg/L）	参考文献
31	hypochlorite（次氯酸）	isoleucine（异亮氨酸）	C = 1 mmol/L；Cl/N = 4；T = 室温	2-methylbutyraldehyde（2-甲基丁醛）	—	12.5	（Brosillon et al.，2009）
				2-methylbutyronitrile（2-甲基丁腈）	—	—	
				2-methyl-chlorobutyaldimine（2-甲基-氯丁基胺）	—	—	
		phenylalanine（苯丙氨酸）	C = 1 mmol/L；Cl/N = 4；T = 室温	phenylacetaldehyde（苯乙醛）	—	4～30	
				phenylacetonitrile（苯乙腈）	—	0.6	
32	hypochlorite（次氯酸）	购买的腐殖酸	C = 10 mg DOC/L；NaClO = 5 mg Cl_2/L；pH = 7.0；T = 25℃；t = 24 h	chloroform benzyl cyanide（氯仿苄基氰化物）	800～1200	2400	（Li et al.，2011）
				bromoform（溴仿）	—	510	
				dichlorobromomethane（二氯溴甲烷）	—	70	
				chlorodibromomethane（氯二溴甲烷）	—	60	
33	hypochlorite（次氯酸）	tyrosine（酪氨酸）	C = 0.1 mmol/L；NaClO = 0.5～2.5 mmol/L；pH = 7.0；T = 23℃；t = 24 h	benzyl cyanide（苯乙腈）	—	—	（Chu et al.，2012）
				4-chlorophenol（4-氯苯酚）	39	—	
				2, 4-dichlorophenol（2, 4-二氯苯酚）	0.98	2～5.4	
				2, 4, 6-trichlorophenol（2, 4, 6-三氯苯酚）	＞12	380	
34	hypochlorite（次氯酸）（pre）+ UV_{254}（post）	L-arginine（精氨酸） L-histidine（组氨酸） guanidine（胍） acetamide（乙酰胺）	C = 18 μmol/L；NaClO = 0.32～1.28 mg Cl_2/L；UV_{254} = 700 μW/cm^2；pH = 6.7～6.9；t = 0～60 min；t_{UV} = 10～60 min	cyanogen chloride（氯化氰）	—	1000（空气）	（Weng and Blatchley，2013）

续表

序号	消毒剂	有机物	消毒条件	消毒副产物	味觉阈值（μg/L）	嗅觉阈值（μg/L）	参考文献
34	hypochlorite（次氯酸）（pre）+ UV_{254}（post）	imidazole（咪唑） 1-methylimidazole（1-甲基咪唑） 4-methylimidazole（4-甲基咪唑）	C = 18 μmol/L；NaClO = 0.32～1.28 mg Cl_2/L；UV_{254} = 700 μW/cm^2；pH = 6.7～6.9；t = 0～60 min；t_{UV} = 10～60 min	cyanogen chloride（氯化氰）	—	1000（air）	（Weng and Blatchley，2013）
35	hypochlorite（次氯酸）	*Microcystis* aeruginosa（铜绿微囊藻） *Oscillatoria* sp.（颤藻属） *Lyngbya* sp.（林木属）	C_{DOC} = 0～3 mg/L；NaClO = 5～35 mg Cl_2/L；pH = 7.5；T = 22～24℃；t = 7 d	chloroform（氯仿）	800～1200	2400	（Wert and Rosario-Ortiz，2013）
36	hypochlorite（次氯酸，含 Br^-）	*Microcystis aeruginosa*（铜绿微囊藻） *Oscillatoria* sp.（颤藻属） *Lyngbya* sp.（林木属）	C_{DOC} = 0～3 mg/L；NaClO = 5～35 mg Cl_2/L；Br^- = 100 μg/L；pH = 7.5；T = 22～24℃；t = 7 d	chloroform（氯仿） dichlorobromomethane（二氯溴甲烷） chlorodibromomethane（氯二溴甲烷）	800～1200 — —	2400 70 60	（Wert and Rosario-Ortiz，2013）
37	ozonation（臭氧）	*Microcystis* aeruginosa（铜绿微囊藻） *Oscillatoria* sp.（颤藻属） *Lyngbya* sp.（林木属）	C_{DOC} = 1～1.5 mg/L；O_3/C_{DOC} = 0～1	acetaldehyde（乙醛） formaldehyde（甲醛） glyoxal（乙二醛） propanal（丙醛）	— — — —	8.7～34 600 — 37～95	（Wert and Rosario-Ortiz，2013）
38	hypochlorite（次氯酸）或者单氯胺	*β*-alanine（丙氨酸）；L-aspartic acid（天冬氨酸）；L-methionine（L-甲硫氨酸）；L-cysteine（L-半胱氨酸）；L-alanyl-L-alanin（L-丙氨酰 L-丙氨酸）；3-aminophenol（3-氨基苯酚）；2-aminophenol（2-氨基苯酚）	C = 3 mmol/L 或 15 μmol/L；pH = 6～8；T = 20℃；t = 24 h	chloroform（氯仿） chloropicrin（氯化苦）	800～1200 —	2400 37	（Bond et al.，2014）
39	hypochlorite（次氯酸）	tyrosine（酪氨酸）	C = 0.05 mmol/L；NaClO = 0.05～1 mmol/L；pH = 6.0；T = 23℃；t = 1～168 h	chloroform（氯仿）	800～1200	2400	（Chu et al.，2015）
40	hypochlorite（次氯酸）	MC-LR（微囊藻毒素 LR）	C = 20 μg/L；NaClO = 3 mg Cl_2/L；T = 25℃；t = 1 d	chloroform（氯仿） carbon tetrachloride（四氯化碳）	800～1200 2400～2800	2400 520	（Zhang et al.，2016b）

续表

序号	消毒剂	有机物	消毒条件	消毒副产物	味觉阈值（μg/L）	嗅觉阈值（μg/L）	参考文献
40	hypochlorite（次氯酸）	MC-LR（微囊藻毒素LR）	C = 20 μg/L；NaClO = 3 mg Cl_2/L；T = 25℃；t = 1 d	trichloroethane（三氯乙烷）	160～440	970	（Zhang et al.，2016b）
				tetrachloroethylene（四氯乙烯）	1600～4000	170	
41	hypochlorite（次氯酸）	dissolved organic matter from rivers（河水中的溶解性有机物）	C_{DOC} = 3 mg/L；pH = 7；T = 20℃；HClO = 5 mg Cl_2/mg DOC；t = 7 d	chloroform（氯仿）	800～1200	2400	（Lee et al.，2007）
				chloropicrin（氯化苦）	—	37	
42	臭氧前处理＋次氯酸	natural organic matter（天然有机物质）	C_{DOC} = 2 mg/L；O_3/DOC = 0～3；NaClO = 20 mg/L；Br^- = 100～900 μg/L，pH = 6.8～9.2；t = 48 h	chloroform（氯仿）	800～1200	2400	（Lin et al.，2014）
				dichlorobromomethane（二氯溴甲烷）	—	70	
				chlorodibromomethane（氯二溴甲烷）	—	60	
				bromoform（溴仿）	—	510	
43	单氯胺，含碘化物（碘帕醇）	有机物或者腐殖酸或者富里酸	C_{DOC} = 5 mg/L；NH_2Cl = 200 μmol/L；碘化物或碘帕醇 = 10 μmol/L；T = 25℃；pH = 7；t = 72 h	iodoform（碘仿）	—	11	（Wang et al.，2014）
				dichloroiodomethane（二氯碘甲烷）	—	5.8	
				chlorodiiodomethane（氯二碘甲烷）	—	0.2	
44	单氯胺，含碘帕醇＋Br^-	有机物或者腐殖酸或者富里酸	C_{DOC} = 5 mg/L；NH_2Cl = 200 μmol/L；碘化物或碘帕醇 = 10 μmol/L；Br^- = 5 μmol/L；T = 25℃；pH = 7；t = 72 h	iodoform（碘仿）	—	11	（Wang et al.，2014）
				bromodiiodomethane（溴二碘甲烷）	—	0.1	
				chlorodiiodomethane（氯二碘甲烷）	—	0.2	
				dibromoiodomethane（二溴碘甲烷）	—	2.9	
				chlorobromoiodomethane（氯溴碘甲烷）	—	—	

续表

序号	消毒剂	有机物	消毒条件	消毒副产物	味觉阈值（μg/L）	嗅觉阈值（μg/L）	参考文献
44	单氯胺，含碘帕醇 + Br^-	有机物或者腐殖酸或者富里酸	C_{DOC} = 5 mg/L；NH_2Cl = 200 μmol/L；碘化物或碘帕醇 = 10 μmol/L；Br^- = 5 μmol/L；T = 25℃；pH = 7；t = 72 h	dichloroiodomethane（二氯碘甲烷）	—	5.8	（Wang et al.，2014）
45	hypochlorite（次氯酸）	oxytetracycline（土霉素）	C = 20 μmol/L；NaClO = 0.37 mmol Cl_2/L；pH = 3～9；T = 25℃；t = 96 h	chloroform（氯仿）	800～1200	2400	（Xu et al.，2012）
				chloropicrin（氯化苦）	—	37	
46	hypochlorite（次氯酸）	tannic acid（单宁酸）	C = 1 μmol/L; NaClO = 20 mg Cl_2/L; pH = 7.0；T = 20℃；t = 72 h	chloroform（氯仿）	800～1200	2400	（Liu et al.，2012）
47	二氧化氯，含 Br^-	humic acid（腐殖酸）	C = 10 mg DOC/L；pH = 7；ClO_2 = 30 mg/L；Br^- = 0.1～2 mg/L；T = 20℃；t = 7 d	chloroform（氯仿）	800～1200	2400	（Chang et al.，2000）
				dichlorobromomethane（二氯溴甲烷）	—	70	
				chlorodibromomethane（氯二溴甲烷）	—	60	
				bromoform（溴仿）	—	510	
48	hypochlorite（次氯酸）	algal cells（藻细胞）	NaClO/C_{DOC} = 10；pH = 7；T = 20℃；t = 4 d	chloroform（氯仿）	800～1200	2400	（Hong et al.，2008）
49	hypochlorite（次氯酸）	未氯消毒的饮用水	C = 0.2～3.7 mg/L；Cl/C = 3；pH = 7.2；T = 20℃；t = 24 h	chloroform（氯仿）	800～1200	2400	（Bougeard et al.，2010）
				chlorodibromomethane（氯二溴甲烷）	—	60	
				bromoform（溴仿）	—	510	
				chloropicrin（氯化苦）	—	37	
				dichloroiodomethane（二氯碘甲烷）	—	5.8	
				bromochloroiodomethane（溴氯碘甲烷）	—	5.1	

续表

序号	消毒剂	有机物	消毒条件	消毒副产物	味觉阈值（μg/L）	嗅觉阈值（μg/L）	参考文献
50	氯气	水库水	TOC = 6 mg/L；Cl_2 = 50 mg/L；pH = 7.5；t = 60 h	chloroform（氯仿）	800～1200	2400	（Rook，1974）
				trichloroethylene（三氯乙烯）	2000～3200	310	
51	氯气	hesperidin（橙皮苷）	C = 5 μmol/L；pH = 7；T = 20℃；t = 2 h；过量氯	chloroform（氯仿）	800～1200	2400	（Rook，1974）
		hesperetin（橙皮素）	C = 5 μmol/L；pH = 7；T = 20℃；t = 2 h；过量氯	chloroform（氯仿）	800～1200	2400	
		rutin（芦丁）	C = 5 μmol/L；pH = 7；T = 20℃；t = 2 h；过量氯	chloroform（氯仿）	800～1200	2400	
		phlorizin（根皮苷）	C = 5 μmol/L；pH = 7；T = 20℃；t = 2 h；过量氯	chloroform（氯仿）	800～1200	2400	
		1, 2-dihydroxybenzene（1, 2-二羟基苯）	C = 1 mmol/L；Cl_2 = 12 mmol/L；pH = 7 或 11；T = 15℃；t = 2 h	chloroform（氯仿）	800～1200	2400	
		1, 3-dihydroxybenzene（1, 3-二羟基苯）	C = 1 mmol/L；Cl_2 = 12 mmol/L；pH = 7 或 11；T = 15℃；t = 2 h	chloroform（氯仿）	800～1200	2400	
		1, 3-dihydroxynaphthalene（1, 3-二羟基萘）	C = 1 mmol/L；Cl_2 = 12 mmol/L；pH = 7 或 11；T = 15℃；t = 2 h	chloroform（氯仿）	800～1200	2400	
		1, 4-dihydroxybenzene（1, 4-二羟基苯）	C = 1 mmol/L；Cl_2 = 12 mmol/L；pH = 7 或 11；T = 15℃；t = 2 h	chloroform（氯仿）	800～1200	2400	
		1, 4-quinone（1, 4-苯醌）	C = 1 mmol/L；Cl_2 = 12 mmol/L；pH = 7 或 11；T = 15℃；t = 2 h	chloroform（氯仿）	800～1200	2400	
		3, 5-dihydroxytoluene（3, 5-二羟基甲苯）	C = 1 mmol/L；Cl_2 = 12 mmol/L；pH = 7 或 11；T = 15℃；t = 2 h	chloroform（氯仿）	800～1200	2400	
		3, 5-dihydroxybenzoic acid（3, 5-二羟基苯甲酸）	C = 1 mmol/L；Cl_2 = 12 mmol/L；pH = 7 或 11；T = 15℃；t = 2 h	chloroform（氯仿）	800～1200	2400	

续表

序号	消毒剂	有机物	消毒条件	消毒副产物	味觉阈值（μg/L）	嗅觉阈值（μg/L）	参考文献
51	氯气	pyrogallol（焦棓酸）	C=1 mmol/L; Cl_2=12 mmol/L; pH=7 或 11；T=15℃；t=2 h	chloroform（氯仿）	800～1200	2400	（Rook，1974）
		phloroglucinol（间苯三酚）	C=1 mmol/L; Cl_2=12 mmol/L; pH=7 或 11；T=15℃；t=2 h	chloroform（氯仿）	800～1200	2400	
		phloroglucinol monopetylether（间苯三酚醚）	C=1 mmol/L; Cl_2=12 mmol/L; pH=7 或 11；T=15℃；t=2 h	chloroform（氯仿）	800～1200	2400	
		phenol（苯酚）	C=1 mmol/L; Cl_2=12 mmol/L; pH=7 或 11；T=15℃；t=2 h	chloroform（氯仿）	800～1200	2400	
		1-hydroxy-3-methoxybenzene（1-羟基-3-甲氧基苯）	C=1 mmol/L; Cl_2=12 mmol/L; pH=7 或 11；T=15℃；t=2 h	chloroform（氯仿）	800～1200	2400	
		1, 3-dimethoxybenzene（1, 3-二甲氧基苯）	C=1 mmol/L; Cl_2=12 mmol/L; pH=7 或 11；T=15℃；t=2 h	chloroform（氯仿）	800～1200	2400	
		3-hydroxybenzoic acid（3-羟基苯甲酸）	C=1 mmol/L; Cl_2=12 mmol/L; pH=7 或 11；T=15℃；t=2 h	chloroform（氯仿）	800～1200	2400	
52	hypochlorite（次氯酸）	humic acid（腐殖酸）	C=10 mg/L；t=3 h，T=25℃	chloroform（氯仿）	800～1200	2400	（Fukushima，1981）
				chloropicrin（氯化苦）	—	37	
		resorcinol（间苯二酚）	C=2～20 mg/L；NaClO=10 mg/L；t=3 h	chloroform（氯仿）	800～1200	2400	
		hesperidin（橙皮苷）	C=2～20 mg/L；NaClO=10 mg/L；t=3 h	chloroform（氯仿）	800～1200	2400	
		acetone（丙酮）	C=2～20 mg/L；NaClO=10 mg/L；t=3 h	chloroform（氯仿）	800～1200	2400	
		pyrogallol（焦棓酸）	C=2～20 mg/L；NaClO=10 mg/L；t=3 h	chloroform（氯仿）	800～1200	2400	

后为亲水性酸性组分和疏水性中性组分，约占 15%；疏水性碱性组分和亲水性碱性组分最少，所占比例均少于 10%。其中，疏水性碱性组分所占比例少到可以忽略不计（图 5-2）。同时，在所有六种组分中，均含有富里酸和腐殖酸成分（图 5-3）。在通入氯气条件下，代表腐殖酸的峰（V）要比其他成分减少得快，说明腐殖酸显示了相对高的氯气反应性（图 5-4）；同时疏水性的有机物比亲水性的有机物减少得更快，说明前者更容易从大分子降解为小分子。在 72 h 氯气反应条件下，各组分生成总三卤甲烷的量均随着反应时间延长而增加，但不同组分之间存在明显的区别，亲水性酸性组分＞疏水性酸性组分＞亲水性中性组分＞疏水性中性组分（图 5-5）。氯气的投加量对各组分生成总三卤甲烷也有影响，氯气投加量越多，总三卤甲烷的量越多；其中酸性组分的增加速度要大于中性组分（图 5-6）。体系的 pH 对总三卤甲烷的生成也有影响，各组分的总三卤甲烷生成量随着 pH 的升高而增加（图 5-7）。此外，在氯气等消毒情况下，腐殖酸还可以产生氯酚类消毒副产物异味物质。Karlsson 等（1995）发现氯消毒下，自来水中的 2, 4, 6-三氯苯酚（2, 4, 6-trichlorophenol）的含量有较大增加（图 5-8），而且三氯甲烷的产生量与 2, 4, 6-三氯苯酚的量有一定的正相关性（图 5-9）。上述结果与 Pan 和 Zhang（2013）的研究结果一致。2, 4, 6-三氯苯酚是一种重要的消毒副产物异味化学物质，虽然它的异味阈值大于 12 μg/L，但是它可被一些真菌和放线菌通过甲基化作用（图 5-10）转化为异味阈值更低的 2, 4, 6-三氯苯甲醚（2, 4, 6-trichloroanisole，阈值小于 25 ng/L，Nystrom et al.，1992）。Roche 等（2009）向 Evian 矿泉水中加入 2 mg/L 的腐殖酸，再进行次氯酸消毒，得到了 9 种氯代或溴代酚消毒副产物异味物质（表 5-3）。

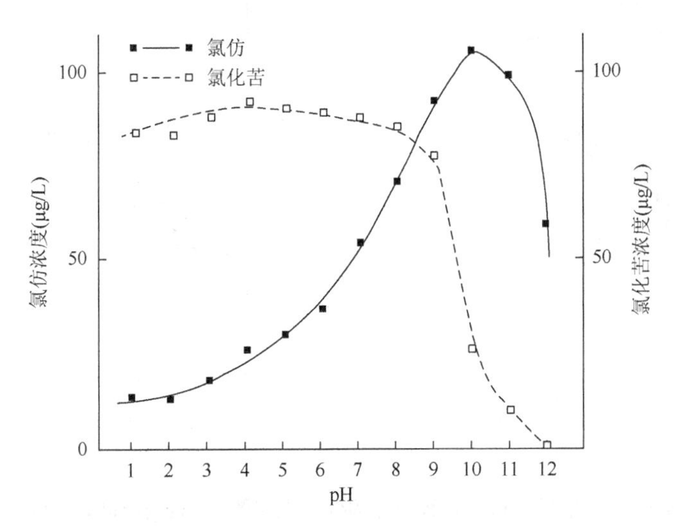

图 5-1　腐殖酸与氯气反应时，pH 的大小对氯仿和氯化苦生成量的影响（Fukushima et al.，1981）

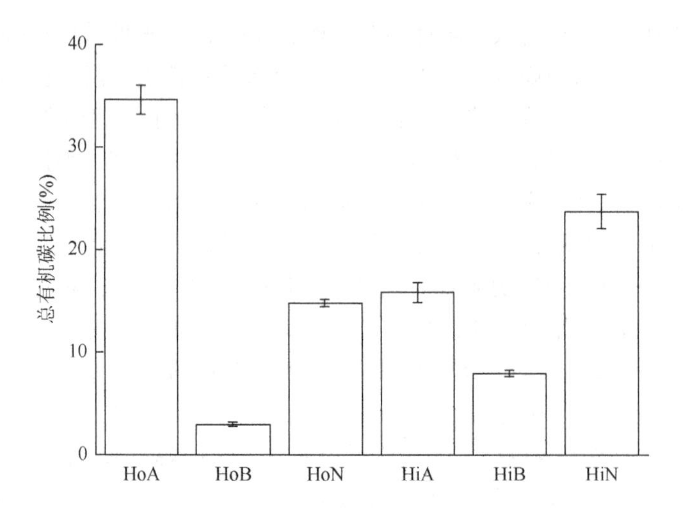

图 5-2　某再生水中溶解性有机物各组分的比例（Zhang et al.，2009b）

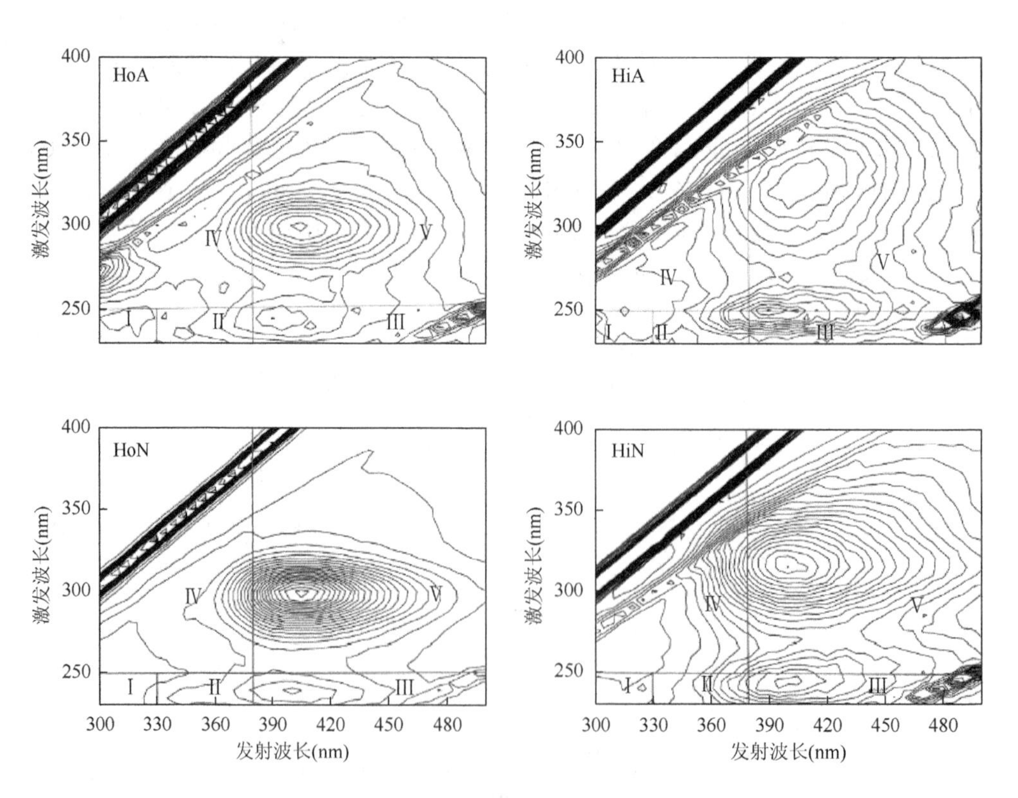

图 5-3　溶解性有机物各种组分的荧光光谱图（Zhang et al.，2009b）

Ⅰ：芳香族蛋白质Ⅰ；Ⅱ：芳香族蛋白质Ⅱ；Ⅲ：富里酸类物质；Ⅳ：溶解性微生物产物；Ⅴ：腐殖酸类物质

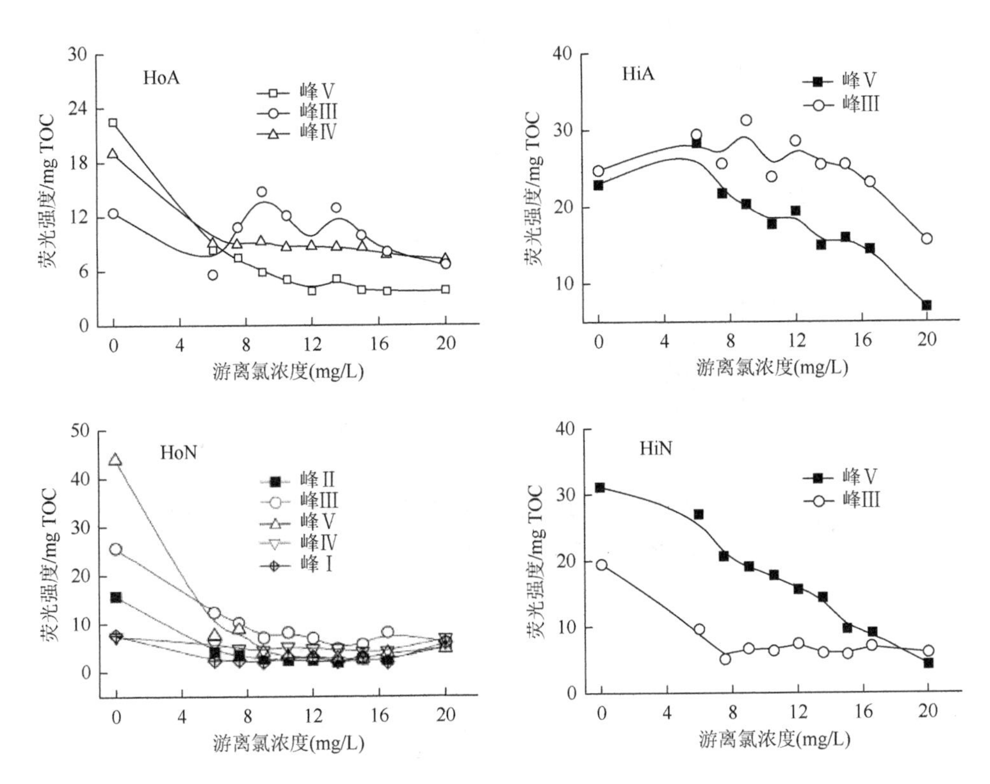

图5-4　不同氯气量条件下不同组分下各种类别物质的减少特性（Zhang et al.，2009b）

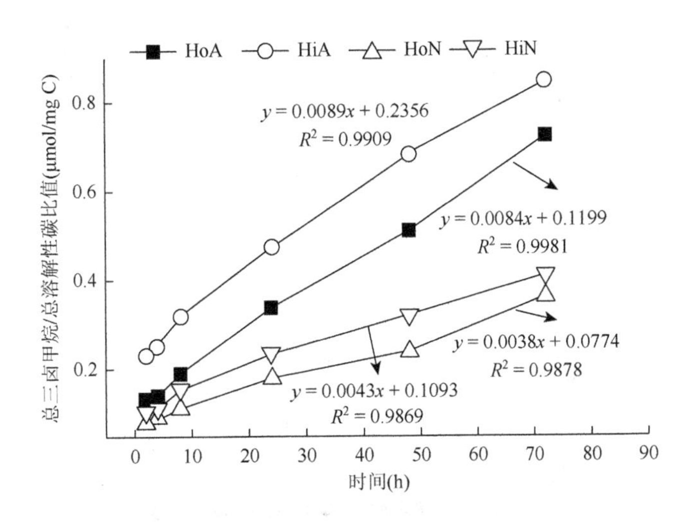

图5-5　反应时间与生成总三卤甲烷的关系（Zhang et al.，2009b）

反应条件：pH 7.0；最初 Cl_2 浓度 20 mg/L；反应温度 20℃

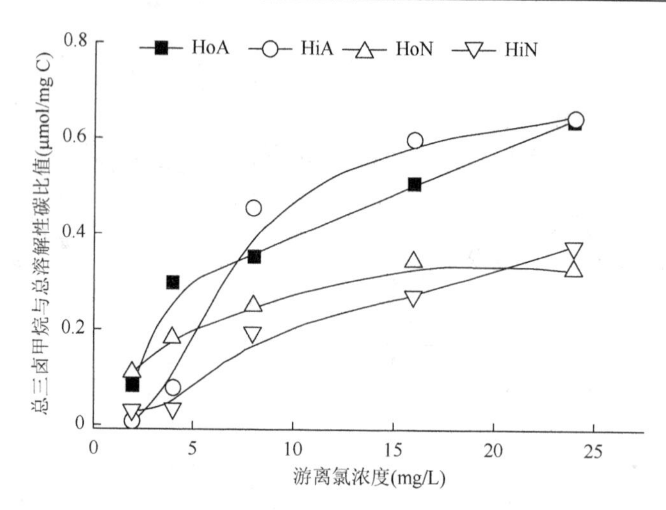

图 5-6　氯气投加量对总三卤甲烷生成量的影响（Zhang et al.，2009b）

反应条件：pH 7.0；反应时间 3 d；反应温度 20℃

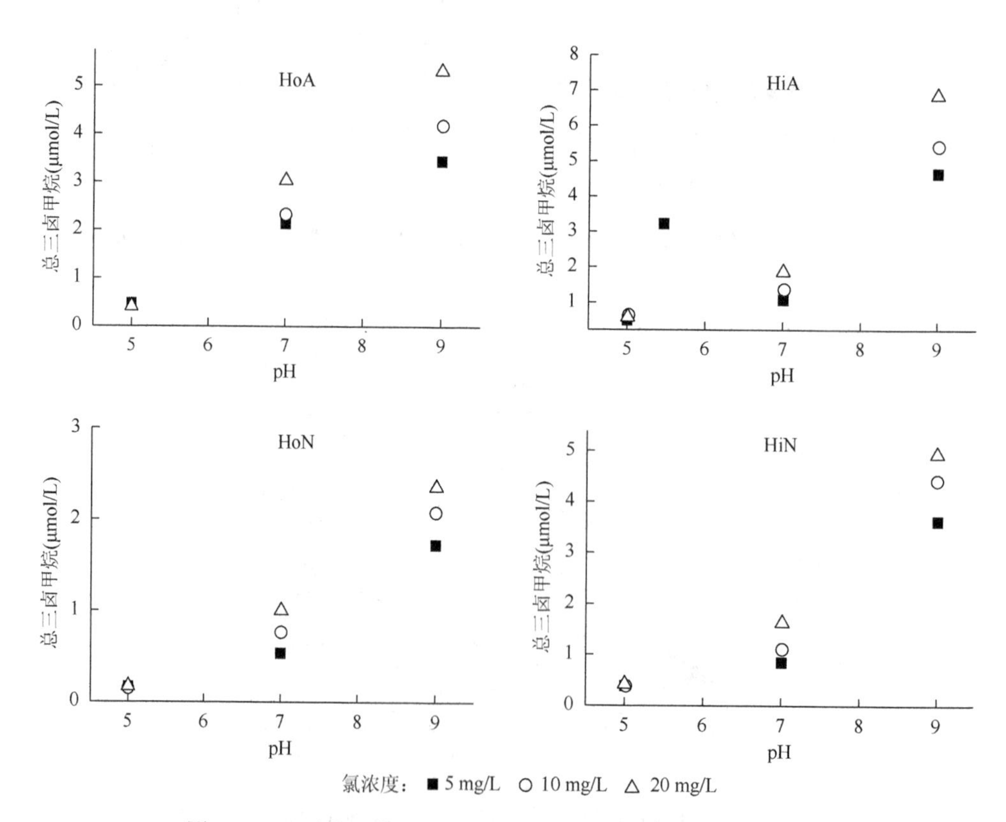

图 5-7　pH 对总三卤甲烷生成量的影响（Zhang et al.，2009b）

反应条件：反应时间 3 d；反应温度 20℃

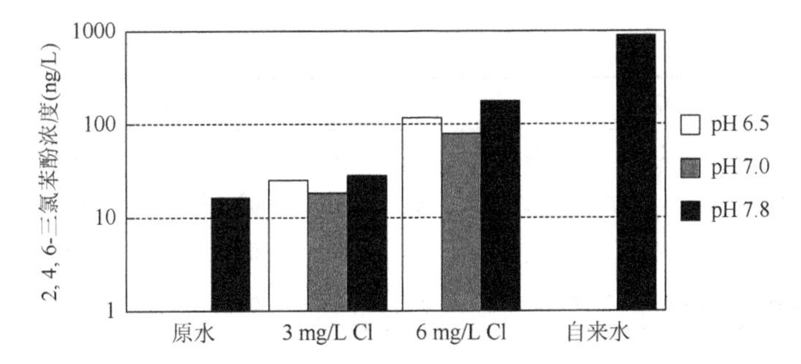

图 5-8　在实验室和自来水处理厂氯气消毒时所产生的 2, 4, 6-三氯苯酚情况（Karlsson et al.，1995）

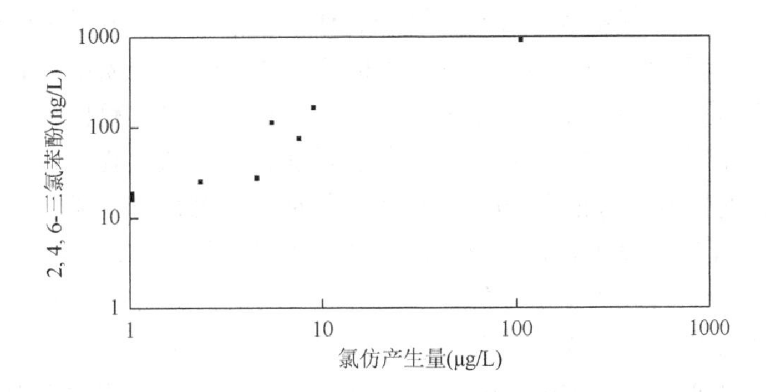

图 5-9　对自来水源水进行氯气消毒时氯仿产生量和 2, 4, 6-三氯苯酚的关系（Karlsson et al.，1995）

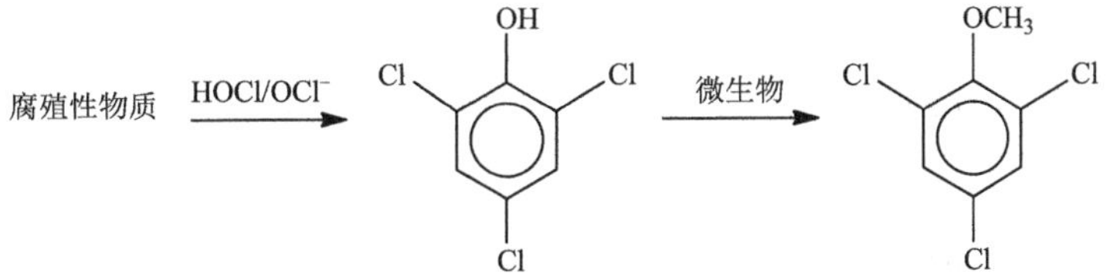

腐殖性物质　$HOCl/OCl^-$　→　(OH, Cl, Cl, Cl)　微生物　→　(OCH_3, Cl, Cl, Cl)

图 5-10　2, 4, 6-三氯苯甲醚的形成机理（Nystrom et al.，1992）

表 5-3　Evian 矿泉水 + 2 mg/L 腐殖酸经次氯酸盐处理后所产生的氯代或溴代酚浓度（mg/L）
（反应条件：NaClO 浓度 = 3 mg/L；T = 20℃，pH = 7.2）（Roche et al.，2009）

时间（min）	0	1	5	15	30	60	180
4-chlorophenol（4-氯苯酚）	0.0	0.0	64.4	85.6	88.8	65.0	5.5
2, 6-dichlorophenol（2, 6-二氯苯酚）	0.0	8.4	24.3	44.1	45.6	28.5	0.0
2, 4-dichlorophenol（2, 4-二氯苯酚）	0.0	11.9	37.7	77.6	106.9	94.9	33.9
2, 4, 6-trichlorophenol（2, 4, 6-三氯苯酚）	2.2	16.8	52.1	156.5	340.6	622.5	1103.8
2, 4-dichloro-6-bromophenol（2, 4-二氯-6-溴苯酚）	0.0	0.0	10.6	45.5	108.9	194.5	330.7

续表

时间（min）	0	1	5	15	30	60	180
2, 6-dichloro-4-bromophenol（2, 6-二氯-4-溴苯酚）	0.0	0.0	3.0	10.7	24.2	41.1	65.6
2, 6-dibromo-4-chlorophenol（2, 6-二溴-4-氯苯酚）	0.0	0.1	0.8	2.3	5.1	7.1	9.9
2, 4-dibromo-6-chlorophenol（2, 4-二溴-6-氯苯酚）	0.0	0.1	0.8	2.6	5.6	7.5	9.6
2, 4, 6-tribromophenol（2, 4, 6-三溴苯酚）	0.0	0.1	0.2	0.4	0.6	0.8	0.8

天然水体中另一个重要的组分氨基酸在氯气等消毒情况下也可产生消毒副产物异味物质，包括卤代甲烷、醛类、腈类和亚胺类等，这些消毒副产物的异味阈值多在 ng/L～μg/L 级别（参见表 5-2）。Chu 等（2009）以丙氨酸（alanine）为目标物质，探讨了氯气消毒条件下生成氯代甲烷的重要影响因素和产生机理。结果表明，当反应体系的 Cl/N 比为 1 时，氯仿的生成率最大（图 5-11）。反应体系的 pH 对氯仿的生成也有很大影响，pH 为中性或略偏碱性时，氯仿的生成率最高（图 5-12）。当反应体系中存在溴离子时，还会生成溴代甲烷，且总三卤甲烷和溴代甲烷的生成量随着溴离子浓度的增加而升高（图 5-13）。在此基础上，Chu 等还给出了丙氨酸生成三氯甲烷、醛类和腈类的代谢路径（图 5-14）。

当饮用水源水存在藻类时，用氯气等消毒处理时也可能会产生消毒副产物异味物质（Li et al.，2012；Liu et al.，2016；Ou et al.，2011）。不少研究者在微囊藻假单胞藻类细胞（如 *Microcystis aeruginosa*）中检测到了大量的氨基酸，这些氨基酸

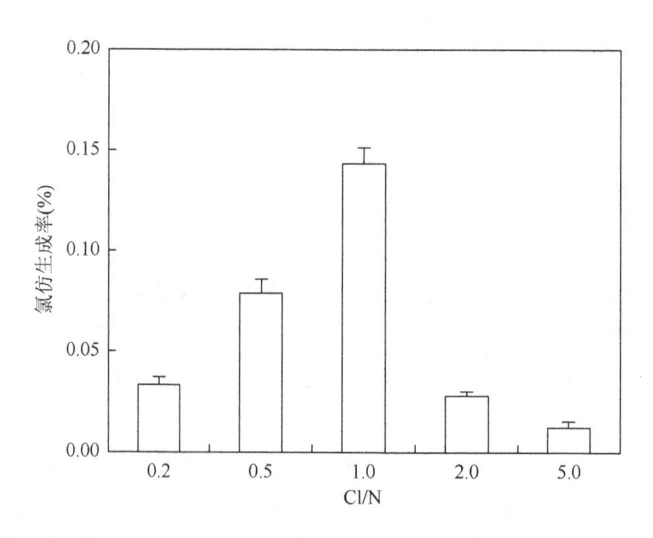

图 5-11　丙氨酸氯消毒时 Cl/N 比（氯氮比）对氯仿生成率的影响（Chu et al.，2009）

反应条件：丙氨酸浓度 0.1 mmol/L；pH = 7～7.3；*t* = 5 d；无溴离子添加

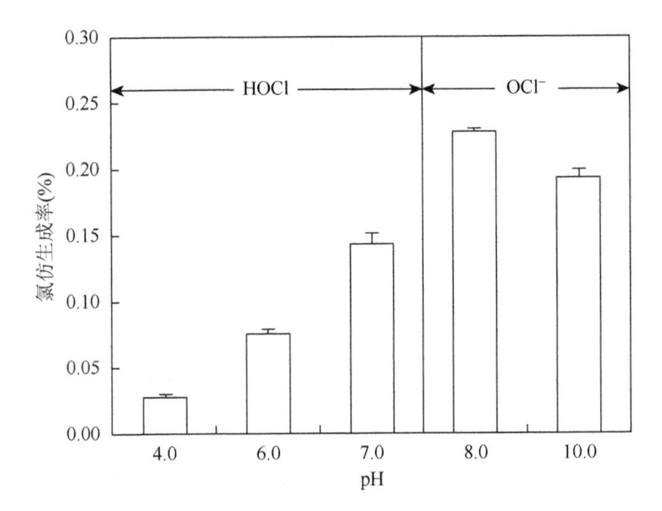

图 5-12　氯化反应时 pH 大小对丙氨酸生成氯仿的影响（Chu et al.，2009）

反应条件：丙氨酸浓度 0.1 mmol/L；Cl/N 比（氯氮比）1.0；反应时间 5 d；无溴离子添加

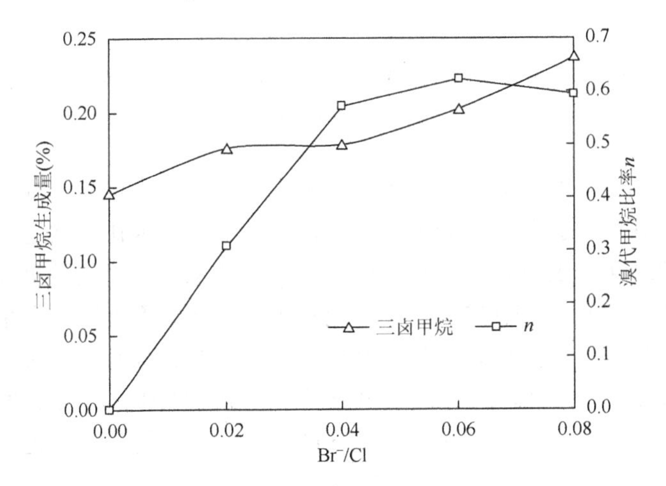

图 5-13　氯化反应时溴离子浓度对三卤甲烷和溴代甲烷生成量的影响（Chu et al.，2009）

反应条件：丙氨酸浓度 0.1 mmol/L；pH 7～7.3；溴离子浓度 0～5.68 mg/L；反应时间 5 d

Ala
CH₃—CH(NH₂)—C(=O)—OH —HOX→ MC-N-Ala CH₃—CH(NHX)—C(=O)—OH - - → ? - - → CHX_3

CH₃—CH(NH₂)—C(=O)—OH —2HOX→ DC-N-Ala CH₃—CH(NX₂)—C(=O)—OH - - → ? - - → CHX_3

途径1

X = Cl、Br或I

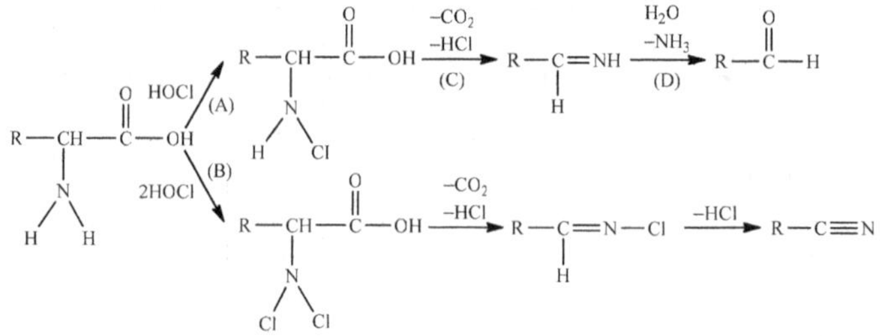

途径2

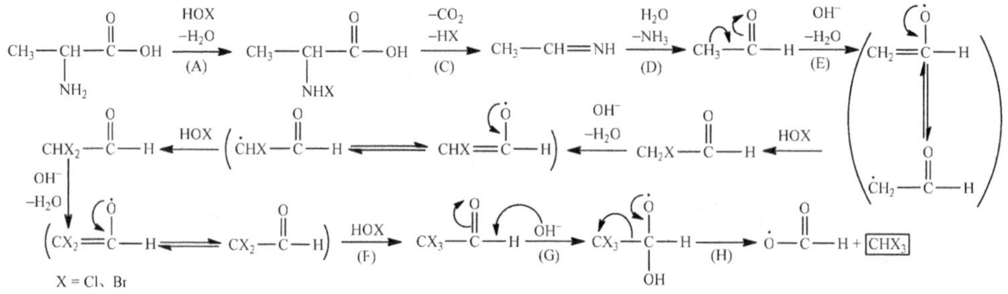

途径3

图 5-14　丙氨酸发生氯化反应时生成三氯甲烷、醛类和腈类异味物质时的代谢途径（Chu et al.，2009）

很有可能是消毒副产物异味物质的主要前驱体（表 5-4）。世界上许多国家都采用水库水作为饮用水源，例如，日本使用湖泊水或者水库水作为饮用水源水的比例高达 75%（图 5-15，Kishida et al.，2015）。湖泊和水库是藻类的重要栖息地，藻类的去除效率直接影响到异味的产生。当藻类去除效率不高时，自来水在消毒时可能会产生异味。有些藻细胞含有不少的土嗅素和 2-MIB 等天然源异味化学物质（Li et al.，2012；Yu et al.，2009），当细胞在消毒剂或其他作用下，发生细胞壁破裂可使水体产生异味。同时，细胞内的含硫物质在微生物作用下也可产生异味阈值极低的含硫化合物（Zhang et al.，2010）。

表 5-4　微囊藻假单胞菌中所检测到的各种氨基酸

氨基酸种类	胞内有机物[a]（μg N/mg DOC）	细胞内浓度[b]（g/100 g 细胞）	胞内有机物[c]（μg N/mg DOC）	氨基酸种类	胞内有机物[a]（μg N/mg DOC）	细胞内浓度[b]（g/100 g 细胞）	胞内有机物[c]（μg N/mg DOC）
histidine（组氨酸）	1.5294	0.42	1.4976	tyrosine（酪氨酸）	1.4117	1.47	1.3799
lysine（赖氨酸）	2.8235	1.36	2.6833	proline（脯氨酸）	0.05	1.34	—
arginine（精氨酸）	3.4118	2.09	3.4015	methionine（甲硫氨酸）	0.1176	0.33	—

续表

氨基酸种类	胞内有机物[a]（μg N/mg DOC）	细胞内浓度[b]（g/100 g 细胞）	胞内有机物[c]（μg N/mg DOC）	氨基酸种类	胞内有机物[a]（μg N/mg DOC）	细胞内浓度[b]（g/100 g 细胞）	胞内有机物[c]（μg N/mg DOC）
valine（缬氨酸）	0.5882	2.22	0.5697	cystine（胱氨酸）	1.4118	0.31	1.3211
glutamine（谷氨酰胺）	1.1763	—	—	phenylalanine（苯丙氨酸）	1.7647	1.52	1.7749
glutamate（谷氨酸盐）	—	5.40	1.1880	isoleucine（异亮氨酸）	0.8235	1.94	0.8196
serine（丝氨酸）	1.4118	1.79	1.4221	leucine（亮氨酸）	0.3529	3.09	0.3518
glycine（甘氨酸）	2.4706	1.64	2.4679	threonine（苏氨酸）	—	1.65	—
alanine（丙氨酸）	1.4117	3.28	1.4209	aspartic acid（天冬氨酸）	—	3.12	—

a. Fang et al.，2010；b. 林毅雄等，2003；c. Liu et al.，2016

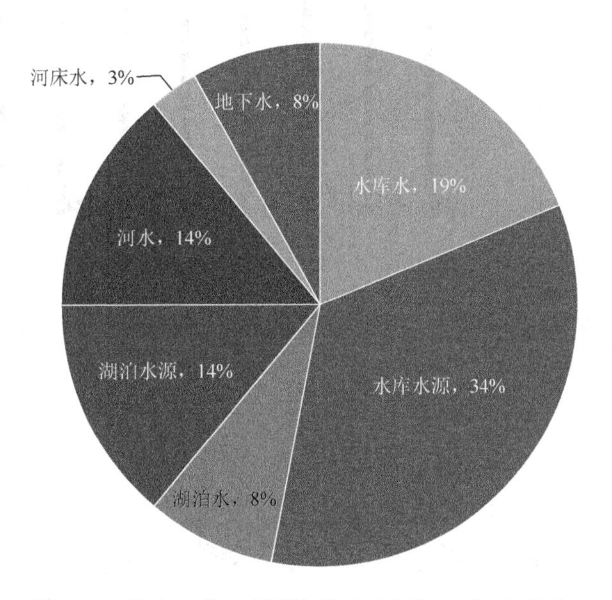

图 5-15　日本自来水水源构成（Kishida et al.，2015）

除上述两类有机物外，水体中的工业有机物也可在消毒过程中生成可使水体产生异味的消毒副产物。早在 1974 年，Rook（1974）就证实苯酚、1, 2-二羟基苯、1, 3-二羟基苯、1, 4-二羟基苯等 19 种化合物在氯气消毒条件下产生消毒副产物异味物质氯仿。1984 年，Onodera 等（1984）确定了苯酚在氯气消毒条件下可产生 2-氯苯酚、4-氯苯酚、2, 4-二氯苯酚、2, 6-二氯苯酚和 2, 4, 6-三氯苯酚。Ge 等（2006）

详细研究了反应时间和 pH 对苯酚氯化反应产生消毒副产物的影响（图 5-16）。苯酚氯化反应和溴化反应的机理类似（图 5-17）。这些氯酚和溴酚产物是一类非常值得关注的消毒副产物异味物质，在微生物作用下，可进一步转化为异味阈值更低的氯苯酚甲醚和溴苯酚甲醚。一些新兴污染物（如抗生素等）也被证实可以在氯气消毒条件下产生氯代甲烷等消毒副产物异味物质（Xu et al.，2012；Bi et al.，2013）。

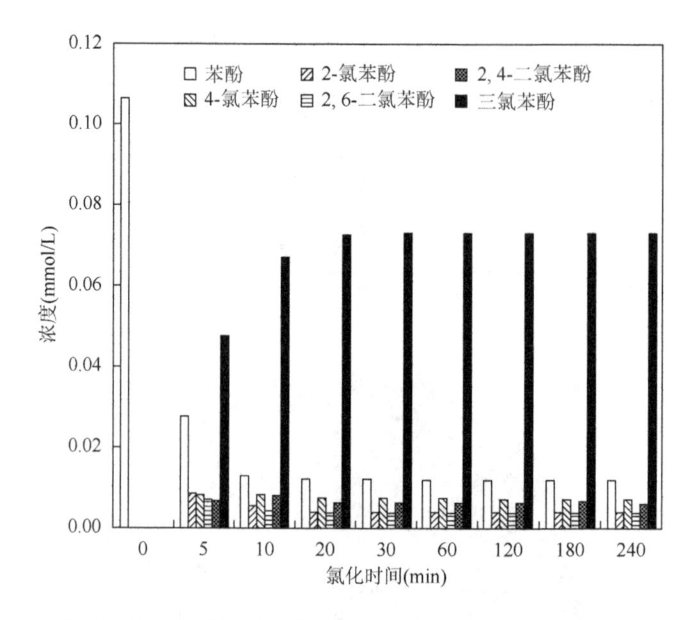

图 5-16　苯酚氯化反应时间对几种消毒副产物生成的影响（Ge et al.，2006）

反应条件：苯酚 0.1064 mmol/L；NaClO 0.4033 mmol/L；$T=25$℃；pH 7.0

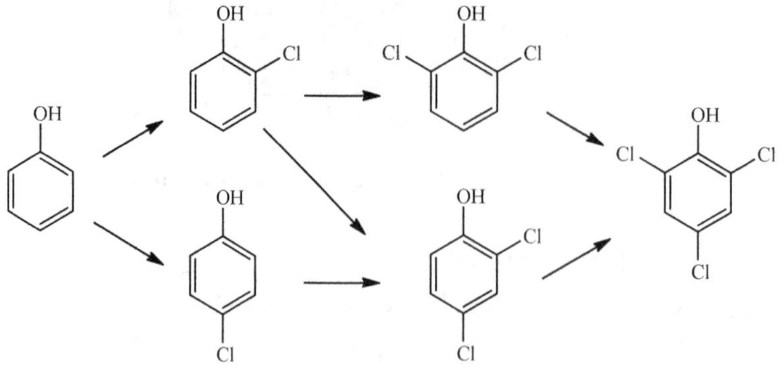

(a)

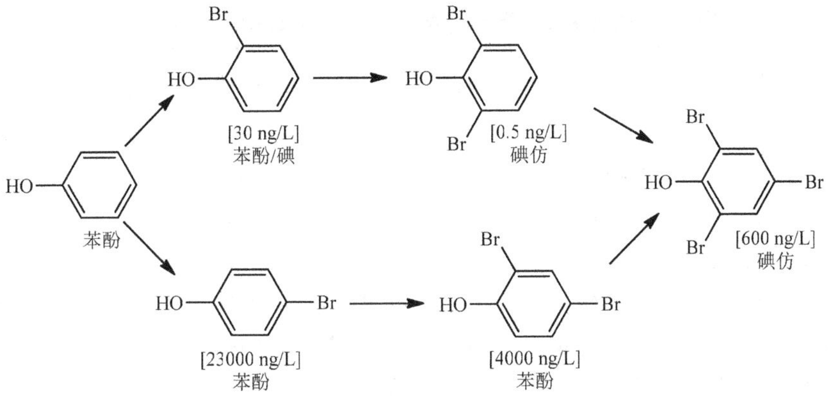
HO
苯酚
Br
HO
[30 ng/L]
苯酚/碘
Br
HO
Br
[0.5 ng/L]
碘仿
HO
Br
[23000 ng/L]
苯酚
Br
HO
Br
[4000 ng/L]
苯酚
Br
HO
Br
Br
[600 ng/L]
碘仿

(b)

图 5-17　苯酚的氯化和溴化反应时消毒副产物的生成途径

（a）氯化反应（Ge et al.，2006）；（b）溴化反应（每种化合物下面给出产生异味阈值以及异味特征）（Acero et al.，2005）

5.2.2　消毒源异味化学物质的控制

消毒源异味化学物质的控制，按方式不同可划分为消毒方法的选择，消毒副产物前驱体物质的去除，以及消毒副产物异味源的去除。以下就上述几种控制方法做简要的总结。

氯气消毒、氯氨消毒和二氧化氯消毒是自来水消毒的三种主要方式。Hua 和 Reckhow（2007）对美国 5 个不同地区的饮用水源水进行了研究，比较了这三种消毒方式对消毒副产物的影响（表 5-5）。不同消毒方式条件下总三卤甲烷和氯化苦的生成量见图 5-18。氯氨和二氧化氯消毒几乎不产生总三卤甲烷和氯化苦这两类消毒副产物，而氯气消毒所产生的总三卤甲烷量最大。虽然臭氧预处理总体上可以减少总三卤甲烷的生成量，但氯化苦的生成量会增加数倍。因此，对控制总三卤甲烷和氯化苦这两类消毒副产物异味物质而言，氯氨消毒和二氧化氯消毒要优于氯气消毒。Bougeard 等（2010）在对自来水处理厂的出水（消毒前）进行消毒试验时也得到了类似的结果。在该研究中，采用了包括地下水、湖泊水、河水和水库水等多种水源，结果见表 5-6。Bougeard 等（2010）的研究结果表明，氯氨消毒所生成的氯代甲烷和溴代甲烷量远远小于氯气消毒。氯化苦的生成量也是氯气消毒远高于氯氨消毒；但是，碘代甲烷的生成量在总体上是氯氨消毒高于氯气消毒。这是因为氯氨消毒无法像氯气消毒一样，把 HIO 转化为 IO_3^-，导致 HIO 的寿命更长，从而产生更多的碘代甲烷（Bischsel and Gunten，1999）。Bond 等（2014）在研究氨基酸消毒副产物时，也发现氯氨消毒所产生的氯仿和氯化苦等消毒副产物异味物质远低于氯气消毒。综合上述研究结果，从控制消毒副产物异味物质的角度而言，氯氨和二氧化氯消毒要比氯气消毒好。

表 5-5　饮用水源水及水质情况（Hua and Reckhow，2007）

采样地点	采样时间	TOC（mg/L）	DOC（mg/L）	UV_{254}（cm^{-1}）	$SUVA_{254}$［L/(mg C·m)］	Br^-（μg/L）
得克萨斯州达拉斯	2004-09-28	5.6	4.5	0.074	1.7	89
马尼托巴省温尼伯	2004-10-10	8.0	7.8	0.136	1.8	＜10
伊利诺伊州埃尔金	2005-04-19	8.2	8.1	0.193	2.4	38
西弗吉尼亚州纽波特纽斯	2004-03-30	4.4	4.3	0.120	2.8	32
得克萨斯州韦科	2004-06-28	4.5	4.0	0.114	2.9	45
马萨诸塞州剑桥市	2004-02-18	4.4	4.2	0.141	3.4	95
魁北克省雷朋堤尼	2004-04-14	10.6	7.1	0.313	4.4	46

注：$SUVA_{254}$表示吸收波长与溶解性有机碳的比值，下同

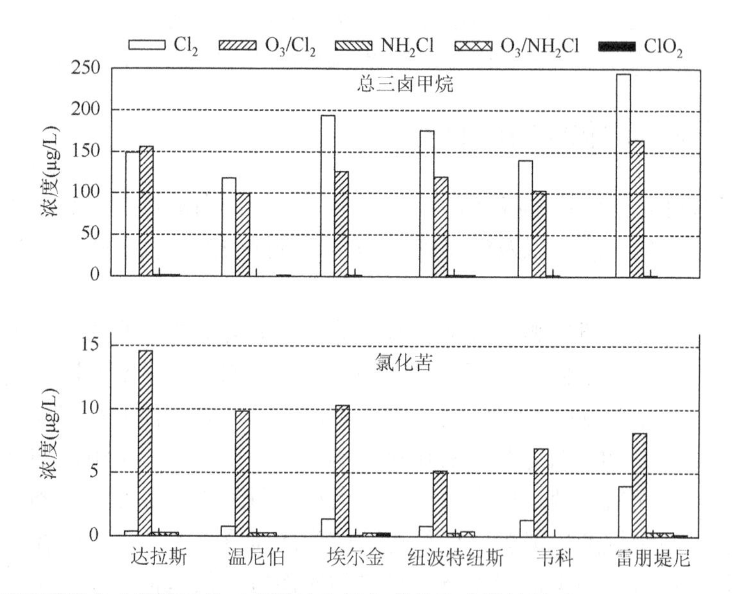

图 5-18　不同消毒方式条件下总三卤甲烷和氯化苦的生成量情况（Hua and Reckhow，2007）

反应条件：pH＝7；温度 20℃；反应时间 48 h

表 5-6　自来水源水、水处理工艺及水质特性（Bougeard et al.，2010）

水源	处理工艺介绍	pH	NPOC（mg/L）	UV_{254}（m^{-1}）	$SUVA_{254}$［L/(mg C·m)］	溴（μg/L）	碘（μg/L）
地下水（borehole，B）							
B1	取样点：过滤后；主要工艺：过滤	7.8	0.2	0.4	1.5	275	3.5
B2	取样点：膜过滤后，氯化之前；主要工艺：膜过滤＋后氧化	6.8	1.2	3.4	2.7	75	16.7

续表

水源	处理工艺介绍	pH	NPOC（mg/L）	UV_{254}（m^{-1}）	$SUVA_{254}$［L/(mg C·m)］	溴（μg/L）	碘（μg/L）
湖泊水（lake，L）							
L1	取样点：膜处理后；主要工艺：膜过滤	5.9	1.2	5.5	4.6	31	1.3
L2	取样点：过滤后；主要工艺：混凝＋直接过滤	6.8	1.2	3.4	2.7	75	16.7
低位水库（LR）	取样点：颗粒活性炭处理后；主要工艺：臭氧/混凝/颗粒活性炭	7.8	3.7	5.8	1.6	209	8.9
高位水库（UR）							
UR1	取样点：沙滤之后；主要工艺：混凝	7.4	1.6	4.2	2.6	44	0.9
UR2	取样点：过滤之后；主要工艺：混凝/过滤	8.9	1.7	4.1	2.4	18	0.9
UR3	取样点：慢速过滤处理后；主要工艺：直接过滤	6.2	1.1	5.9	5.4	29	0.9
平原河（lowland river）（BR）							
BR1	取样点：颗粒活性炭处理后；主要工艺：混凝/颗粒活性炭	5.5	2.2	5.3	2.4	14	0.9
BR2	取样点：颗粒活性炭之后；主要工艺：混凝/颗粒活性炭	7.5	1.6	2.9	1.8	310	6.3
BR3	取样点：颗粒活性炭之后；主要工艺：混凝/颗粒活性炭	7.2	1.4	2.4	1.7	108	3.0

注：NPOC 表示 non-purgeable organic carbon（不可吹脱有机碳）

碘代甲烷是一类重要的消毒副产物异味物质，其异味阈值低至 0.02～5 μg/L（Cancho et al.，2000；Richardson，2005）。Zhang 等（2016a）的研究发现，用高铁酸盐对水样进行预处理后，氯气和氯氨消毒均可降低碘代甲烷的产生。而且，当高铁酸盐的浓度增加到 2 mg/L 后，碘代甲烷可基本完全去除，但是氯代甲烷或溴代甲烷会有少量增多。Li 等（2011）发现光电催化过程可有效降低腐殖酸的总卤代甲烷生成量。进一步研究了其机理，发现光电化学催化对腐殖酸的去除率高达 90%以上，且去除的组分为高分子或疏水性部分。Lin 和 Wang（2011）发现 UV/H_2O_2 预处理可以减少腐殖酸及饮用水源水的三卤甲烷生成能力。

沉淀、过滤、吸附和高级氧化技术是去除污染物的几种常用手段。从 Kim 和 Yu（2005）对某自来水厂的调查研究结果来看，絮凝沉淀和过滤对三卤甲烷没有去除效果，且三卤甲烷经氯气消毒处理后其浓度不断增加。这说明三卤甲烷的产生是一个持续时间较长的过程，絮凝沉淀和过滤对三卤甲烷的去除效果并不明显。

活性炭对消毒副产物异味物质的去除有一定效果，但会随着水质的变化而改变（Kim and Kang，2008）。臭氧等高级氧化技术在去除消毒副产物异味物质的同时可能会产生其他消毒副产物。消毒源异味化学物质大多属于挥发性的化学物质，可考虑用加热的办法将其去除。Batterman 等（2000）预测了几种三卤甲烷的挥发性速率常数（图 5-19），以及在不同温度条件下它们的去除程度。此预测结果和 Wu 等（2001）的实际测定结果一致（表 5-7）。

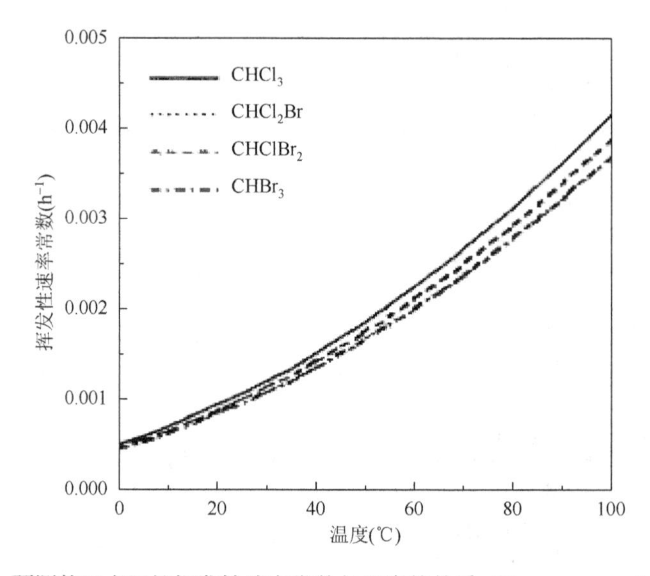

图 5-19　预测的三卤甲烷挥发性速率常数与温度的关系（Batterman et al.，2000）

基于水深 10 cm，水膜和气膜厚度各 1 cm，其中 $CHBr_3$ 和 $CHCl_2Br$ 的重叠

表 5-7　异味三卤甲烷在沸腾条件下的变化情况（Wu et al.，2001）（nmol/L）

沸腾时间（min）	加入了疏水组分的人工水			自来水			纯水添加		
	0	1	5	0	1	5	0	1	5
$CHCl_3$（氯仿）	753	168	47.5	569	186	101	1793	203	80.5
$CHBrCl_2$（二氯溴甲烷）	222	43.0	5.43	25.4	6.65	1.40	1379	222	27.7
$CHBr_2Cl$（二溴氯甲烷）	38.1	5.09	0	0.58	0	0	996	226	8.36
$CHBr_3$（溴仿）	1.27	0	0	0	0	0	850	394	34.1
chloropicrin（氯化苦）	0.12	0	0	1.52	0.61	0	113	4.02	0

参考文献

车显信, 安秉岐, 李长善. 1982. 一起异味饮用开水的调查. 公共卫生与疾病控制杂志, 1 (1): 11.
陈娇, 白晓慧, 卢宁, 等. 2014. 地表水体放线菌分离鉴定与致嗅能力研究. 环境科学, 35 (10): 3769-3774.
陈有军, 周大农, 刘永康, 等. 2011. 给水预处理技术的研究与应用. 给水排水, 37 (2): 22-26.
程海龙. 1990. 一起生活污水污染饮用水的调查. 环境与健康杂志, 7 (2): 69.
郭琦, 裴国霞, 贾利生, 等. 2013. 金海水库夏季浮游植物群落结构与水质调查. 环境监测管理与技术, 25 (3): 30-33.
黄显怀. 1994. 巢湖水体异味产生的原因及其治理对策探讨. 安徽建筑工业学院学报, 2 (1): 5-8.
金子, 李善日, 李青山. 1998. 松花江水中有机污染物的GC/MS定性定量分析. 质谱学报, 19 (1): 33-42.
李定龙, 那金, 张文艺, 等. 2009. 淮河流域盱眙段浅层地下水有机污染物特征及成因分析. 水文地质工程地质, 36 (5): 125-132.
李学艳, 沈吉敏, 陈忠林, 等. 2008. 致嗅放线菌的分离培养及其致嗅代谢物的测定. 哈尔滨工业大学学报, 40 (4): 563-567.
李勇, 张晓健, 陈超. 2009. 我国饮用水中嗅味问题及其研究进展. 环境科学, 32 (2): 583-588.
林毅雄, 闫海, 刘秀芬, 等. 2003. 滇池铜绿微囊藻对重金属的富集和氨基酸含量的变化. 环境污染治理技术与设备, 4 (3): 39-41.
刘洋, 韩璐, 宋永会, 等. 2013. 白塔堡河中致嗅类挥发性有机硫化物污染现状及来源研究. 环境科学学报, 33 (11): 3038-3046.
刘则华, 佘沛阳, 韦雪柠, 等. 2016. 日本最新饮用水水质标准及启示. 中国给水排水, 32 (8): 8-10.
陆娴婷, 张建英, 朱荫湄. 2003. 饮用水的异嗅异味研究进展. 环境污染与防治, 25 (1): 32-34.
马念念, 罗国芝, 谭洪新, 等. 2015. 枯草芽孢杆菌对土臭素和2-甲基异冰片的降解动力学特性. 环境科学, 36 (4): 1379-1384.
秦臻, 董琪, 胡靓, 等. 2014. 仿生嗅觉与味觉传感技术及其应用的研究进展. 中国生物医学工程学报, 33 (5): 609-619.
阮继生. 1977. 放线菌分类基础. 北京: 科学出版社.
沈斐, 苏晓燕, 许燕娟, 等. 2010. 吹扫捕集-GC/MS 法测定饮用水中致嗅物质. 环境监测管理与技术, (5): 31-35.
吴添天, 芮明, 朱慧奕, 等. 2015. 巢湖蓝藻异味成分分析及影响因素研究. 环境科学与技术, 38 (3): 147-151.
王东红, 原盛广, 马梅, 等. 2007. 饮用水中有毒污染物的筛查和健康风险评价. 环境科学学报, 27 (12): 1937-1943.

王锐, 陈华军, 靳朝喜, 等. 2014. 冬季水库水源中 MIB 和土嗅素的产生与降解机理. 中国环境科学, 34 (4): 896-903.

徐立蒲. 2009. 鱼池中二甲基异莰醇和土臭味素的含量、来源及产生影响因素的研究. 武汉: 华中农业大学博士学位论文.

薛南冬, 徐晓白, 刘秀芬. 2006. 北京官厅水库中农药类内分泌干扰物分布和来源. 环境科学, 27 (10): 2081-2086.

杨丽莉, 母应锋, 胡恩宇, 等. 2008. 固相萃取-GC/MS 法测定水中有机氯农药. 环境监测管理与技术, 20 (1): 25-28.

于建伟, 李宗来, 曹楠. 2007. 无锡市饮用水嗅味突发事件致嗅原因及潜在问题分析. 环境科学学报, 27 (11): 1771-1777.

张晓健. 2014. 饮用水安全保障的问题及对策. 第二届给水深度处理及饮用水安全保障技术交流会. 郑州: 中国给水排水杂志社和河南省土木建筑学会.

张晓健, 陈超, 林朋飞. 2013. 应对水源突发污染的城市供水应急处理技术研究与应用. 中国应急管理, (10): 11-17.

郑唯韡, 王霞, 田大军, 等. 2010. 固相萃取-气质联用法检测上海市不同水厂各处理工艺环节水中几种除草剂、杀菌剂和雌激素水平. 中华预防医学杂志, 44 (10): 899-902.

中国科学院微生物研究所放线菌分类组. 1975. 链霉菌鉴定手册. 北京: 科学出版社.

周洋, 代嫣然, 钟非, 等. 2016. 合肥塘西河异味物质及异味影响因子研究. 湖泊科学, 28 (2): 312-318.

朱发庆, 高冠民, 李国倜, 等. 1993. 东湖水污染经济损失研究. 环境科学学报, 13 (2): 214-222.

伊藤義明, 松田良, 浜口彰. 1977. 水道水中の異臭物質: 千苅貯水池から分離された放線菌 A 株の臭気成分. 衛生化学, 23 (5): 325-329.

及川栄作, 石橋良, 阿部隆, 等. 2000. かび臭および毒素産生藍藻類の系統発生的分類. 環境工学研究論文集, 37: 183-191.

菊池徹, 三村鉄太郎, 森脇祥寿, 等. 1971. 琵琶湖底泥より分離した放線菌の成分: 臭気成分 Geosmin の確認. 藥學雜誌, 91 (11): 1255-1257.

神門利之, 大城等, 野尻由, 等. 2015. 環境水中ジェオスミンの三つの定量法による測定値の差の要因. 分析化学, 64 (10): 769-773.

土屋悦輝, 松本淳彦, 首藤紘一, 等. 1980. 放線菌 *Streptomyces* 属の産生代謝物, Germacrene-D の確認. 藥學雜誌, 100 (4): 468-471.

日本厚生省. 2012. 水質汚染事故による水道の被害及び水道の異臭味被害状況について.

八木正一, 梶野勝司. 1980. 水道におけるかび臭の測定方法. 日本水処理生物学会誌, 15 (2): 8-20.

山本鎔子, 坂田智絵, 落合正宏. 1997. 湖沼から分離したジオスミン産生粘液細菌の生理的特徴. 日本水処理生物学会誌, 33 (3): 127-135.

Acero J L, Piriou P, von Gunten U. 2005. Kinetics and mechanisms of formation of bromophenols during drinking water chlorination: Assessment of taste and odor development. Water Research, 39 (13): 2979-2993.

Agus E, Lim M H, Zhang L, Sedlak D L. 2011. Odorous compounds in municipal wastewater effluent and potable water reuse systems. Environmental Science and Technology, 45 (21): 9347-9355.

Agus E, Zhang L, Sedlak D L. 2012. A framework for identifying characteristic odor compounds in municipal wastewater effluent. Water Research, 46 (18): 5970-5980.

Aoyama K, Tomita B, Chaya K, et al. 1991. Isolation and geosmin production of bacteria-free *Anabaena macrospora*. Eisei Kagaku, 37 (2): 132-136.

Auffret M, Pilote A, Proulx E, et al. 2011. Establishment of a real-time PCR method for quantification of geosmin-producing *Streptomyces* spp. in recirculating aquaculture systems. Water Research, 45 (20): 6753-6762.

Backe W J, Ort C, Brewer A J, et al. 2011. Analysis of androgenic steroids in environmental waters by large-volume injection liquid chromatography tandem mass spectrometry. Analytical Chemistry, 83 (7): 2622-2630.

Bagheri H, Aghakhani A, Eshaghi A. 2007. Sol-gel-based SPME and GC-MS for trace determination of geosmin in water and apple juice samples. Chromatographia, 66 (9-10): 779-783.

Bao M L, Barbieri K, Burrini D, et al. 1997. Determination of trace levels of taste and odor compounds in water by microextraction and gas chromatography-ion-trap detection-mass spectrometry. Water Research, 31 (7): 1719-1727.

Bao M, Mascini M, Griffini O, et al. 1999. Headspace solid-phase microextraction for the determination of trace levels of taste, odor compounds in water samples. Analyst, 124 (4): 459-466.

Batterman S, Huang A T, Wang S G, et al. 2000. Reduction of ingestion exposure to trihalomethanes due to volatilization. Environmental Science & Technology, 34 (20): 4418-4424.

Berthelot M, Ré G. 1891. Sur l'odeur propre de la terre. Compt. Rend, 112: 598-599.

Bi X Y, Xu B, Lin Y L, et al. 2013. Monochloramination of oxytetracycline: kinetics, mechanisms, pathways, and disinfection by-products formation. Clean-Soil Air Water, 41 (10): 969-975.

Bischsel A Y, Gunten U. 1999. Oxidation of iodide and hypoiodous acid in the disinfection of natural waters. Environmental Science & Technology, 33 (22): 4040-4045.

Blake J B. 1948. The origins of public health in the United States. American Journal of Public Health & The Nations Health, 38 (11): 1539-1550.

Boleda M R, Díaz A, Martí I, et al. 2007. A review of taste and odour events in Barcelona's drinking water area (1990～2004). Water Science & Technology, 55 (5): 217-221.

Bond T, Mokhtar Kamal N H, Bonnisseau T, et al. 2014. Disinfection by-product formation from the chlorination and chloramination of amines. Journal of Hazardous Materials, 278: 288-296.

Botezatu A, Pickering G J, Kotseridis Y. 2014. Development of a rapid method for the quantitative analysis of four methoxypyrazines in white and red wine using multi-dimensional gas chromatography-mass spectrometry. Food Chemistry, 160: 141-147.

Bougeard C M M, Goslan E H, Jefferson B, et al. 2010. Comparison of the disinfection by-product formation potential of treated waters exposed to chlorine and monochloramine. Water Research, 44 (3): 729-740.

Bowler R M, Mergler D, Huel G, et al. 1994. Psychological, psychosocial, and psychophysiological sequelae in a community affected by a railroad chemical disaster. Journal of Traumatic Stress, 7 (4): 601-624.

Brosillon S, Lemasle M, Renault E, et al. 2009. Analysis and occurrence of odorous disinfection by-products from chlorination of amino acids in three different drinking water treatment plants and corresponding distribution networks. Chemosphere, 77 (8): 1035-1042.

Bundale S, Begde D, Nashikkar N, et al. 2010. Isolation, characterization and antibacterial activity of *Streptomyces torulosus* SSB. Journal of Pure and Applied Microbiology, 4 (2): 809-814.

Busetti F, Backe W J, Bendixen N, et al. 2012. Trace analysis of environmental matrices by large-volume injection and liquid chromatography-mass spectrometry. Analytical and Bioanalytical Chemistry, 402 (1): 175-186.

Cancho B, Ventura F, Galceran M, et al. 2000. Determination, synthesis and survey of iodinated trihalomethanes in water treatment processes. Water Research, 34 (13): 3380-3390.

Capel P D, Giger W, Reichert P, et al. 1988. Accidental input of pesticides into the Rhine River. Environmental Science & Technology, 22 (9): 992-997.

Casteloes K S, Brazeau R H, Whelton A J. 2015. Decontaminating chemically contaminated residential premise plumbing systems by flushing. Environmental Science: Water Research Technology, 1 (6): 787-799.

Chang C Y, Hsieh Y H, Hsu S S, et al. 2000. The formation of disinfection by-products in water treated with chlorine dioxide. Journal of Hazardous Materials, 79 (1-2): 89-102.

Chastrette M, Cretin D, El A. 1996. Structure-odor relationships: using neural networks in the estimation of camphoraceous or fruity odors and olfactory thresholds of aliphatic alcohols. Journal of Chemical Information and Computer Sciences, 36 (1): 108-113.

Chen X, Qian S, Yuan H, et al. 2013. Simultaneous determination of ten taste, odor compounds in drinking water by solid-phase microextraction combined with gas chromatography-mass spectrometry. Journal of Environmental Sciences, 25 (11): 2313-2323.

Chu W H, Gao N Y, Deng Y, et al. 2009. Formation of chloroform during chlorination of alanine in drinking water. Chemosphere, 77 (10): 1346-1351.

Chu W, Gao N, Krasner S W, et al. 2012. Formation of halogenated C-, N-DBPs from chlor (am) ination and UV irradiation of tyrosine in drinking water. Environmental Pollution, 161: 8-14.

Chu W, Li D, Gao N, et al. 2015. Comparison of free amino acids and short oligopeptides for the formation of trihalomethanes and haloacetonitriles during chlorination: effect of peptide bond and pre-oxidation. Chemical Engineering Journal, 281: 623-631.

Cortada C, Vidal L, Canals A. 2011. Determination of geosmin and 2-methylisoborneol in water and wine samples by ultrasound-assisted dispersive liquid-liquid microextraction coupled to gas chromatography-mass spectrometry. Journal of Chromatography A, 1218 (1): 17-22.

Deng X, Liang G, Chen J, et al. 2011. Simultaneous determination of eight common odors in natural water body using automatic purge and trap coupled to gas chromatography with mass spectrometry. Journal of Chromatography A, 1218 (24): 3791-3798.

Diaz A, Ventura F, Galceran M T. 2004. Identification of 2, 3-butanedione (diacetyl) as the compound causing odor events at trace levels in the Llobregat River and Barcelona's treated water (Spain). Journal of Chromatography A, 1034 (1-2): 175-182.

Dickschat J S, Martens T, Brinkhoff T, et al. 2005. Volatiles released by a *Streptomyces* species isolated from the North Sea. Chemistry, Biodiversity, 2 (7): 837-865.

Dietrich A M. 2006. Aesthetic issues for drinking water. Journal of Water and Health, 4 (suppl): 11-16.

Ding Z, Peng S, Xia W, et al. 2014. Analysis of five earthy-musty odorants in environmental water by HS-SPME/GC-MS. International Journal of Analytical Chemistry, ID697260.

Dong F L, Du X, Chen X B, et al. 2016. THMs formation potential under amino acid chlorination in a pilot-scale water distribution system//Yarlagadda P. Proceedings of the 2015 4th International Conference on Sustainable Energy and Environmental Engineering: 125-130.

Dowry B, Carlisle D, Laseter J L, et al. 1975. Halogenated hydrocarbons in New Orleans drinking water and blood plasma. Science, 187 (4171): 75-77.

Du H, Xu Y. 2012. Determination of the microbial origin of geosmin in Chinese liquor. Journal of Agricultural and Food Chemistry, 60 (9): 2288-2292.

Durand M L, Dietrich A M. 2007. Contributions of silane cross-linked PEX pipe to chemical/solvent odours in drinking water. Water Science & Technology A, 55 (5): 153-160.

Engewald W, Teske J, Efer J. 1999. Programmed temperature vaporiser-based injection in capillary gas chromatography. Journal of Chromatography A, 856 (1-2): 259-278.

Fang J, Yang X, Ma J, et al. 2010. Characterization of algal organic matter and formation of DBPs from chlor (am) ination. Water Research, 44 (20): 5897-5906.

Farre M J, Day S, Neale P A, et al. 2013. Bioanalytical and chemical assessment of the disinfection by-product formation potential: role of organic matter. Water Research, 47 (14): 5409-5421.

Fitzgerald W F, Lyons W B, Hunt C D. 1974. Cold-trap preconcentration method for the determination of mercury in sea water and in other natural materials. Analytical Chemistry, 46 (13): 1882-1885.

Freuze I, Brosillon S, Herman D, et al. 2004. Odorous products of the chlorination of phenylalanine in water: formation, evolution, and quantification. Environmental Science & Technology, 38 (15): 4134-4139.

Freuze I, Brosillon S, Laplanche A, et al. 2005. Effect of chlorination on the formation of odorous disinfection by-products. Water Research, 39 (12): 2636-2642.

Froese K L, Wolanski A, Hrudey S E. 1999. Factors governing odorous aldehyde formation as disinfection by-products in drinking water. Water Research, 33 (6): 1355-1364.

Fukushima H. 1981. Formation of organic chlorinated compounds by chlorination and its reaction process. Japan Journal of Water Pollution Research, 4 (1): 23-29.

Gaines H, Collins R. 1963. Volatile substances produced by *Streptomyces odorifer*. Lloydia, 26 (4): 247-253.

Ganber D, Pollak F C, Berger R G. 1995. A sesquiterpene alcohol from *Streptomyces citreus* CBS 109.60. Journal of Natural Products, 58 (11): 1790-1793.

Ge F, Zhu L, Chen H. 2006. Effects of pH on the chlorination process of phenols in drinking water. Journal of Hazardous Materials, 133 (1-3): 99-105.

Gerber N N, Lechevalier H A. 1965. Geosmin, an earthly-smelling substance isolated from actinomycetes. Applied Microbiology, 13 (6): 935-938.

Gerber N N. 1969. A volatile metabolite of actinomycetes, 2-methylisoborneol. Journal of Antibiotics,

22 (10): 508-509.

Giglio S, Jiang J, Saint C P, et al. 2008. Isolation and characterization of the gene associated with geosmin production in cyanobacteria. Environmental Science and Technology, 42 (21): 8027-8032.

Giglio S, Saint C P, Monis P T. 2011. Expression of the geosmin synthase gene in the cyanobacterium *Anabaena circinalis* AWQC318. Journal of Phycology, 47 (6): 1338-1343.

Glaze W H, Peyton G R, Saleh F Y, et al. 1979. Analysis of disinfection by-products in water and wastewater. International Journal of Environmental Analytical Chemistry, 7 (2): 143-160.

Goncalves A B, Paterson R R M, Lima N. 2006. Survey and significance of filamentous fungi from tap water. International Journal of Hygiene and Environmental Health, 209 (3): 257-264.

Grob K. 1973. Organic substances in potable water and in its precursor: Part Ⅰ. Methods for their determination by gas-liquid chromatography. Journal of Chromatography A, 84 (2): 255-273.

Grob K, Karrer G, Riekkola M L. 1985. On-column injection of large sample volumes usimg the retention gap technique in capillary gas-cromatography. Journal of Chromatography A, 334: 129-155.

Grote J O, Westendorf R G. 1979. An automatic purge and trap concentrator. American Laboratory, 11 (12): 61-64, 66.

Guadayol M, Cortina M, Guadayol J M, et al. 2016. Determination of dimethyl selenide and dimethyl sulphide compounds causing off-flavours in bottled mineral waters. Water Research, 92: 149-155.

Health Canada. 2014. Guidelines for Canadian Drinking Water Quality-Summary Table. Water and Air Quality Bureau, Healthy Environments and Consumer Safety Brabch, Health Canada, Ottawa, Ontario.

Health Service Executive. 2007. Report on a contaminated drinking water incident in counties Cavan and Monaghan. Department of Public Health HSE-NE, Railway street, Co Meath.

Hockelmann C, Becher P G, von Reub S H, et al. 2009. Sesquiterpenes of the geosmin-producing cyanobacterium Calothrix PCC 7507 and their toxicity to invertebrates. Zeitschrift fur Naturforschung-Section C Journal of Biosciences, 64 (1-2): 49-55.

Hong H C, Mazumder A, Wong M H, et al. 2008. Yield of trihalomethanes and haloacetic acids upon chlorinating algal cells, and its prediction via algal cellular biochemical composition. Water Research, 42 (20): 4941-4948.

Hong H C, Wong M H, Liang Y. 2009. Amino acids as precursors of trihalomethane and haloacetic acid formation during chlorination. Archives of Environmental Contamination and Toxicology, 56 (4): 638-645.

Hsieh W H, Hung W N, Wang G S, et al. 2012. Effect of pH on the analysis of 2-MIB and geosmin in water. Water Air & Soil Pollution, 223 (2): 715-721.

Hua G, Reckhow D A. 2007. Comparison of disinfection byproduct formation from chlorine and alternative disinfectants. Water Research, 41 (8): 1667-1678.

Ikai Y, Honda S, Yamada N, et al. 2003. Determination of geosmin and 2-methylisoborneol in water using solid phase extraction and headspace-GC/MS. Journal of the Mass Spectrometry Society of Japan, 51 (1): 174-178.

Ito Y, Matsuda Y, Hamaguchi A. 1977. Odorous compounds in water supplies: odorous materials of the Streptomyces A-strains isolated from sediment in Sengari Researvoir. The Journal of hygienic chemistry, 23 (5): 325-329.

Izaguirre G, Hwang C J, Krasner S W, et al. 1982. Geosmin and 2-methylisoborneol from cyanobacteria in three water supply systems. Applied and Environmental Microbiology, 43 (3): 708-714.

Izaguirre G, Taylor W D. 1998. A *Pseudanabaena* species from Castaic Lake, California, that produces 2-methylisoborneol. Water Research, 32 (5): 1673-1677.

Johnsen P B, Dionigi C P. 1994. Physiology approaches to the management of off-flavors in farm-raised channel catfish, Ictalurus punctatus. Journal of Applied Aquaculture, 3 (1-2): 141-162.

Jurado-Sanchez B, Ballesteros E, Gallego M. 2014. Occurrence of carboxylic acids in different steps of two drinking-water treatment plants using different disinfectants. Water Research, 51: 186-197.

Juttner F. 1976. β-Cyclocitral, alkanes in *Microcystis* (Cyanophyceae). Zeitschrift fur Naturforschung, 31 (9-10): 491-495.

Juttner F, Watson S B. 2007. Biochemical and ecological control of geosmin and 2-methylisoborneol in source waters. Applied and Environmental Microbiology, 73 (14): 4395-4406.

Kakimoto M, Ishikawa T, Miyagi A, et al. 2014. Culture temperature affects gene expression and metabolic pathways in the 2-methylisoborneol-producing cyanobacterium *Pseudanabaena galeata*. Journal of Plant Physiology, 171 (3-4): 292-300.

Karlsson S, Kaugare S, Grimvall A, et al. 1995. Formation of 2, 4, 6-trichlorophenol and 2, 4, 6-trichloroanisole during treatment and distribution of drinking water. Water Science and Technology, 31 (11): 99-103.

Karpel Vel Leitner N, Vessella J, Dore M, et al. 1998. Chlorination and formation of organoiodinated compounds: the important role of ammonia. Environmental Science & Technology, 32 (11): 1680-1685.

Kelley K M, Stenson A C, Dey R, et al. 2014. Release of drinking water contaminants and odor impacts caused by green building cross-linked polyethylene (PEX) plumbing systems. Water Research, 67: 19-32.

Kelly M M, Rearick D C, Overgaard C G, et al. 2015. Sorption of isoflavones to river sediment and model sorbents and outcomes for larval fish exposed to contaminated sediment. Journal of Hazardous Materials, 282: 26-33.

Kikuchi T, Mimura T, Itoh Y. 1973a. Odorous metabolites of actinomyces Biwako C and D strain isolated from the bottom deposits of Lake Biwa. Identification of geosmin, 2-methylisoborneol, and furfural. Chemical and Pharmaceutical Bulletin, 21 (10): 2339-2341.

Kikuchi T, Mimura T, Harimaya K. 1973b. Odorous metabolite of blue green alga: *Schizothrix muelleri* Nageli collected in the Southern Basin of Lake Biwa. Identification of geosmin. Chemical and Pharmaceutical Bulletin, 21 (10): 2342-2343.

Kikuchi T, Mimura T, Asai K, et al. 1974. Odorous metabolites of aquatic actinomycetes. Identification of 1-phenyl-2-propanone and 2-phenylethanol. Chemical and Pharmaceutical Bulletin, 22 (7): 1681-1684.

Kikuchi T, Kadota S, Suehara H, et al. 1981. Odorous Metabolites of a Fungus, Chaetomium globosum KINZE ex FR. Identification of Geosmin, a Musty-smelling Compound. Chemical and Pharmaceutical Bulletin, 29 (6): 1782-1784.

Kikuchi T, Kadota S, Suehara H, et al. 1983. Odorous Metabolites of Fungi, Chaetomium globosum KINZE ex FR., Botrytis cinerea PERS. ex FR., a Blue-green Alga, Phormidium tenue (MENEGHINI) GOMONT. Chemical and Pharmaceutical Bulletin, 31 (2): 659-663.

Kikuchi T, Kadota S, Tanaka K, et al. 1984. Odorous metabolites of an acellular slime mold, Physarum polycephalum SCHW, and a basidiomycete, *Phallus impudicus* PERS. Chemical and Pharmaceutical Bulletin, 32 (2): 797-800.

Kim J, Kang B. 2008. DBPs removal in GAC filter-adsorber. Water Research, 42 (1-2): 145-152.

Kim S J, Oh K H, Lee S H, et al. 1997. Study on secondary reaction and fate of hazardous chemicals by oxidants. Water Science and Technology, 36 (12): 325-331.

Kim H C, Yu M J. 2005. Characterization of natural organic matter in conventional water treatment processes for selection of treatment processes focused on DBPs control. Water Research, 39 (19): 4779-4789.

Kishida N, Sagehashi M, Takanashi H, et al. 2015. Nationwide survey of organism-related off-flavor problems in Japanese drinking water treatment plants (2010～2012). Journal of Water Supply Research and Technology-Aqua, 64 (7): 832-838.

Kristiana I, Heitz A, Joll C, et al. 2010. Analysis of polysulfides in drinking water distribution systems using headspace solid-phase microextraction and gas chromatography-mass spectrometry. Journal of Chromatography A, 1217 (38): 5995-6001.

Kutovaya O A, Watson S B. 2014. Development and application of a molecular assay to detect and monitor geosmin-producing cyanobacteria and actinomycetes in the Great Lakes. Journal of Great Lakes Research, 40 (2): 404-414.

La Guerche S, Chamont S, Blancard D, et al. 2005. Origin of (−)-geosmin on grapes: on the complementary action of two fungi, Botrytis cinerea and Penicillium expansum. Antonie van Leeuwenhoek, International Journal of General and Molecular Microbiology, 88 (2): 131-139.

Landrigan P J, Kominsky J R, Stein G F, et al. 1987. Common-source community and industrial exposure to trichloroethylene. Archives of Environmental Health, 42 (6): 327-332.

Le Roux J, Gallard H, Croue J P. 2012. Formation of NDMA and Halogenated DBPs by chloramination of tertiary amines: the influence of bromide ion. Environmental Science and Technology, 46 (3): 1581-1589.

Lee J H, Na C Z, Ramirez R L, et al. 2006. Cyanogen chloride precursor analysis in chlorinated river water. Environmental Science and Technology, 40 (5): 1478-1484.

Lee W, Westerhoff P, Croue J P. 2007. Dissolved organic nitrogen as a precursor for chloroform, dichloroacetonitrile, *N*-nitrosodimethylamine, and trichloronitromethane. Environmental Science and Technology, 41 (15): 5485-5490.

Leeds A R. 1878. Water supply of the state of New Jersey. Journal of the Franklin Institute, 105 (4): 241-250.

Leenheer J A. 1981. Comprehensive approach to preparative isolation and fractionation of dissolved organic carbon from natural waters and wastewaters. Environmental Science and Technology,

15 (5): 578-587.

Li A, Zhao X, Liu H, et al. 2011. Characteristic transformation of humic acid during photoelectrocatalysis process and its subsequent disinfection byproduct formation potential. Water Research, 45 (18): 6131-6140.

Li L, Gao N, Deng Y, et al. 2012. Characterization of intracellular & extracellular algae organic matters (AOM) of *Microcystic aeruginosa* and formation of AOM-associated disinfection byproducts and odor & taste compounds. Water Research, 46 (4): 1233-1240.

Li Z, Yu J, Yang M, et al. 2010. Cyanobacterial population and harmful metabolites dynamics during a bloom in Yanghe Reservoir, North China. Harmful Algae, 9 (5): 481-488.

Lin T F, Liu C L, Yang F C, et al. 2003. Effect of residual chlorine on the analysis of geosmin, 2-MIB and MTBE in drinking water using the SPME technique. Water Research, 37 (1): 21-26.

Lin T, Wu S, Chen W. 2014. Formation potentials of bromate and brominated disinfection by-products in bromide-containing water by ozonation. Environmental Science and Pollution Research, 21 (24): 13987-14003.

Liska I. 2000. Fifty years of solid-phase extraction in water analysis-historical development and overview. Journal of Chromatography A, 885 (1-2): 3-16.

Liu X, Chen Z, Wang L, et al. 2012. Effects of metal ions on THMs and HAAs formation during tannic acid chlorination. Chemical Engineering Journal, 211-212: 179-185.

Liu Z H, Kanjo Y, Mizutani S. 2009. Removal mechanisms for endocrine disrupting compounds (EDCs) in wastewater treatment-physical means, biodegradation, and chemical advanced oxidation: A review. Science of the Total Environment, 407 (2): 731-748.

Liu Z H, Kanjo Y, Mizutani S. 2010. Deconjugation characteristics of natural estrogen conjugates by acid-catalyzed solvolysis and its application for wastewater samples. Journal of Environmental Monitoring, 12 (8): 1594-1600.

Liu Z H, Ogejo J A, Pruden A, et al. 2011. Occurrence, fate and removal of synthetic oral contraceptives (SOCs) in the natural environment: A review. Science of the Total Environment, 409 (24): 5149-5161.

Liu Z H, Lu G N, Yin H, et al. 2015. Removal of natural estrogens and their conjugates in municipal wastewater treatment plants: a critical review. Environmental Science and Technology, 49: 5288-5300.

Liu Z H, Yin H, Dang Z. 2017. Do estrogenic compounds in drinking water migrating from plastic pipe distribution system pose adverse effects to human? An analysis of scientific literature. Environmental Science and Pollution Research, 24: 2126-2134.

Liu C, He S, Sun Z, et al. 2016. Removal efficiency of MIEX® pretreatment on typical proteins and amino acids derived from Microcystis aeruginosa. RSC Advances, 6: 60869-60876.

Loschner D, Rapp T, Schlosser F U, et al. 2011. Experience with the application of the draft European Standard prEN 15768 to the identification of leachable organic substances from materials in contact with drinking water by GC-MS. Analytical Methods, 3 (11): 2547-2556.

Lucintel. 2015. Growth opportunities in global plastic pipe market 2015-2020: trend, forecast, and market analysis, www. lucintel. com/plastic_pipe_market_2020. aspx.

Ludwig F, Medger A, Boernick H, et al. 2007. Identification and expression analyses of putative sesquiterpene synthase genes in *Phormidium* sp. and prevalence of *geoA*-Like genes in a drinking water reservoir. Applied and Environmental Microbiology, 73 (21): 6988-6993.

Lund V, Anderson-Glenna M, Skjevrak I, et al. 2011. Long-term study of migration of volatile organic compounds from cross-linked polyethylene (PEX) pipes and effects on drinking water quality. Journal of Water & Health, 9 (3): 483-497.

Lylloff J E, Mogensen M H, Burford M A, et al. 2012. Detection of aquatic streptomycetes by quantitative PCR for prediction of taste and odour episodes in water reservoirs. Journal of Water Supply Research and Technology-Aqua, 61 (5): 272-282.

Ma J, Lu W, Li J, et al. 2011. Determination of Geosmin and 2-methylisoborneol in water by headspace liquid-phase microextraction coupled with gas chromatography-mass spectrometry. Analytical Letters, 44 (8): 1544-1557.

Ma K, Zhang J N, Zhao M, et al. 2012. Accurate analysis of trace earthy-musty odorants in water by headspace solid phase microextraction gas chromatography-mass spectrometry. Journal of Separation Science, 35 (12): 1494-1501.

Ma X, Deng J, Feng J, et al. 2016. Identification and characterization of phenylacetonitrile as a nitrogenous disinfection byproduct derived from chlorination of phenylalanine in drinking water. Water Research, 102: 202-210.

Ma X Y, Gao N, Chen B, et al. 2007. Detection of geosmin and 2-methylisoborneol by liquid-liquid extraction-gas chromatograph mass spectrum (LLE-GCMS) and solid phase extraction-gas chromatograph mass spectrum (SPE-GCMS). Frontiers of Environmental Science and Engineering in China, 1 (3): 286-291.

Machado S, Goncalves C, Cunha E, et al. 2011. New developments in the analysis of fragrances and earthy-musty compounds in water by solid-phase microextraction (metal alloy fibre) coupled with gas chromatography- (tandem) mass spectrometry. Talanta, 84 (4): 1133-1140.

Malleret L, Bruchet A, Hennion M C. 2001. Picogram determination of "earthy-musty" odorous compounds in water using modified closed loop stripping analysis and large volume injection GC/MS. Analytical Chemistry, 73 (7): 1485-1490.

Marx J L. 1974. Drinking water: another source of carcinogens? Science, 186 (4166): 809-811.

Medsker L L, Jenkins D, Thomas J F. 1968. Odorous compounds in natural waters. An earthy-smelling compound associated with blue-green algae, actinomycetes. Environmental Science & Technology, 2 (6): 461-464.

Medsker L L, Jenkins D, Thomas J F, et al. 1969. Odorous compounds in natural waters. 2-exo-hydroxy-2-methylbornane, the major odorous compound produced by several actinomycetes. Environmental Science & Technology, 3 (5): 476-477.

Miller D, Conte E D, Shen C Y, et al. 1999. Colorimetric approach to cyanobacterial off-flavor detection. Water Science and Technology, 40 (6): 165-169.

Naes H, Aarnes H, Utkilen H C, et al. 1985. Effect of photon fluence rate and specific growth rate on geosmin production of the cyanobacterium *Oscillatoria brevis* (Kutz.) Gom. Applied & Environmental Microbiology, 49 (6): 1538-1540.

Nakamura S, Nakamura N, Ito S. 2001. Determination of 2-methylisoborneol and geosmin in water by gas chromatography-mass spectrometry using stir bar sorptive extraction. Journal of Separation Science, 24 (8): 674-677.

Nakamura S, Sakui N, Tsuji A, et al. 2005. Determination of 2-methylisoborneol and geosmin in aqueous samples by static headspace-gas chromatography-mass spectrometry with ramped inlet pressure. Journal of Separation Science, 28 (18): 2511-2516.

Narayan L V, Nunez W J. 1974. Biological control: isolation and bacterial oxidation of the taste and odor compound geosmin. Journal of American Water Works Association, 66 (9): 532-536.

Nystrom A, Grimvall A, Krantz-Rüilcker C, et al. 1992. Drinking water off-flavour caused by 2, 4, 6-trichloroanisole. Water Science and Technology, 25 (2): 241-249.

Onodera S, Yamada K, Yamaji Y, et al. 1984. Chemical changes of organic compounds in chlorinated water. Journal of Chromatography A, 288: 91-100.

Ou H, Gao N, Deng Y, et al. 2011. Mechanistic studies of *Microcystic aeruginosa* inactivation and degradation by UV-C irradiation and chlorination with poly-synchronous analyses. Desalination, 272 (1-3): 107-119.

Pacific Northwest Section of the American Water Works Association. 1995. Summary of bankflow incidents-4th edition, Portland, OR USA, http://www.nobackflow.com/pnw-all.htm.

Palmentier J P F P, Taguchi V Y. 2001. The determination of six taste and odour compounds in water using Ambersorb 572 and high resolution mass spectrometry. Analyst, 126 (6): 840-845.

Pan Y, Zhang X R. 2013. Four groups of new aromatic halogenated disinfection byproducts: effect of bromide concentration on their formation and speciation in chlorinated drinking water. Environmental Science & Technology, 47 (3): 1265-1273.

Parinet J, Rodriguez M J, Serodes J, et al. 2011. Automated analysis of geosmin, 2-methyl-isoborneol, 2-isopropyl-3-methoxypyrazine, 2-isobutyl-3-methoxypyrazine and 2, 4, 6-trichloroanisole in water by SPME-GC-ITDMS/MS. International Journal of Environmental Analytical Chemistry, 91 (6): 505-515.

Peng S, Ding Z, Zhao L, et al. 2014. Determination of seven odorants in purified water among worldwide brands by HS-SPME coupled to GC-MS. Chromatographia, 77 (9-10): 729-735.

Prat C, Trias R, Cullere L, et al. 2009. Off-odor compounds produced in cork by isolated bacteria, fungi: a gas chromatography mass spectrometry, gas chromatography-olfactometry study. Journal of Agricultural and Food Chemistry, 57 (16): 7473-7479.

Quintana J, Vegue L, Martin-Alonso J, et al. 2016. Odor events in surface and treated water: the case of 1, 3-dioxane related compounds. Environmental Science & Technology, 50 (1): 62-69.

Rashash D M, Dietrich A M, Hoehn R C. 1997. FPA of selected odorous compounds. Journal of American Water Works Association, 89 (4): 131-141.

Regulator W. 1998. Stop backflow news: case histories and solutions. http://www.cityofdubuque.org/DocumentCenter/Home/View/356/Stop-Backflow.

Rella R, Sturaro A, Parvoli G, et al. 2003. An unusual and persistent contamination of drinking water by cutting oil. Water Research, 37 (3): 656-660.

Richardson S D. 2005. New disinfection byproduct issues: emerging DBPs and alternative routes of exposure. Global Nest Journal, 7 (1): 43-60.

Rigler M W, Longo W E. 2010. Emission of diacetyl (2, 3-butanedione) from natural butter, microwave popcorn butter flavor powder, paste, and liquid products. International Journal of Occupational and Environmental Health, 16 (3): 291-302.

Rink M. 2010. Objectionable taste and odour in water supplies in North-East London between January and March 2010. http://dwi.defra.gov.uk/stakeholders/information-letters/2010/08-2011-annexa.pdf.

Roche P, Tondelier C, Benanou D. 2009. Influence of NOM chlorination on halophenols: appearance and control on a water treatment plant/Nan den Hoven T, Kazner C. Techneau 2009: Safe Drinking Water from Source to Tap: State-of-Art & Perspectives. London: IWA Publishing.

Romano A H, Safferman R S. 1963. Studies on actinomycetes, their odors. Journal of American Water Works Association, 55 (2): 169-176.

Rook J J. 1974. Formation of haloforms during chlorination of natural water. Journal of Water Treatment Examination, 23 (2): 234-243.

Rook J J. 1977. Chlorination reactions of fulvic acids in natural waters. Environmental Science & Technology, 11 (5): 478-482.

Rosen B H, Macleod B W, Simpson M R. 1992. Accumulation and release of geosmin during the growth phases of *Anabaena circinalis* (Kutz.) Rabenhorst. Water Science & Technology, 25 (2): 185-190.

Ryssel S T, Arvin E, Lützhøft H C H, et al. 2015. Degradation of specific aromatic compounds migrating from PEX pipes into drinking water. Water Research, 81: 269-278.

Saadoun I M K, Schrader K K, Blevins W T. 2001. Environmental and nutritional factors affecting geosmin synthesis by *Anabaena* sp. Water Research, 35 (5): 1209-1218.

Safferman R, Rosen A A, Mashni C I, et al. 1967. Earthy-smelling substance from a blue-green alga. Environmental Science & Technology, 1 (5): 429-430.

Saito K, Okamura K, Kataoka H. 2008. Determination of musty odorants, 2-methylisoborneol and geosmin, in environmental water by headspace solid-phase microextraction and gas chromatography-mass spectrometry. Journal of Chromatography A, 1186 (1-2): 434-437.

Salemi A, Lacorte S, Bagheri H, et al. 2006. Automated trace determination of earthy-musty odorous compounds in water samples by on-line purge-and-trap-gas chromatography-mass spectrometry. Journal of Chromatography A, 1136 (2): 170-175.

Schrader K K, Summerfelt S T. 2010. Distribution of off-flavor compounds and isolation of geosmin-producing bacteria in a series of water recirculating systems for rainbow trout culture. North American Journal of Aquaculture, 72 (1): 1-9.

Shin H S, Ahn H S. 2004. Simple, rapid, and sensitive determination of odorous compounds in water by GC-MS. Chromatographia, 59 (1): 107-113.

Sibali L L, Schoeman C, Morobi J S, et al. 2010. Comparison of two selective methods for determination of geosmin (1, 2, 7, 7-tetramethyl-2-norborneol) and 2-MIB (2-methylisoborneol) in drinking and raw water samples by capillary gas chromatography-mass spectrometry. Water Quality Research Journal of Canada, 45 (4): 491-497.

Skjevrak I, Due A, Gjerstad K O, et al. 2003. Volatile organic components migrating from plastic pipes (HDPE, PEX and PVC) into drinking water. Water Research, 37 (8): 1912-1920.

Soares J, Coimbra A M, Reic-Henriques M A, et al. 2009. Disruption of zebrafish (*Danio rerio*) embryonic development after full life-cycle parental exposure to low levels of ethinylestradiol. Aquatic Toxicology, 95: 330-338.

Sorokowska A, Negoias S, Härtwig S, et al. 2016. Differences in the central-nervous processing of olfactory stimuli according to their hedonic and arousal characteristics. Neuroscience, 324: 62-68.

Standing Committee of Analysts. 2014. The determination of taste and odour in drinking water. http://standingcommitteeofanalysts.co.uk/library/MoDM%20(2014)%20Part%2011%20The%20Determination%20of%20Taste%20and%20Odour%20in%20Drinking%20Water.pdf.

Su M, Gaget V, Giglio S, et al. 2013. Establishment of quantitative PCR methods for the quantification of geosmin-producing potential and *Anabaena* sp. in freshwater systems. Water Research, 47 (10): 3444-3454.

Su M, Yu J, Zhang J, et al. 2015. MIB-producing cyanobacteria (*Planktothrix* sp.) in a drinking water reservoir: Distribution, odor producing potential. Water Research, 68: 444-453.

Suffet I H, Khiari D, Bruchet A. 1999. The drinking water taste and odor wheel for the millennium: beyond geosmin and 2-methylisoborneol. Water Science and Technology, 40 (6): 1-13.

Sun D, Yu J, Wei A, et al. 2013. Identification of causative compounds and microorganisms for musty odor occurrence in the Huangpu River, China. Journal of Environmental Sciences, 25 (3): 460-465.

Sun W, Jia R, Gao B. 2012. Simultaneous analysis of five taste and odor compounds in surface water using solid-phase extraction and gas chromatography-mass spectrometry. Frontiers of Environmental Science & Engineering, 6 (1): 66-74.

Sung Y H, Li T Y, Huang S D. 2005. Analysis of earthy and musty odors in water samples by solid-phase microextraction coupled with gas chromatography/ion trap mass spectrometry. Talanta, 65 (2): 518-524.

Suurnakki S, Gomez-Saez G V, Rantala-Ylinen A, et al. 2015. Identification of geosmin and 2-methylisoborneol in cyanobacteria and molecular detection methods for the producers of these compounds. Water Research, 68: 56-66.

Symons J M, Bellar T A, Carswell J K, et al. 1975. National organics reconnaissance survey for halogenated organics. Journal American Water Works Association, 67 (11): 634-647.

Tabachek J A L, Yurkowski M. 1976. Isolation, identification of blue-green algae producing muddy odor metabolites, geosmin and 2-methylisoborneol, in Saline Lakes in Manitoba. Journal of the Fisheries Research Board of Canada, 33 (1): 25-35.

Thaysen A. 1936. The origin of an earthy or muddy taint in fish. Annals of Applied Biology, 23 (1): 99-104.

Thaysen A C, Pentelow F T K. 1936. The origin of an earthy or muddy taint in fish. Annals of Applied Biology, 23 (1), 105-109.

Tian F X, Xu B, Lin Y L, et al. 2014. Photodegradation kinetics of iopamidol by UV irradiation and enhanced formation of iodinated disinfection by-products in sequential oxidation processes. Water Research, 58: 198-208.

Trowitzsch W, Witte L, Reichenbach H. 1981. Geosmin from earthy smelling cultures of *Nannocystis exedens* (Myxobacterales). FEMS Microbiology Letters, 12 (3): 257-260.

Tsao H W, Michinaka A, Yen H K, et al. 2014. Monitoring of geosmin producing *Anabaena circinalis* using quantitative PCR. Water Research, 2014, 49: 416-425.

Tsuchiya Y, Matsumoto A, Okamoto T. 1978. Volatile metabolites produced by Actinomycetes, isolated from Lake Tairo at Miyakejima. Yakugaku Zasshi, 98 (4): 545-550.

Tsuchiya Y, Matsumoto A, Okamoto T. 1981. Identification of volatile metabolites produced by blue-green algae, *Oscillatoria splendida*, *O. amoena*, *O. geminata*, *Aphanizomenon* sp. Yakugaku Zasshi, 101 (9): 852-856.

Tsuchiya Y, Matsumoto A. 1999. Characterization of *Oscillatoria f. granulata* producing 2-methylisoborneol and geosmin. Water Science and Technology, 40 (6): 245-250.

U. S. EPA. 2001. Potential contamination due to cross-connections and backfliw and the associated health risks. Washington D. C. USA. http://www.epa.gov/sites/production/files/2015_09/documents/2007_05_18_disinfection_tcr_issuepaper_tcr_crossconnection_backflow_pdf.

U. S. EPA. 2009. National secondary drinking water regulation (EPA816-F-09-004).

Van Wezel A, Puijker L, Vink C, et al. 2009. Odour and flavour thresholds of gasoline additives (MTBE, ETBE and TAME) and their occurrence in Dutch drinking water collection areas. Chemosphere, 76 (5): 672-676.

Ventura F, Rivera J. 1986. Potential formation of bromophenols in Barcelona's tap water due to daily salt mine discharges and occasional phenol spills. Bulletin of Environmental Contamination and Toxicology, 36 (1): 219-225.

Ventura F, Romero J, Pares J. 1997. Determination of dicyclopentadiene and its derivatives as compounds causing odors in groundwater supplies. Environmental Science & Technology, 31 (8): 2368-2374.

Ventura F, Quintana J, Gomez M, et al. 2010. Identification of alkyl-methoxypyrazines as the malodorous compounds in water supplies from Northwest Spain. Bulletin of Environmental Contamination and Toxicology, 85 (2): 160-164.

Wang Z, Xu B, Lin Y, et al. 2014. A comparison of iodinated trihalomethane formation from iodide and iopamidol in the presence of organic precursors during monochloramination. Chemical Engineering Journal, 257: 292-298.

Wang Z, Xiao P, Song G, et al. 2015a. Isolation and characterization of a new reported cyanobacterium *Leptolyngbya bijugata* coproducing odorous geosmin and 2-methylisoborneol. Environmental Science and Pollution Research, 22 (16): 12133-12140.

Wang Z, Shao J, Xu Y, et al. 2015b. Genetic Basis for Geosmin Production by the Water Bloom-Forming Cyanobacterium, *Anabaena ucrainica*. Water, 7 (1): 175-187.

Watson S B, Brownlee B, Satchwill T, et al. 2000. Quantitative analysis of trace levels of geosmin and MIB in source and drinking water using headspace SPME. Water Research, 34 (10): 2818-2828.

Weinberg H S, Krasner S W, Richardson S D, et al. 2002. The occurrence of disinfection by-products (DBPs) of health concern in drinking water: results of a nationwide DBP occurrence study, National Exposure Research Laboratory, Office of Research and Development, US Environmental Protection Agency.

Whelton A J, Mcmillan L, Connell M, et al. 2015. Residential tap water contamination following the freedom industries chemical spill: perceptions, water quality, and health impacts. Environmental Science & Technology, 49 (2): 24-26.

Weng S C, Blatchley E R. 2013. Ultraviolet-induced effects on chloramine and cyanogen chloride formation from chlorination of amino acids. Environmental Science & Technology, 47 (9): 4269-4276.

Wert E C, Rosario-Ortiz F L. 2013. Intracellular organic matter from cyanobacteria as a precursor for carbonaceous and nitrogenous disinfection byproducts. Environmental Science & Technology, 47 (12): 6332-6340.

Wilkins K, Scholler C. 2009. Volatile organic metabolites from selected Streptomyces strains. Actinomycetologica, 23 (2): 27-33.

Wright E, Daurie H, Gagnon G A. 2014. Development and validation of an SPE-GC-MS/MS taste and odour method for analysis in surface water. International Journal of Environmental Analytical Chemistry, 94 (13): 1302-1316.

Wu W W, Benjamin M M, Korshin G V. 2001. Effects of thermal treatment on halogenated disinfection by-products in drinking water. Water Research, 35 (15): 3545-3550.

Wu D, Duirk S E. 2013. Quantitative analysis of earthy and musty odors in drinking water sources impacted by wastewater and algal derived contaminants. Chemosphere, 91 (11): 1495-1501.

Xie Y, He J, Huang J, et al. 2007. Determination of 2-methylisoborneol and geosmin produced by *Streptomyces* sp. and Anabaena PCC7120. Journal of Agricultural and Food Chemistry, 55 (17): 6823-6828.

Xu B, Chen Z, Qi F, et al. 2009. Rapid degradation of new disinfection by-products in drinking water by UV irradiation: *N*-nitrosopyrrolidine and *N*-nitrosopiperidine. Separation and Purification Technology, 69 (1): 126-133.

Xu B, Zhu H Z, Lin Y L, et al. 2012. Formation of volatile halogenated by-products during the chlorination of oxytetracycline. Water, Air & Soil Pollution, 223 (7): 4429-4436.

Yamamoto Y, Tanaka K, Komori N. 1994. Volatile compounds excreted by myxobacteria isolated from lake water and sediments. Japanese Journal of Limnology (*Rikusuigaku Zasshi*), 55 (4): 241-245.

Yamamoto Y, Sakata T, Ochiai M. 1997. Physiological characteristics of geosmin-producing myxobacteria isolated from lakes. Japanese Journal of Water Treatment Biology, 33 (3): 127-135.

Yan Z, Zhang Y, Yu J, et al. 2011. Identification of odorous compounds in reclaimed water using FPA combined with sensory GC-MS. Journal of Environmental Sciences, 23 (10): 1600-1604.

Ye T, Xu B, Lin Y L, et al. 2013. Formation of iodinated disinfection by-products during oxidation of iodide-containing waters with chlorine dioxide. Water Research, 47 (9): 3006-3014.

Young W F, Horth H, Crane R, et al. 1996. Taste and odour threshold concentrations of potential potable water contaminants. Water Research, 30 (2): 331-340.

Yu J W, Zhao Y M, Yang M, et al. 2009. Occurrence of odour-causing compounds in different source waters of China. Journal of Water Supply Research and Technology-Aqua, 58 (8): 587-594.

Yu S, Xiao Q, Zhu B, et al. 2014. Gas chromatography-mass spectrometry determination of earthy-musty odorous compounds in waters by two phase hollow-fiber liquid-phase microextraction using polyvinylidene fluoride fibers. Journal of Chromatography A, 1329: 45-51.

Yuan S F, Liu Z H, Lian H X, et al. 2016. Simultaneous determination of estrogenic odorant alkylphenols, chlorophenols, and their derivatives in water using online headspace solid phase microextraction coupled with gas chromatography-mass spectrometry. Environmental Science & Pollution Research, 19 (19): 19116-19225.

Yuan S F, Liu Z H, Lian H X, et al. 2018. Fast trace determination of nine odorant and estrogenic chloro-and bromo-phenolic compounds in real water samples through automated solid-phase extraction coupled with liquid chromatography tandem mass spectrometry. Environmental Science and Pollution Research, 25 (4): 3813-3822.

Zhai H Y, Zhang X R, Zhu X H, et al. 2014. Formation of brominated disinfection byproducts during chloramination of drinking water: new polar species and overall kinetics. Environmental Science & Technology, 48 (5): 2579-2588.

Zhang L, Hu R, Yang Z. 2006. Routine analysis of off-flavor compounds in water at sub-part-per-trillion level by large-volume injection GC/MS with programmable temperature vaporizing inlet. Water Research, 40 (4): 699-709.

Zhang L F, Hu R K, Yang Z G. 2005. Simultaneous picogram determination of "earthy-musty" odorous compounds in water using solid-phase microextraction and gas chromatography-mass spectrometry coupled with initial cool programmable temperature vaporizer inlet. Journal of Chromatography A, 1098 (1-2): 7-13.

Zhang M S, Xu B, Wang Z, et al. 2016a. Formation of iodinated trihalomethanes after ferrate pre-oxidation during chlorination and chloramination of iodide-containing water. Journal of the Taiwan Institute of Chemical Engineers, 60: 453-459.

Zhang T, Li L, Song L, et al. 2009a. Effects of temperature and light on the growth, geosmin production of *Lyngbya kuetzingii* (Cyanophyta). Journal of Applied Phycology, 21 (3): 279-285.

Zhang H, Qu J, Liu H, et al. 2009b. Characterization of dissolved organic matter fractions and its relationship with the disinfection by-product formation. Journal of Environmental Sciences, 21 (1): 54-61.

Zhang X, Chen C. 2009. Emergency drinking water treatment in source water pollution incident—technology and practice in China. Frontiers of Environmental Science & Engineering in China, 3 (3): 364-368.

Zhang X J, Chen C, Ding J Q, et al. 2010. The 2007 water crisis in Wuxi, China: analysis of the origin. Journal of Hazardous Materials, 182 (1-3): 130-135.

Zhang X J, Chen C, Lin P F, et al. 2011. Emergency drinking water treatment during source water pollution accidents in China: origin analysis, framework and technologies. Environmental Science & Technology, 45 (1): 161-167.

Zhang Y, Shao Y, Gao N, et al. 2016b. Removal of microcystin-LR by free chlorine: identify of transformation products and disinfection by-products formation. Chemical Engineering Journal, 287: 189-195.

Zhao Y, Yu J, Su M, et al. 2013. A fishy odor episode in a north China reservoir: occurrence, origin, and possible odor causing compounds. Journal of Environmental Sciences, 25 (12): 2361-2366.

Zuo Y, Li L, Wu Z, et al. 2009. Isolation, identification and odour-producing abilities of geosmin/2-MIB in actinomycetes from sediments in Lake Lotus, China. Journal of Water Supply: Research and Technology-AQUA, 58 (8): 552-561.

Zuo Y, Li L, Zhang T, et al. 2010. Contribution of *Streptomyces* in sediment to earthy odor in the overlying water in Xionghe Reservoir, China. Water Research, 44 (20): 6085-6094.